环境综合实验教程

孙红杰　仉春华　主编
张凤杰　王　冰　副主编
崔玉波　主审

化学工业出版社
·北京·

内 容 简 介

本书是为满足环境类专业的培养目标而编写，是环境类专业基础课和专业课的实验教材。本书共有57个实验项目，包括实验目的、实验原理、仪器与试剂、实验步骤、实验数据记录与处理、思考题、双语词汇和知识拓展等。在实验内容的设置上既注重环境类专业实验教学中的基础性传统实验，保留传统可靠的实验技术，又注重了环境类专业实验教学中的专业性实验，考虑到了专业性实验的发展，融入了环境类专业发展的新技术、新理论。

本书主要供高等学校环境工程和环境科学专业本科学生学习使用，对于从事环境类专业的科研人员以及工程技术人员也具有一定参考价值。

图书在版编目（CIP）数据

环境综合实验教程/孙红杰，仉春华主编. —北京：化学工业出版社，2020.12（2022.1重印）
ISBN 978-7-122-37686-2

Ⅰ.①环… Ⅱ.①孙…②仉… Ⅲ.①环境工程-实验-高等学校-教材 Ⅳ.①X5-33

中国版本图书馆CIP数据核字（2020）第168669号

责任编辑：董 琳　　文字编辑：汲永臻
责任校对：宋 玮　　装帧设计：李子姮

出版发行：化学工业出版社（北京市东城区青年湖南街13号 邮政编码100011）
印　　装：北京盛通数码印刷有限公司
787mm×1092mm 1/16 印张16 字数376千字 2022年1月北京第1版第2次印刷

购书咨询：010-64518888　　售后服务：010-64518899
网　　址：http://www.cip.com.cn
凡购买本书，如有缺损质量问题，本社销售中心负责调换。

定　　价：68.00元

前言

实验教学是大学本科教学的重要环节之一，环境化学、环境工程原理、环境微生物学、生态学、水污染控制工程、大气污染控制工程以及固体废弃物处理技术等课程实验作为环境工程和环境科学专业本科实践必修环节，在这些课程的教学活动中占有重要的地位，是整个环境工程和环境科学专业教学中不可替代的环节。

本书是为满足环境类专业的培养目标而编写，是环境类专业基础课和专业课的实验教材。编者在编写过程中引用了国内外有关文献和资料，并结合自身的教学和科研工作，经过多年的实验教学实践，不断地完善和创新，在每一个实验设计过程中力求简洁明确、注重理论联系实际，在实验实施过程中不断提高学生的学习能力、实践能力和创新能力。

本书共有 57 个实验项目，包括实验目的、实验原理、仪器和试剂、实验步骤、实验数据记录与处理、思考题、双语词汇和知识拓展等。在实验内容的设置上既注重环境类专业实验教学中的基础性传统实验，保留传统可靠的实验技术，又注重了环境类专业实验教学中的专业性实验，考虑到了专业性实验的发展，融入了环境类专业发展的新技术、新理论。实验最后的知识拓展，既延伸了实验相关的内容，又拓宽了学生的知识面，增强了学生的学习兴趣，体现了本书的特色。本实验教程作为理论教学实验配套教材，主要供高等学校环境工程和环境科学专业本科学生学习使用，对于从事环境类专业的科研人员以及工程技术人员也具有一定参考价值。

本书由具有多年教学经验的老师编写而成，绪论、第四章、第八章由孙红杰编写，第一章、第二章由安晓雯编写，第三章由张凤杰编写，第五章由王冰编写，第六章由宋彦涛编写，第七章由仉春华编写，第九章由匡珮菁编写。全书由崔玉波担任主审，孙红杰和仉春华担任主编，张凤杰和王冰担任副主编。本书在编写过程中得到了天津大学化工学院化工基础实验中心胡瑞杰、胡彤宇老师的支持和帮助，在此表示衷心的感谢。本书的出版还得到了化学工业出版社的大力支持和帮助，在此真诚地表示谢意。

由于编者水平有限，编写时间仓促，书中难免存在不妥或疏漏之处，敬请广大读者批评指正。

编者

2020 年 8 月

目录

绪论

环境中污染现象的解释、污染治理和控制技术、典型的污染控制工艺和设备运行等都需要通过实验来解决或验证。环境综合实验教程是基于实验基础上的整个教学过程的重要组成部分，内容包括环境化学实验、环境工程原理实验、环境微生物学实验、生态学实验、水污染控制工程实验、大气污染控制工程实验、固体废弃物处理技术实验等专业类实验，环境综合实验教程是高等学校环境工程和环境科学专业本科实践必修课程，在环境工程和环境科学专业相关教学中有重要的作用、地位及其意义。

一、教学目的

1. 巩固和深化理论知识

在理论和实践的结合过程中验证、巩固和深入理解所学的环境工程和环境科学专业课程的理论知识、基本原理、控制技术和工艺流程等。

2. 培养学生实验研究的能力

(1) 实验教学的核心任务是培养学生的实验研究能力，培养学生进行实验、观察和分析实验现象的能力，提高学生分析问题和解决问题的能力，培养学生创新思维。

(2) 培养学生正确使用实验仪器和操作典型设备的能力，通过实验掌握环境工程实验的基本操作技能、基本分析测试技术等。

(3) 培养学生设计相关实验方案、掌握采集实验数据的基本方法的能力。

(4) 加强学生利用实验原始数据进行数据处理获得实验结论，根据实验结果进行分析、判断、评价的能力。

(5) 掌握实验报告的撰写程序与方法，提高学生运用文字表达技术报告的能力。

(6) 培养学生的批判性思维能力，即在实验中能熟练运用各种思维方法，发现和提出问题，创造性地解决问题，能独立地思考，不断增强自我学习能力。

3. 培养学生理论联系实际、实事求是的科学作风

实践是检验真理的唯一标准，通过环境专业类实验的学习，培养提高学生独立操作与独立思考、独立分析问题与解决问题的能力，同时在实验教学过程中培养学生严肃认真、一丝不苟的学习态度，养成善于观察、善于思考的科学习惯，具有开拓意识、创新意识等科学素养。

二、教学要求

实验包括实验预习报告、实验过程的操作、实验数据的记录和撰写实验报告等内容。

1. 实验预习报告

在环境专业类实验课中涉及的测试仪器较多，涉及的实验装置和流程有一定复杂性，实验课前预习尤其重要。实验前学生必须写预习报告，老师也应要求只有有预习报告的学生方可进实验室进行实验。

（1）认真阅读实验教材和相关理论课程教材的内容，理解实验所及的专业知识和原理，清楚地掌握实验目的、实验内容、实验原理、实验步骤及所需测量和记录的数据。

（2）熟悉实验所用测量仪表的使用方法，熟悉相关实验的工艺流程图，明确实验重点设备的操作要点和实验注意事项。为了保证实验的顺利进行及实验过程中人身和设备的安全，学生需要了解实验中试剂的性能、使用方法及使用条件，特别要思考一下实验的哪些环节是关键环节、哪些操作步骤可能会产生危险以及如何避免等。

（3）写出实验预习报告。预习报告内容包括实验目的、实验内容、实验原理、实验步骤、实验流程图、实验注意事项等，并在实验前准备好记录实验数据的表格。

2. 实验过程的操作、实验数据的记录

（1）要严格遵守实验室的规章制度，准时进实验室，不得迟到或早退，不得无故缺课。学生进入实验室经教师考查预习情况合格，得到教师允许后，才能进行实验。

（2）实验开始前，指导教师进一步明确实验目的、内容及要求，对特殊设备、仪器及操作方法做详细讲解和示范。对实验设备及仪器等在没弄清楚使用方法之前，不得启动设备，与本实验无关的设备和仪表不要乱动。

（3）学生一定要严格按实验步骤进行实验。明确先做什么，后做什么，测量哪些数据，安排好测量范围、测量个数等。按原始实验数据记录表的要求记录各项实验数据，包括记录环境条件（如室温、大气压、湿度）、仪器设备（仪器设备的名称、规格、型号、有关尺寸）、药品条件（药品的名称、纯度、物料性质）以及操作参数等。实验读取数据要在实验现象稳定后才开始读数据，记录实验数据必须准确、可靠，严禁随意修改数据。实验中如果出现不正常情况以及数据有明显误差时，应在备注栏中加以注明。

（4）实验过程中按照事先的分组做好人员分工，做好实验操作、取样分析、现象观察和结果记录；操作要平稳、认真、细心，观察现象要仔细，记录数据要精心，实验数据要记录在备好的表格内，实验现象要详细记录在记录本上。学生应注意培养严谨的科学作风，养成良好的习惯。

（5）实验结束后整理好原始数据，将实验设备和仪表恢复实验前状态，切断电源，关闭水源，清扫卫生，实验数据经教师签字、实验装置等教师检查后方可离开实验室。

3. 撰写实验报告

实验报告是学生对整个实验的全面总结和分析讨论，要求实验报告必须书写工整、文字通顺、数据完全、结论明确。通过书写实验报告，学生能在实验数据处理、作图、问题归纳等方面得到全面提高。实验报告应包括以下内容：

（1）实验名称、实验时间、报告人、同组人等。

（2）实验目的与实验内容。

（3）实验原理。

（4）实验装置简介、流程图及主要设备的类型和规格。

（5）实验步骤和注意事项。

（6）原始数据记录。

（7）实验数据的处理。就是把记录的实验数据通过归纳、计算等方法整理出一定的关系（或结论）的过程。要有数据计算过程举例，即以某一组原始数据为例，从头到尾把各项计算过程列出，一步一步写清楚，来说明数据整理表中的结果是如何得到的。

（8）实验结论。将实验结果用图示法、列表法或方程表示法进行归纳，得出实验结论。

（9）实验结果的分析讨论。分析讨论包括对实验结果从理论上进行分析和解释；对实验现象特别是异常现象的分析和讨论；对实验数据经整理后呈现出的特性和规律与理论的计算结果或文献资料加以比较并分析，找出引起误差的原因，这些原因可能是设备不完善或是仪器的精度不够、使用不当或是测量方法和运算方法不正确等。

学生通过对实验数据和实验结果的分析与讨论，可以针对实验提出进一步的研究方向或对实验方法和实验装置提出改进建议，逐步培养独立思考问题和分析问题的能力。

第一章 实验设计

第一节　实验设计简介

实验设计是指为达到一定的实验目的，利用现有的实验条件，为实验制定出合理的流程或方案。也就是用最少的人力、物力和时间获得满足要求的实验结果。实验设计是数理统计学的一个重要的分支，多数数理统计方法主要用于分析已经得到的数据，而实验设计则是用于确定数据收集的方法，主要讨论如何合理地安排实验以及对实验所得的数据如何进行分析等。

实验设计的基本内容包括：

① 实验名称。说明这是一个什么内容的实验；

② 实验目的。要研究或验证的某一事实；

③ 实验原理。进行实验的科学依据；

④ 实验条件。完成实验所必需的仪器、设备、药品等；

⑤ 实验方法与步骤。实验所采用的方法及操作程序；

⑥ 实验测量与记录。对实验过程及结果应有的科学测量方法与准确的记录；

⑦ 实验结果的预测及分析。预测可能出现的实验结果并分析原因；

⑧ 实验结论。对实验结果进行准确的描述并给出一个科学的结论。

实验设计是实验研究过程中的一个重要环节，通过实验设计可以将实验安排在最有效的范围内，以保证通过较少的实验得到预期的实验结果。实验设计的基本思路如下：首先，要明确实验目的、实验原理及实验要求的基本条件；其次，要精心制定实验方案、严格设计实验过程、确定测量参数和精度要求，并引入科学的测量方法；最后，能有效预测实验结果，科学描述实验过程和结果，并得出科学的实验结论。

在进行实验设计时应注意以下几个问题：在掌握实验目的、原理的基础上确定实验方法；严格遵循实验设计的基本原则，准确设置测量参数；注意实验程序的科学性、合理性；对实验现象进行准确的观察、测量、记录；能预测可能出现的实验结果并分析原因，并能得出科学的实验结论。正确的实验设计不仅能够节省人力、物力和时间，而且是得到可信的实验结果的重要保证。

实验设计方法现今已被广泛地应用于各个领域。例如，在工厂，为了达到提高产品的质量、高产以及低能耗的目的，一般通过实验来寻找原料配比和工艺条件。实验方法有很多，为能迅速找到最佳条件，需要通过实验设计，合理安排实验，才能快速找到最佳条件。例如混凝剂是水处理过程中常用的化学药剂，投加量因所处理水质不同而异，常需要通过多次实验确定最佳投加量，这时就可以通过实验设计减少实验工作量。

实验设计的方法有很多，有单因素实验设计、双因素实验设计、正交实验设计、均匀实验设计、区组实验设计等。各实验设计的目的和出发点不同，在进行实验设计时，应根据研究对象的具体情况确定实验设计方法。实验设计方法中常用到的专业术语如下。

1. 因素

因素是指实验研究过程的自变量，常常是造成实验指标依照某种规律发生变化的那些原因。实验因素分为可控因素和不可控因素。可控因素是指在实验中可以人为进行调节和控制的因素，例如，混凝实验中的 pH 值和混凝剂投加量是可以调节和控制的，属于可控因素。不可控因素由于实验条件的限制，暂时还不能人为调节和控制的因素，例如，在考察室外沉淀池的效率时，风速对沉淀效率的影响就属于不可控因素。在实验设计时所说的因素，在没有特殊说明的情况下，都指可控因素。只考察一个因素的实验称为单因素实验，考察两个因素的实验称为双因素实验，考察两个以上因素的实验称为多因素实验。

2. 实验指标

实验指标是指作为实验研究过程的因变量，常为实验结果特征的量（如产率、纯度等），即在实验设计中用来衡量实验效果所采用的指标，例如，在进行废水混凝实验时，为了确定最佳 pH 值和最佳投药量，选定处理水 COD_{Cr} 作为评定各次实验效果好坏的标准，处理水的 COD_{Cr} 即为混凝实验的指标。

3. 水平

水平是指实验中因素所处的具体状态或情况，又称为等级。某因素在实验中需要考察它的几种状态，就叫几水平的因素。例如，在混凝实验中，考察 3 个因素：pH 值、投药量、搅拌速度。pH 值选择为 5、8、10 这 3 种状态，这里的 5、8、10 就是 pH 值这个因素的 3 个水平。因素的水平有的可以用数值来表示，例如，温度、浓度等；有的不能用数值来表示，例如，用活性炭脱色实验，要研究哪种活性炭脱色效果好，在这里各种活性炭就是活性炭这个因素的各个水平，不能用数值表示。不能用数值来表示的水平因素称为定性因素。对于定性因素，只要对每个水平规定其具体含义，就可以与定量因素一样对待。

实验设计有很多种方法，下面主要介绍在环境工程实验中常用到的单因素实验设计、双因素实验设计和正交实验设计的一部分基本方法，其他方法可根据需要查阅有关文献及书籍。

第二节　单因素实验设计

单因素实验设计有黄金分割法（0.618 法）、对分法、分数法、分批实验法等。黄金分割法、对分法和分数法能通过较少的实验次数快速找到最佳点，适用于一次只能出一个结果的实验。其中对分法效果最好，每做一个实验就能去掉实验范围的一半；分数法应用范围较广，可以用于实验点数只能取整数或某特定数，以及限制实验次数和精确度的情况。分批实验法适用于一次能同时得出多个结果的实验。下面分别介绍对分法、分数法和分批实验法。

1. 对分法

采用对分法时，首先要根据经验确定实验范围。假设实验范围在 $a \sim b$ 之间，第一个实验点确定为 a、b 的中间点 $x_1[x_1=(a+b)/2]$。如果实验结果表明 x_1 值取大了，则去掉大于 x_1 的一半，第二个实验点确定为 a、x_1 的中间点 $x_2[x_2=(a+x_1)/2]$。如果第一个实验结果表明 x_1 值取小了，则去掉小于 x_1 的一半，第二个实验点确定为 x_1、b 的中间点。这种方法的优点是每进行一次实验就可以去掉一半，并且取点方便，适用于事先已经了解所考察因素对实验指标的影响规律，能从一个实验结果直接判断出该因素的值是大了还是小了的情况。例如，混凝实验的药剂投加量的确定，就可以采用对分法。

2. 分数法

分数法又叫菲波那契数列法，是利用菲波那契数列进行单因素优化实验设计的一种方法。当实验点只能取整数或限制实验次数时，采用分数法进行实验设计较好。例如，只能进行一次实验时，实验点取在 1/2 处，其精确为 1/2，即实验点与实际最佳点的最大可能距离为 1/2。如果只能进行两次实验时，第一个实验点取在 2/3 处，第二个实验点取在 1/3 处，其精确度为 1/3。如果只能进行三次实验时，第一个实验点取在 3/5 处，第二个实验点取在 2/5 处，第三个实验点取在 1/5 或 4/5 处，其精确度为 1/5。做几次实验就在实验范围内 F_n/F_{n+1} 处做，其精确度为 $1/F_{n+1}$。表 1-1 为分数法实验点位置与精确度。

表 1-1　分数法实验点位置与精确度

实验的次数	2	3	4	5	6	7	…	n
实验的份数	3	5	8	13	21	34	…	F_{n+1}
起始点的位置	2/3	3/5	5/8	8/13	13/21	21/34	…	F_n/F_{n+1}
精确度	1/3	1/5	1/8	1/13	1/21	1/34	…	$1/F_{n+1}$

表 1-1 中的 F_n、F_{n+1} 称为“菲波那契数”，递推式如下：

$$F_0=F_1=1 \qquad F_k=F_{k-1}+F_{k-2} \quad (k=2、3、4\cdots)$$

所以，$F_2=F_1+F_0=2$，$F_3=F_2+F_1$，$F_4=F_3+F_2=5\cdots F_{n+1}=F_n+F_{n-1}\cdots$

表 1-1 第三行中的各分数，从 2/3 开始以后的每一分数，分子都是前一分数的分母，分母是前一分数分子与分母的和，按照此方法就可以确定第一个实验点的位置。

分数法各实验点的位置可由下列公式求出：

$$第一个实验点=(大数-小数)\times F_n/F_{n+1}+小数 \tag{1-1}$$

$$新实验点=(大数-中数)+小数 \tag{1-2}$$

式中　大数——实验范围的最大值；

中数——已经进行了的实验点；

小数——实验范围的最小值。

下面以具体实例说明分数法的应用。

某污水厂准备投加 $FeCl_3$ 来改善污泥的脱水性能，根据初步调查，投药量在 0～160mg/L，要求通过 4 次实验确定最佳投药量。

根据公式(1-1) 可以得到第一个实验点的位置

$$(160-0)\times 5/8+0=100(\text{mg/L})$$

根据公式(1-2) 可以得到第二个实验点的位置

$$(160-100)+0=60(\text{mg/L})$$

假定第一个实验点比第二个实验点好，去掉 0～60mg/L 的一段，在 60～160mg/L 之间找第三个实验点，即

$$(160-100)+60=120(\text{mg/L})$$

如果第三个实验点比第一个实验点好，则去掉 60～100mg/L 的一段，在 100～160mg/L 间找第四个实验点，即

$$(160-120)+100=140(\text{mg/L})$$

如果第三个实验点结果比第四个实验点好，即在 $FeCl_3$ 的投药量为 120mg/L 时，污泥脱水效果最好。

3. 分批实验法

当完成实验需要较长的时间，或者测试分析需要较高的费用，而每次同时测试几个样品和测试一个样品所花的时间、人力和费用相近时，采用分批实验法较好。分批实验法又分为均匀分批实验法和比例分割实验法。这里仅介绍均匀分批实验法。这种方法是每批实验均安排在实验范围内。例如，每批要做 4 个实验，可以先将实验范围（a～b）均分为 5 份，在其 4 个分点 x_1、x_2、x_3、x_4处做 4 个实验。将 4 个实验样品同时进行测试分析，如果 x_3 好，则去掉小于 x_2 和大于 x_4的部分，留下 x_2～x_4范围。然后将留下部分再分成 6 份，在未做过实验的 4 个分点进行实验，这样一直做下去，就能找到最佳点。用这种方法，第一批实验后范围缩小 2/5，以后每批实验后都能缩小为前次余下的 1/3。例如，测定某种毒物进入生化处理构筑物的最大允许浓度可用此方法。

第三节　双因素实验设计

对于双因素实验，往往是先将第一个因素固定，做第二个因素的实验，然后将第二个因素固定，再做第一个因素的实验。

1. 从好点出发法

这种方法是先将因素 X 固定在实验范围的某一点 x_1上，然后用单因素法对另一因素 Y 进行实验，得到最佳实验点 A_1（x_1、y_1）；再将因素定在好点 y_1上，用单因素法对因素 X 进行实验，得到最佳点 A_2（x_2、y_1）。如果 $x_2<x_1$，因为 A_2 比 A_1好，可以去掉大于 x_1的部分，如果 $x_2>x_1$，则去掉小于 x_1的部分。然后在剩下的范围内，再从好点 A_2 出发，将因素 X 固定在 x_2 处，对因素 Y 进行实验，得到最佳实验点 A_3（x_2、y_2），于是沿直线 $y=y_1$将不包含 A_3 的部分范围去掉，这样继续下去，就能找到

最佳点。

2. 平行线法

如果双因素实验中的一个因素不易改变时，宜采用平行线法。假设因素 Y 不易改变，将因素 Y 固定在其实验范围的 0.5（或 0.618）处，用单因素法找出另一因素 X 的最佳点 A_1。再将因素 Y 固定在 0.25 处，用单因素法找出因素 X 的最佳点 A_2。比较 A_1 和 A_2，如果 A_1 比 A_2 好，则将小于 0.25 的部分去掉，然后在剩下的范围内用对分法找出因素 Y 的第三个实验点 0.625。第三次实验将因素 Y 固定在 0.625 处，用单因素法找出因素 X 的最佳点 A_3。如果 A_1 比 A_3 好，则将大于 0.625 的部分去掉。这样一直做下去，就能够得到满意的结果。

第四节　正交实验设计

正交实验设计（Orthogonal experimental design）是利用“正交表”科学地安排与分析多因素多水平实验的方法。其特点为：完成实验要求所需的实验次数少；数据点的分布很均匀。可用相应的极差分析方法、方差分析方法、回归分析方法等对实验结果进行分析，得出许多有价值的结论。

正交实验是根据正交性从全面实验中挑选出部分有代表性的点进行实验，这些有代表性的点具备了“均匀分散，齐整可比”的特点，是一种高效率、快速、经济的实验设计方法。例如一个三因素三水平的混凝实验，因素水平表如表 1-2 所示。

表 1-2　混凝实验因素水平表

水平	因素		
	pH 值	搅拌时间(T)/min	加药量(m)/mg
1	p_1(4)	T_1(10)	m_1(100)
2	p_2(6)	T_2(15)	m_2(150)
3	p_3(8)	T_3(30)	m_3(200)

对此实验该如何进行实验方案的设计呢？很容易想到的是全面搭配法方案（如图 1-1 所示）。

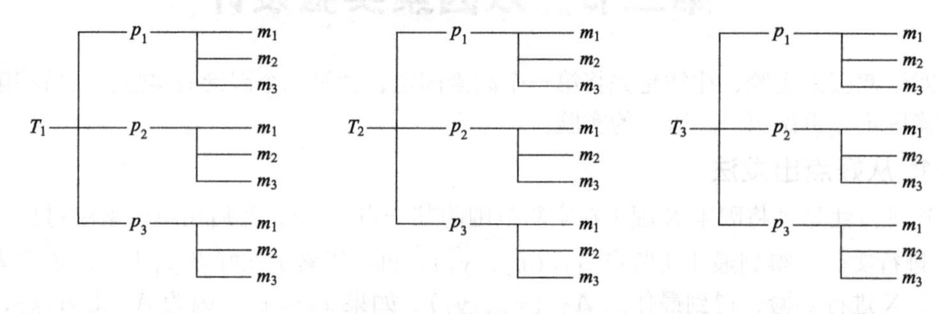

图 1-1　全面搭配法方案

此方案数据点分布的均匀性极好，因素和水平的搭配十分全面，唯一的缺点是实验次数多达 $3^3=27$ 次（指数 3 代表 3 个因素，底数 3 代表每因素有 3 个水平）。因素、水平数越多，则实验次数就越多，例如，做一个 6 因素 3 水平的实验，就需 $3^6=729$ 次实验，显然难以做到。若按 $L_9(3)^4$ 正交表安排实验，只需做 9 次，按 $L_{18}(3)^7$ 正交表进行 18 次实验，显然大大减少了工作量。

正交实验设计方法是用正交表来安排实验的。对于上述混凝实验适用的正交表是 $L_9(3^4)$，其实验方案表见表 1-3。

表 1-3 混凝实验方案表 [$L_9(3^4)$]

实验号	因素（列号）			
	A pH 值	B 搅拌时间(T)/min	C 加药量(m)/mg	实验方案
1	$1(p_1)$	$1(T_1)$	$1(m_1)$	$A_1B_1C_1$
2	$1(p_1)$	$2(T_2)$	$2(m_2)$	$A_1B_2C_2$
3	$1(p_1)$	$3(T_3)$	$3(m_3)$	$A_1B_3C_3$
4	$2(p_2)$	$1(T_1)$	$2(m_2)$	$A_2B_1C_2$
5	$2(p_2)$	$2(T_2)$	$3(m_3)$	$A_2B_2C_3$
6	$2(p_2)$	$3(T_3)$	$1(m_1)$	$A_2B_3C_1$
7	$3(p_3)$	$1(T_1)$	$3(m_3)$	$A_3B_1C_3$
8	$3(p_3)$	$2(T_2)$	$1(m_1)$	$A_3B_2C_1$
9	$3(p_3)$	$3(T_3)$	$2(m_2)$	$A_3B_3C_2$

注：这个是 4 因素 3 水平表，对于混凝实验来说，只有 3 因素，借用了 $L_9(3^4)$ 表，针对有 4 因素的实验，需要有第 4 列（因素 4）。

所有的正交表与 $L_9(3^4)$ 正交表一样，都具有以下两个特点：

(1) 在每一列中，各个不同的数字出现的次数相同。在表 $L_9(3^4)$ 中，每一列有 3 个水平，水平 1、2、3 都是各出现 3 次；

(2) 表中任意两列并列在一起形成若干个数字对，不同数字对出现的次数也都相同。在表 $L_9(3^4)$ 中，任意两列并列在一起形成的数字对共有 9 个：(1,1)，(1,2)，(1,3)，(2,1)，(2,2)，(2,3)，(3,1)，(3,2)，(3,3)，每一个数字对各出现一次。

这两个特点称为正交性。正是由于正交表具有上述特点，就保证了用正交表安排的实验方案中因素水平是均衡搭配的，数据点的分布是均匀的。因素、水平数越多，运用正交实验设计方法，越发能显示出它的优越性，如上述提到的 6 因素 3 水平实验，用全面搭配方案需 729 次，若用正交表 $L_{27}(3^{13})$ 来安排，则只需做 27 次实验。

1. 正交表

正交表是一整套规则的设计表格，用 $L_N(q^S)$ 表示。L 为正交表的代号，N 为实验的次数，q 为水平数，S 为列数，也就是可能安排最多的因素个数。正交表分为单一水平正交表和混合型正交表。

(1) 各列水平数均相同的正交表。各列水平数均相同的正交表，也称单一水平正交表。例如 $L_9(3^4)$（见表 1-3），表示需做 9 次实验，最多可观察 4 个因素，每个因素均为 3 水平。这类正交表名称的写法举例如图 1-2 所示。

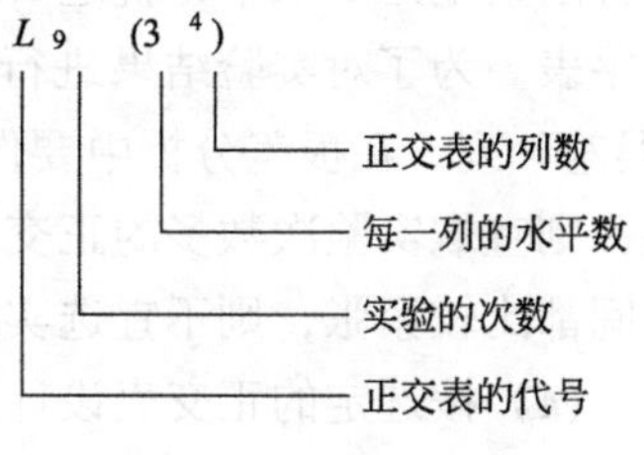

图 1-2 正交表名称

各列水平均为 2 的常用正交表有：$L_4(2^3)$，L_8

(2^7)，$L_{12}(2^{11})$，$L_{16}(2^{15})$，$L_{20}(2^{19})$，$L_{32}(2^{31})$。

各列水平数均为 3 的常用正交表有：$L_9(3^4)$，$L_{27}(3^{13})$。

各列水平数均为 4 的常用正交表有：$L_{16}(4^5)$。

各列水平数均为 5 的常用正交表有：$L_{25}(5^6)$。

(2) 混合水平正交表。各列水平数不相同的正交表，叫混合水平正交表。如 L_8 (4×2^4) (表 1-4)，此表的 5 列中，有 1 列为 4 水平，4 列为 2 水平，即用 $L_8(4\times2^4)$ 安排实验，最多能够考察 5 个因素，其中一个因素为 4 水平，另 4 个因素为 2 水平，共需要做 8 次实验。

表 1-4 $L_8(4\times2^4)$ 正交表

实验号	列号				
	1	2	3	4	5
1	1	1	1	1	1
2	1	2	2	2	2
3	2	1	1	2	2
4	2	2	2	1	1
5	3	1	2	1	2
6	3	2	1	2	1
7	4	1	2	2	1
8	4	2	1	1	2

下面就是一个混合水平正交表名称的写法：

$L_8(4^1\times2^4)$ 常简写为 $L_8(4\times2^4)$。此混合水平正交表含有 1 个 4 水平列，4 个 2 水平列，共有 1+4=5 列。

2. 正交试验设计的基本步骤

(1) 明确实验目的，确定实验指标。

(2) 选择因素，确定因素水平，列出因素水平表。由于不可控因素通常难以人为控制，所以不作为考察因素。将对实验指标影响较大但又没有把握的可控因素作为考察因素，同时要特别注意不能将重要的可控因素固定在某一状态下进行考察。

(3) 选用正交表。先确定实验的因素、水平，再选择适用的正交表。在确定因素的水平数时，主要因素宜多安排几个水平，次要因素可少安排几个水平。

选择正交表的基本原则：先看水平数。若各因素全是 2 水平，就选用 $L(2^*)$ 表。若各因素全是 3 水平，就选 $L(3^*)$ 表。若各因素的水平数不相同，就选择适用的混合水平表。为了对实验结果进行方差分析或回归分析，还必须至少留一个空白列，作为“误差”列，在极差分析中要作为“其他因素”列处理。要看实验精度的要求。若要求高，则宜取实验次数多的正交表。若实验费用很昂贵，或实验的经费很有限，或人力和时间都比较紧张，则不宜选实验次数太多的正交表。

(4) 按选定的正交表设计表头。表头设计就是确定实验要考察的因素在正交表中的位置，如表 1-5 所示。

表 1-5　混凝实验的表头

因素	加药量	搅拌时间	pH 值
列号	1	2	3

(5) 确定试验方案。根据表头设计，将 $L_9(3^4)$ 正交表（表 1-3）的 1、2、3 列中的 1、2、3 换成表 1-2 所给的相应水平，即可得到实验方案表，如表 1-6 所示。

表 1-6　混凝实验方案表

实验号	因素(列号)			
	A 加药量(*m*)/mg	B 搅拌时间(*T*)/min	C pH 值	实验方案
1	10(1)	10(1)	4(1)	$A_1B_1C_1$
2	10(1)	15(2)	6(2)	$A_1B_2C_2$
3	10(1)	30(3)	8(3)	$A_1B_3C_3$
4	12(2)	10(1)	6(2)	$A_2B_1C_2$
5	12(2)	15(2)	8(3)	$A_2B_2C_3$
6	12(2)	30(3)	4(1)	$A_2B_3C_1$
7	15(3)	10(1)	8(3)	$A_3B_1C_3$
8	15(3)	15(2)	4(1)	$A_3B_2C_1$
9	15(3)	30(3)	6(2)	$A_3B_3C_2$

3. 结果分析

通过实验获取的大量实验数据，如何科学分析这些实验数据，并从中得出有价值的结论，是实验设计法中不可缺少的部分。

正交实验设计法的实验数据分析就是要解决以下问题：选定的各因素对实验指标影响的主次关系；从各影响因素的水平中，找出最佳水平，从而确定最佳运行管理条件。

直观分析法是一种常用的实验结果的分析方法，其具体步骤如下。

(1) 填写实验指标。实验结束后，将实验结果填入表 1-7 中，并进行实验结果分析。表中 K 为各因素不同水平实验指标之和，k 为每个因素每个水平所对应的实验指标的平均值，R 为极差。

表 1-7　混凝正交实验结果直观分析

实验号	因素(列号)			
	A 加药量(*m*)/mg	B 搅拌时间(*T*)/min	C pH 值	实验指标(实验结果) 处理水 COD_{Cr}/(mg/L)
1	10(1)	10(1)	4(1)	60
2	10(1)	15(2)	6(2)	57
3	10(1)	30(3)	8(3)	68
4	12(2)	10(1)	6(2)	54
5	12(2)	15(2)	8(3)	51

续表

实验号	因素(列号)			
	A 加药量(m)/mg	B 搅拌时间(T)/min	C pH值	实验指标(实验结果) 处理水 COD_{Cr}/(mg/L)
6	12(2)	30(3)	4(1)	48
7	15(3)	10(1)	8(3)	50
8	15(3)	15(2)	4(1)	46
9	15(3)	30(3)	6(2)	37
K_1	185	164	154	
K_2	153	154	148	
K_3	133	153	169	
k_1	61.7	54.7	51.3	
k_2	51.0	51.3	49.3	
k_3	44.3	51.0	56.3	
R	17.4	3.7	7.0	

(2) 计算各因素的 K、k、R 值。

① K

K_i(第 j 列)＝第 j 列中数字与水平“i”对应的各实验指标之和

对于上述的混凝正交实验：

$$K_{Aj}=\sum_{i}^{3}x_{ij}\quad(i=1,2,3)$$

K_{Aj} 是因素A的3个不同水平实验指标（处理水 COD_{Cr}）之和；

$$K_{Bj}=\sum_{i}^{3}x_{ij}\quad(i=1,2,3)$$

K_{Bj} 是因素B的3个不同水平实验指标（处理水 COD_{Cr}）之和；

$$K_{Cj}=\sum_{i}^{3}x_{ij}\quad(i=1,2,3)$$

K_{Cj} 是因素C的3个不同水平实验指标（处理水 COD_{Cr}）之和。

例如，第1列的 $K_1=60+57+68=185$(mg/L)。

② k

$$k_i(\text{第 } j \text{ 列})=\frac{K_i(\text{第 } j \text{ 列})}{\text{第 } j \text{ 列中“}i\text{”水平的重复次数}}$$

$$k_{Aj}=\frac{K_{Ai}}{3}\quad(i=1,2,3)$$

k_{Aj} 是因素A的处理水平均 COD_{Cr}：

$$k_{Bj}=\frac{K_{Bi}}{3}\quad(i=1,2,3)$$

k_{Bj} 是因素B的处理水平均 COD_{Cr}：

$$k_{Cj}=\frac{K_{Ci}}{3}\quad(i=1,2,3)$$

k_{Cj}是因素C的处理水平均COD_{Cr}；

例如，第2列的$K_2=154/3=51.3$(mg/L)。

③ R称为极差，是衡量数据波动大小的重要指标，极差越大的因素越重要。第j列的极差，等于第j列各水平对应的试验指标平均值中的最大值减最小值，即

$$R_j=\max\{K_{1j},K_{2j},\cdots\}-\min\{k_{1j},k_{2j},\cdots\}$$

例如，第3列的$R_3=56.3-49.3=7.0$(mg/L)。

(3) 作因素-k关系图。以k为纵坐标，因素水平为横坐标，作因素-k关系图。该图反映了在其他因素变化基本相同的条件下，该因素与指标的关系。表1-7中的k与各因素的关系如图1-3所示。从图中可以看出，影响因素的主次为：加药量→pH值→搅拌时间。

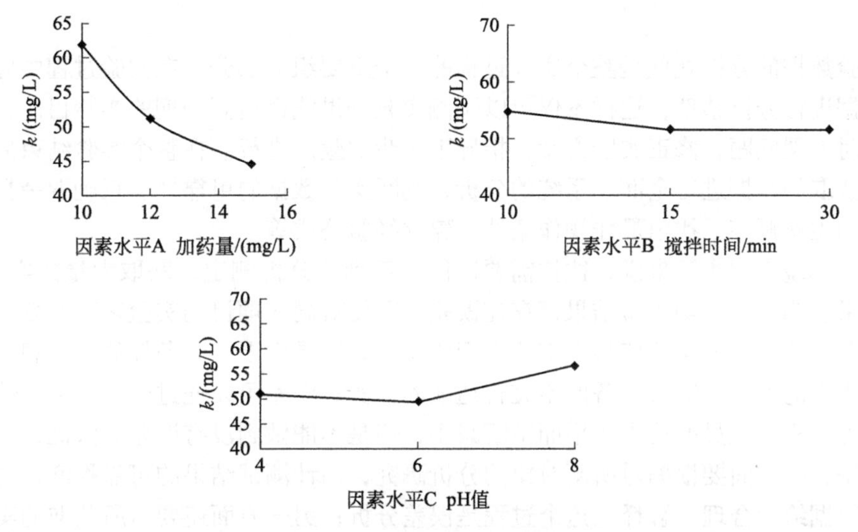

图1-3 k与各因素之间的关系

(4) 排出因素的主次序。通过比较各因素R值的大小，排出因素的主次顺序。以混凝正交实验为例，从表1-7可以看出，因素A的极差R最大，是主要因素。因素B的极差最小，对实验指标的影响最小，是次要因素。因素C的级差为因素A、B之间，对实验指标的影响大于因素B，小于因素A。这与因素指标关系图得出的结论是一致的。

上述因素的主次顺序、水平的优劣，都是在某一具体条件下得出的。当实验条件改变了，因素的主次顺序就要发生相应的变化。原来的次要因素会因为实验条件的改变而成为主要因素。

(5) 适宜操作条件的确定。从表1-7中可以看出，9个实验中处理水COD_{Cr}最小的操作条件为$A_3B_3C_2$，通过计算分析（最小K值）找出的较好的操作条件也是$A_3B_3C_2$，因此可以认为$A_3B_3C_2$是一组好的操作条件，即加药量为15mg/L、搅拌时间为30min、pH值为6。如果计算分析结果与实验得到结果不一致，应将各自得到的好的操作条件再进行两次实验，加以验证，最后确定出好的操作条件。

第二章 误差与实验数据处理

实验数据的分析处理是整个实验过程的一个重要组成部分，在实验过程中应随时对实验数据进行分析整理，这样不仅可以预测实验结果能否达到预期的实验目的，同时还可以随时发现问题，修正实验方案，指导下一步实验的进行。在整个实验结束后，还要对实验获取的数据进行全面、系统的分析，判断实验数据的可靠性、正确取舍数据、确立因素的主次顺序、找出最佳操作条件、建立经验公式等。

对于环境工程实验来说，往往需要进行一系列的分析测定，获取大量的实验数据。实践结果表明，每一项实验结果都存在误差，即使对同一项目的实验多次反复测定的结果也会存在差异，即实验值与真实值之间的差异。这是由于实验条件的不理想、实验人员技术水平的差异、实验设备的不完善造成的。实验误差可以通过改善实验条件和仪器设备、提高实验人员的技术水平而不断减小，但是不能做到没有误差。因此，对得到的实验数据，一方面要根据对所测对象的分析研究，估计测试结果的可靠程度，并对获取的实验数据给予合理的解释，这个过程是误差分析；另一方面还要对所获取的实验数据加以归纳整理，用一定方式表示出各数据间的相互关系，这个过程是数据处理。

对实验结果进行误差分析和数据处理的目的是：

① 根据实验的目的，合理选择实验装置、实验仪器、实验条件及实验方法。

② 正确处理实验数据，得到在一定条件下接近于真实值的最佳实验结果。

③ 合理选定实验误差，避免由于误差选取不当而造成的人力、物力浪费。

④ 总结测定的实验结果，得到正确的实验结论，并通过整理归纳（如绘制实验曲线或建立经验公式)，为验证理论分析提供条件。

第一节 误差的概念及分类

实验过程中的各种测试，由于受到实验方法、测试手段、测试环境条件、人的观察力等因素的影响，使得观测值与真实值之间存在偏差，这种偏差即为绝对误差，即

$$绝对误差=观测值-真实值$$

绝对误差反映了观测值偏离真实值的大小，其单位与观测值相同。由于真实值不易测得，实际应用中常用观测值与平均值之差表示绝对误差。严格地讲，观测值与平均值的差应称为偏差，但在工程应用中多称为误差。

绝对误差与平均值的比值，称为相对误差。相对误差用于不同观测结果的可靠性比较，常用百分比表示。

相对误差＝绝对误差/平均值

误差可分为系统误差、偶然误差和过失误差三种。

1. 系统误差

系统误差又称为恒定误差，是指在测试中由未发现或未确认的因素所引起的误差。这些因素使得测试结果永远朝一个方向发生偏差，其大小及符号在同一实验中完全相同。产生系统误差的原因是：仪器不精确，如刻度不准、砝码未校正等；测试环境发生变化，如外界温度、压力和湿度的变化；个人习惯和偏向，如读数偏高或偏低等。这类误差可根据仪器的性能、环境条件或个人偏差等加以校正使之降低。

2. 偶然误差

偶然误差又称为随机误差。单次测试时，观测值总是有些变化且变化无规律，其误差时大、时小、时正、时负，方向不定，但多次测试后，其平均值趋近于零，具有这种性质的误差称为偶然误差。偶然误差产生的原因一般是不清楚的，因而无法人为控制。偶然误差可用概率理论进行数据处理加以避免。

3. 过失误差

过失误差是由于操作人员粗心大意或操作不正确等因素引起的，是一种与事实明显不符的误差。如：读数错误、记录错误或操作失误等。只要实验者加强工作责任心，过失误差是可以避免的。

第二节　实验误差分析

误差分析的目的在于确定实验数据可靠程度的大小，判断数据准确度是否符合实际工作的要求。

1. 直接测试值与间接测试值

实验过程中测试的物量可分为两类：直接测试值和间接测试值。

(1) 直接测试值。在一次实验中的实测值即为直接测试值。例如，混凝实验中处理水的浊度可直接测得，即为直接测试值。

(2) 间接测试值。经过公式计算后所得的测试值即为间接测试值。例如，曝气设备的氧总转移系数是通过计算得到的，即为间接测试值。

2. 直接测试值的误差分析

(1) 单次测试值的误差分析。环境工程实验中，很多测试量都是在动态下进行的，被测试量很难做到重复测试，因此，实验中对某些被测试量往往只进行一次测试。例如，曝气设备清水充氧实验中，取样时间、水中溶解氧浓度、压力计量等均为一次测定值。对于这些测定值的误差，应根据具体情况进行具体分析。对于偶然误差较小的测定值，可按照仪器上标明的误差范围分析计算；无注明时，可将仪器最小刻度的 1/2 确定为单次测试的误差。

(2) 多次重复测试值误差分析。为了得到准确可靠的测试值，在条件允许的情况下，尽可能多次进行测试，以测试结果的算术平均值近似代替该物理量的真实值。误差的大小在工程实践中除用算术平均误差表示之外，还常用标准偏差（均方根偏差）表示。

① 算术平均误差。算术平均误差是指测试值与算术平均值之差的绝对值的算术平均值。算术平均值是最常用的一种平均值，设 x_1，$x_2 \cdots x_n$ 为各次的测试值，n 代表测试次数，则算术平均值为

$$\overline{x}(x_1+x_2+\cdots+x_n)/n=\frac{1}{n}\sum_{i=1}^{n}x_i \tag{2-1}$$

偏差为 $d_i=x_i-\overline{x}$，则算术平均误差 Δx 为

$$\Delta x=\frac{\sum_{i=1}^{n}|d_i|}{n}=\frac{\sum_{i=1}^{n}|x_i-\overline{x}|}{n} \tag{2-2}$$

则真实值（a）可表示为

$$a=\overline{x}\pm\Delta x_0 \tag{2-3}$$

② 标准偏差（误差）。又称为均方根偏差、均方偏差，是指各测试值与平均值之差的平方和的算术平均值的平方根。计算式为

$$\sigma=\sqrt{\frac{1}{n-1}\sum_{i=1}^{n}(x_i-\overline{x})^2}=\sqrt{\frac{\sum_{i=1}^{n}d_i^2}{n-1}} \tag{2-4}$$

式中 σ——标准偏差；

x_i——测试值；

$\overline{x}$——全部测试值的平均值；

n——测试次数；

d_i——偏差。

由式(2-4) 可以看出，测试值越接近平均值，标准误差越小；当测试值与平均值相差越大，标准误差越大。标准误差对测试中的较大误差和较小误差比较灵敏，是表明实验数据分散程度的特征参数。

真实值（a）可用多次测试结果表示为

$$a=\overline{x}\pm\sigma \tag{2-5}$$

3. 间接测试值的误差分析

间接测试值是由直接测试值经过一定的公式计算而得的。由于直接测试值有误差，所以间接测试值也存在误差。误差大小不仅取决于直接测试值误差的大小，还取决于所用的公式的形式。表达直接测试值误差与间接测试值误差之间关系的公式，称为误差传递公式。

(1) 间接测试值算术平均误差。间接测试值的算术平均误差是在考虑到计算式中各项误差同时出现时，将各项误差的绝对值相加而得到的。

① 加、减运算中的间接测试值误差计算。加、减运算中的绝对误差等于各直接测试值的绝对误差之和。

设 $X=A+B$ 或 $X=A-B$

则 $\Delta X=\Delta A+\Delta B$

② 乘、除运算中的间接测试值误差计算。乘、除运算中的相对误差等于各直接测试值的相对误差之和。

设 $X=AB$ 或 $X=A/B$

则 $\delta=\Delta X/X=(\Delta A/A)+(\Delta B/B)$

所以,当间接测试的计算公式中只有加、减运算时,应先计算绝对误差后再计算相对误差;当公式中只有乘、除运算时,应先计算相对误差后再计算绝对误差。

(2)间接测试值的标准误差。间接测试值的算术平均误差是在考虑计算式中各项误差同时出现时的计算结果,这种情况在实际工程中出现的可能性很小,所以间接测试值的算术平均值夸大了间接测试值的误差。工程实践中多采用标准误差法分析间接测试值的误差,其误差传递公式如下:

绝对误差

$$\sigma=\sqrt{\left(\frac{\partial f}{\partial x_1}\right)^2\sigma_{x_1}^2+\left(\frac{\partial f}{\partial x_2}\right)^2\sigma_{x_2}^2+\cdots+\left(\frac{\partial f}{\partial x_n}\right)^2\sigma_{x_n}^2} \tag{2-6}$$

相对误差

$$\delta=\frac{\sigma}{N} \tag{2-7}$$

式中 σ——间接测量值的标准误差;

$\sigma_{x_1}, \sigma_{x_2}, \cdots, \sigma_{x_3}$——直接测量值 $X_1, \cdots, X_n$ 的标准误差;

$\frac{\partial f}{\partial x_1},\frac{\partial f}{\partial x_2},\cdots,\frac{\partial f}{\partial x_n}$——函数 $f(X_1,X_2,\cdots,X_n)$ 对变量 $(X_1,X_2,\cdots,X_n)$ 的偏导数,并以 $\overline{X}_1$ 代入求其值。

上式更真实地反映了各直接测试值差与间接测试值误差之间的关系,在误差分析中常使用此式。但在实验中,并不是对所有的直接测试值都进行多次测试,此时计算出的间接测试值误差及相对的直接测试误差均比由标准误差计算出的误差大。

第三节 实验数据整理

实验数据的整理是为了分析实验数据中存在的异常点,为实验数据的取舍提供一定的统计依据。

1. 有效数字及其运算

实验测试的结果总存在一定的误差,因此表示测试结果的数字位数要适当,不宜过多,也不应过少。位数过多容易使人误认为测试的精确度要求很高;位数过少,则精确度不够。实验数据位数的多少,常用“有效数字”来表示。有效数字是指准确测试的数字加上最后一位估读数字(又称存疑数字)所得的数字。实验数据除最后一位可能有疑问外,其余的都希望不带有误差。如果可疑数字不止一位,其他的几位应该剔除。

实验中测试的有效数字与所使用仪器的刻度有关,一般都应该尽可能地估读到最小刻度的 1/10 或 1/5。

在进行有效数字计算时,常会遇到一些精确度不同的数据,此时应按照一定的规律进行计算,一些常用的规则如下:

① 记录测试数据时，只保留一位可疑数字；

② 在进行加减运算时，运算结果所保留的小数点后的位数，应与所给各数中小数点后的位数最少的相同；

③ 计算有效数字位数时，如果首位是 8 或 9，有效数字的位数要多计 1 位；

④ 在乘除运算中，运算结果的有效数字应与参与运算的各有效数字中位数最少的相同；

⑤ 乘方、开方运算结果的有效数字位数应与其底的有效数字的位数相同；

⑥ 一些计算公式的系数，不是通过实验测试得到的，在计算中不考虑其位数。

2. 可疑实验数据的取舍

在分析整理实验数据时，会发现有个别测试值与其他测试值相差很大，通常称为可疑数值。可疑数值可能是由偶然误差造成的，也可能是系统误差引起的。如果保留这样的数据，会影响平均值的可靠性。如果将属于偶然误差范围内的数据任意舍弃，可能暂时得到精确度较高的结果，但这是不科学的。因此，在整理实验数据时，如何科学、正确地判断数据的取舍是非常重要的。

对可疑数据的取舍，实质上就是区别离群较远的数据究竟是偶然误差还是系统误差引起的。由于实验条件的改变或操作不当等其他人为因素引起的离群数值，并有实验纪录作为参考的，或者虽然没有确切理由证明是离群数值，但从理论上分析，此数据又明显反常时，可以根据偶然误差分布规律，进行数据的取舍。

第四节　实验数据处理

在对实验数据进行误差分析、整理剔除错误数据后，还要通过数据处理将实验数据进行归纳整理，利用数理统计的知识，分析各因素对实验结果的影响及影响的主次顺序，找出各因素之间的相互影响规律，用图表、公式等形式加以表达，为得到正确的结论提供可靠的信息。

常用的实验数据表示法主要有列表法、图形法和方程法三种。可以用其中的一种方法表示，也可以用两种或两种以上的方法表示。

1. 列表法

列表法是将实验数据中自变量、因变量的各数据经过分析处理后，按照一定的形式和顺序一一对应列出，用来反映各变量之间的关系。

列表法简单易行、数据容易参考比较，但对客观规律的反映不如图形法和方程法明确，在理论分析上使用不方便。

2. 图形法

图形法是通过绘制图线来反映变量之间相互关系的一种方法。图形法形式简单明了、便于比较，容易显示数据的变化规律。在不知道变量间的相互关系时，可以通过变量的积分或微分求出所需要的结果。

图形法分为两类，一类是已知变量间的依赖关系图形，利用实验获取的数据作图，求出相应的一些参数；另一类是在不清楚变量之间关系的情况下，将实验数据绘制于坐标纸上，分析、反映变量间的关系和规律。

图形的绘制包括以下步骤：

① 选择合适的坐标纸。

② 选择坐标轴。一般以测试值作为自变量，设定为坐标的横轴，应变量设定为坐标的纵轴。坐标轴的末端应注明变量的名称及单位。

③ 标记坐标分度。坐标分度是指每个坐标轴上划分的刻度及其大小。进行坐标分度时应注意以下几点：坐标分度的选择应能显示图形的特点，并与测定的有效数字位数相对应。坐标的原点不一定为零。两个变量的变化范围显示于坐标纸上的长度不应相差太大，应尽可能使图形位于坐标纸的中间。

描点，将自变量与因变量一一对应画在坐标纸上。如果在同一坐标纸上同时表示几个实验结果时，应采用不同的符号加以区分，并注明各符号代表的意义。连线，将描画在坐标纸上的各个实验点连成直线或曲线，连线时，绘制的图线应尽量靠近所有的实验点，并使实验点均匀分布于图线的两侧。标注图名，每个图形都要标注图名等。

3. 方程法

实验数据用图表法表示，简便直观，便于比较。但在进行理论分析时，常常需要用数学表达式来反映变量之间的关系。

回归分析是用来解决两个或多个变量之间数学关系的一个有效的方法。常用的回归分析有一元线性回归和二元线性回归。

(1) 一元线性回归。一元线性回归就是工程上和科研中经常遇到的配直线的问题。如果变量 x 和 y 之间存在线性关系，就可以由一组测试数据 (x_i, y_i) $(i=1,2,\cdots,n)$，通过最小二乘法求出系数 a 和 b，建立回归方程

$$y=ax+b \tag{2-8}$$

最小二乘法就是要选择适当的 a 和 b，使上述实验数据的绝对误差平方和达到最小，即

$$Q=\sum_{i=1}^{n}(y_i-\overline{y}_i)^2=\sum_{i=1}^{n}[y_i-(ax_i+b)]^2=\text{最小值} \tag{2-9}$$

以此求出 a 和 b，建立回归方程，a 称为回归系数，b 称为截距。

(2) 二元线性回归。二元线性回归的数学表达式为

$$y=a+b_1x_1+b_2x_2 \tag{2-10}$$

式中 y——因变量；

x_1，x_2——两个独立的自变量；

b_1，b_2——回归系数；

a——常数项。

第三章

环境化学实验

实验一　天然水中油的测定

一、实验目的

1. 加深对环境中油类污染的认识，了解油类的主要分析方法和技术。

2. 理解液-液萃取的原理和掌握液-液萃取的基本操作方法。

3. 掌握紫外分光光度计的使用和水中油的紫外分光光度法的原理和技术。

二、实验原理

水中的矿物油主要来自工业废水和生活污水的污染。采用紫外分光光度法比重量法简单。具有操作简单，精密度好，灵敏度高的特点。石油中含有的具有共轭体系的物质在紫外光区有特征吸收峰。带有苯环的芳香族化合物主要吸收波长为 250～260nm，带有共轭双键的化合物主要吸收波长为 215～230nm。一般原油的两个吸收峰波长为 225nm 及 256nm，其他油品如燃料油、润滑油等的吸收峰也与原油相近。鉴于水中的油来源复杂，标准油样品之间存在差异性，实验前一定浓度的标准油样品通过紫外波长扫描，结合标准油的紫外光谱，确定合适的检测波长。本方法测定波长选为 256nm，最低检出浓度为 0.05mg/L，测定上限为 10mg/L。

三、仪器与试剂

1. 紫外分光光度计（具有 1cm 石英比色皿）。

2. 石油醚（60～90）提纯：透光率应大于 80%。

纯化：将石油醚通过变色硅胶柱后收集于试剂瓶中。以水为参比，在 256nm 处透光率应大于 80%。

3. 100mL 的分液漏斗。

4. 50mL 的容量瓶。

5. 玻璃砂芯漏斗。

6. 滤纸。

7. 标准油。

8. 标准油的储备液：准确称取标准油品 0.100g，溶于石油醚中，移入 100mL 的容量瓶中，稀释至标线，储存于冰箱中，此溶液浓度为 1.00mg/mL。

9. 标准油使用液：临用前把上述标准油储备液用石油醚稀释 10 倍，此溶液浓度为 0.100mg/mL。

10. 无水硫酸钠。

11. 氯化钠。

12. （1+1）硫酸。

四、实验步骤

1. 标准曲线绘制：把油标准储备液用石油醚稀释为每毫升含 0.100mg 油的标准使用液。向 6 个 10mL 比色管中依次加入 0.100mg/mL 油标准液 0，0.5mL，1.0mL，2.0mL，5.0mL，10.0mL，用石油醚稀释至刻度线。最后在波长 256nm 处，用 1cm 石英比色皿，以石油醚为参比液，测定标准系列的吸光度，并绘制标准曲线（A-C 曲线)。

2. 准确量取水样 50.00mL，仔细移入 100mL 分液漏斗中，加入 5mL （1+1）硫酸（若水样取样时已酸化，可不加硫酸）及 2g 氯化钠，加塞摇匀，用 15mL 石油醚洗涤采样瓶，并把此洗液移入分液漏斗中，充分振荡 2min（注意放气)，静置分层。把下层水样放入原采样瓶中，上层石油醚转入 50mL 容量瓶中，再加入 10mL 石油醚，重复抽提水样一次，合并提取液于容量瓶中。加入石油醚稀释至刻线，摇匀。若容量瓶里有水珠或浑浊，可加少量无水硫酸钠脱水。脱水操作如下：

将石油醚萃取液通过内铺有 5mm 厚的无水硫酸钠层的砂芯漏斗，滤入干净、干燥的 50mL 容量瓶中。

3. 在波长 256nm 处，用 1cm 石英比色皿，以脱芳烃的石油醚为参比，测定其吸光度，并利用标准曲线，计算出相应浓度值。

五、实验结果记录与整理

1. 油的标准曲线数据记录见表 3-1。

表 3-1 油的标准曲线

比色管编号		1	2	3	4	5	6
标准油加入量/mL							
定容体积/mL							
浓度/(mg/mL)							
A_{256nm}	1						
	2						
	3						

2. 水样的测定数据记录见表 3-2。

表 3-2 水样的测定

水样/mL		1( )	2( )	3( )
(1+1)H_2SO_4/mL				
NaCl/g				
水样 pH 值				
石油醚萃取液用量/mL				
萃取液定容体积/mL				
A_{256nm}	1			
	2			
	3			

六、结果与讨论

1. 油的浓度（$C_{油}$）

$$C_{油}=\frac{CV_2}{V_1} \tag{3-1}$$

式中 C——从标准曲线上查出的相应浓度，mg/mL；

V_1——被测水样体积，mL；

V_2——石油醚定容体积，mL。

2. 采集的样品必须有代表性。一般在水表面以下 20～50cm 处取水样。

3. 为了保存水样，采集样品之前，可向瓶里加入硫酸，每升水样加 5mL（1+1）硫酸，使水样 pH<2，以抑制微生物活动，低温下（<4℃）保存。在常温下，样品可保存 24h。

4. 使用的器皿应避免有机物污染。

5. 测定时所用石油醚应为同一批号，否则会因空白值不同产生误差。

6. 石油醚纯度较低时，或缺乏脱芳烃条件，亦可采用已烷作萃取剂。以水作参比，在波长 225nm 测定，透光率应不大于 80%。

7. 因油品的特征吸收峰不同，如果难以确定测定的波长时，可以采用标准曲线配制方法。取浓度为 0.05mg/mL 的溶液，波长在 200～350nm，每隔 1nm，用 1cm 比色皿，以石油醚为参比液测定吸收光谱图（以吸光度为纵坐标，波长为横坐标的吸光度曲线），得到最大吸收峰的位置，一般在 220～225nm。

七、思考题

1. 水中油的测定的常见方法有哪些，比较各种方法的优缺点？

2. 简述确定最适波长的方法。

双语词汇

标准曲线	standard curve
紫外分光光度计	ultraviolet spectrophotometer
石油醚	petroleum ether
标准油	standard oil
比尔-朗伯定律	Bill-Lambert Law

知识拓展

紫外分光光度计使用的注意事项

1. 开机前检查确认仪器光路中无阻挡物，关上样品室，打开仪器电源，仪器自检，预热 30min 后才能进入测试状态。

2. 保持比色皿的透光表面透明光洁，确认比色皿内干净无残留物，若测试波长小于 300nm，必须使用石英比色皿，供试溶液浓度除特殊标明外，其吸光度以在 0.3～0.7 为宜。

3. 在每次使用后检查样品室是否积存有溢出溶液。经常擦拭样品室，以防废液对部件或光路系统的腐蚀。

4. 光度计仪器液晶显示器和键盘日常使用和保护时应注意防止划伤，防水，防尘，防腐蚀。

5. 尽量减少光源的开关数以延长光源使用期限。刚关闭的光源灯不能立即重新启动，要待其冷却到室温后再开。

6. 取用比色皿时，手指应拿毛玻璃面的两边，装盛样品以比色皿体积的 66%～80%最佳，千万不能让液体太多，防止液体外泄腐蚀仪器；使用易挥发溶液时要加盖，透光性面需用擦镜纸自上而下擦洗干净，检视应无溶剂残留。吸收池放入样品室时应特别注意方向一样。用后要溶剂或水清洗干净，晾干防灰储存。

实验二　有机物的正辛醇-水分配系数

一、实验目的

1. 了解有机物正辛醇-水分配系数（K_{OW}）的环境化学意义。
2. 掌握振荡法测定有机物的正辛醇-水分配系数的方法。
3. 熟练使用紫外-可见分光光度计。

二、实验原理

正辛醇-水分配系数是平衡状态下化合物在正辛醇相和水相中浓度的比值，即：

$$K_{OW}=\frac{C_O}{C_W} \tag{3-2}$$

式中　K_{OW}——分配系数；

C_O——平衡时有机化合物在正辛醇相中的浓度，$\mu g/mL$；

C_W——平衡时有机化合物在水相中的浓度，$\mu g/mL$。

本实验采用振荡法使结晶紫在正辛醇相和水相中达平衡后，进行离心，测定水相中结晶紫的浓度，由此求得分配系数。

$$K_{OW}=\frac{C_O V_O - C_W V_W}{C_W V_W} \tag{3-3}$$

式中 C_O——起始时有机化合物在正辛醇相中的浓度，μg/mL；

C_W——平衡时有机化合物在水相中的浓度，μg/mL；

V_O、V_W——分别为正辛醇相和水相的体积，mL。

三、仪器与试剂

1. 仪器

(1) 紫外可见分光光度计。

(2) 恒温振荡器。

(3) 离心机。

(4) 具塞比色管 (10mL，25mL)。

(5) 玻璃注射器 (5mL)。

2. 试剂

(1) 正辛醇 (分析纯)。

(2) 乙醇 (95%，分析纯)。

(3) 结晶紫 (分析纯)。

3. 结晶紫标准母液：称取 1.000g 结晶紫，用蒸馏水溶解于 1000mL 烧杯中，仔细转移至 1000mL 容量瓶中，此溶液浓度为 1000mg/L，储存，备用。

4. 结晶紫标准使用液：取上述结晶紫母液，用蒸馏水稀释，配置成 10mg/L 的结晶紫使用液。

5. 溶剂的预饱和

将 200mL 正辛醇与 2000mL 二次蒸馏水在振荡器上振荡 24h，使二者相互饱和，静置分层后，两相分离，分别保存备用。

称取 0.040g 的结晶紫溶于被水饱和的正辛醇中，用被水饱和的正辛醇稀释定容至 100mL 的容量瓶中，该溶液结晶紫浓度为 400mg/L。

四、实验步骤

1. 绘制标准曲线

在 6 只 25mL 容量瓶中各加入 10mg/L 的结晶紫标准使用液 0、1.00mL、2.00mL、4.00mL、5.00mL、10.00mL，用水稀释至刻度、摇匀。在可见分光光度计波长 540nm 处，以水为参比，测定吸光度值。利用所测得的标准系列的吸光度值对浓度作图，绘制标准曲线 (A-C)。

2. 平衡时间的确定及分配系数的测定

分别移取 1.00mL 已经配制的 400mg/L 结晶紫正辛醇溶液于 6 个 10mL 容量瓶中，用上述处理过的被正辛醇饱和的水稀释至刻度。盖紧塞子，置于恒温振荡器上，分别振荡 0.5h、1.0h、1.5h、2.0h、2.5h 和 3.0h，离心分离，用可见分光光度计在 540nm 处测定水相中结晶紫的吸光度。

取水样时为避免正辛醇污染，可用带针头的玻璃注射器移取水样。首先在玻璃注射器内吸入部分空气，当注射器通过正辛醇相时，轻轻排出空气，当水相中已吸取足够的溶液时 (2mL 左右)，迅速抽出注射器。卸下针头后，即可获得无正辛醇的水相。

五、实验结果记录与整理

1. 结晶紫的标准曲线数据记录见表 3-3。

表 3-3 结晶紫的标准曲线

容量瓶编号		1	2	3	4	5	6
结晶紫的标准溶液加入量/mL							
定容体积/mL							
A_{540nm}	1						
	2						
	3						

2. 吸附平衡时间的确定数据记录见表 3-4。

表 3-4 吸附平衡时间的确定

容量瓶编号		1	2	3	4	5	6
震荡时间/h							
A_{540nm}	1						
	2						
	3						

六、数据处理

1. 根据不同时间化合物在水相中的浓度，绘制化合物平衡浓度随时间的变化曲线，确定实验所需的平衡时间。

2. 利用达到平衡时化合物在水相中的浓度，计算化合物的正辛醇-水分配系数。

七、思考题

1. 正辛醇-水分配系数的测定有何意义？

2. 振荡法测定化合物的正辛醇-水分配系数有哪些优缺点？

双语词汇

正辛醇-水分配系数	octanol-water partition co-efficient
实验原理	experimental principle
数据处理	data processing
平衡状态	equilibrium state
平衡时间	equilibrium time
生物毒性	biological toxicity
生态风险评估	ecological risk assessment
多环芳烃（PAHs）	polycyclic aromatic hydrocarbons

知识拓展

反相液相色谱法测定农药的正辛醇/水分配系数

农药的正辛醇/水分配系数（K_{OW}）能够反映农药的亲脂性/亲水性的大小，是研究农药环境行为和多种环境数学模型的重要参数。农药K_{OW}的实验测定方法主要有摇瓶法、反相液相色谱法、反相薄层色谱法、慢搅拌法、产生柱法和电极法等。

反相液相色谱法是一种常用的非直接测定K_{OW}的方法，通常是以C18柱作为固定相，以甲醇（或乙醇）/水为流动相。首先测定已知K_{OW}值的一系列物质和受试物在该色谱条件下的保留时间或保留体积，然后以$\lg K_{OW}$对相应的容量因子k'的$\lg k'$值（或保留体积）进行线性拟合。根据受试物的$\lg k'$值和对应的拟合直线，求出受试物的$\lg K_{OW}$值。反相液相色谱法具有省时、重现性好的特点，对受试物纯度无严格要求，在不影响色谱峰分离的条件下，可以多种受试物混合后进样测定。适宜测定的$\lg K_{OW}$范围为0～6。反相液相色谱法是一种间接方法，需要有一系列$\lg K_{OW}$已知的物质来测得工作曲线。

实验三　腐殖质的分离及各组分的性状观察

一、实验目的

1. 加深对土壤和沉积物中腐殖质的认识，了解腐殖质的含量和分布特征及其在环境污染迁移和转化中的作用。

2. 掌握腐殖质的分离方法、原理以及各组分的主要性状特点。

3. 了解腐殖质各组分的性质和特征。

二、实验原理

土壤腐殖质与土壤矿物质紧密结合，要了解土壤腐殖质主要成分及其盐类的性状，必须先把它从土壤中分离提取出来。为了寻找理想的提取剂，使得土壤腐殖质和矿物质能彻底分离，又不改变其物理化学性质，已经开展了许多试验研究。到目前为止，稀的氢氧化钠溶液是最常用的提取液。土壤腐殖质被提取出来后，经酸化和过滤，进一步把胡敏酸和富里酸分开，然后，制成各种腐殖酸的盐类，对其颜色、溶解度等性状进行观察比较，了解和认识腐殖质的组成和各组分的性状。

三、仪器与试剂

1. 试剂

（1）0.1mol/L氢氧化钠和0.1mol/L焦磷酸钠混合液。称取化学纯氢氧化钠4g，加少量蒸馏水使之溶解，定容至1L。称取分析纯焦磷酸钠44.5g，加少量蒸馏水使之溶解，定容至1L。上述两溶液等体积混合。

(2) 0.5mol/L硫酸钠。称取化学纯硫酸钠72g，加蒸馏水使之溶解，定容至1L。

(3) 0.5mol/L和0.1mol/L的硫酸溶液。

(4) 1mol/L氯化钠溶液。称取化学纯氯化钠29g，溶于少量蒸馏水中，定容至500mL。

(5) 0.5mol/L氯化钙溶液。称取化学纯氯化钙（$CaCl_2 \cdot 2H_2O$）36.7g，溶于少量蒸馏水中，再定容至500mL。

(6) 1/3mol/L氯化铝溶液。称取化学纯氯化铝（$AlCl_3 \cdot 6H_2O$）40.2g，溶于水中，再定容至500mL。

2. 仪器

三角瓶、漏斗、玻璃棒、滤纸、试管、吸量管、离心机、恒温振荡器、恒温箱等。

四、实验步骤

1. 将土壤研细，去除植物根、屑等未分解的有机物，过100目筛后，准确称取土壤4.00g（精确至0.01g）2份，分别放置在2个50mL离心管中。

2. 在上述离心管内，加入25mL浸提液（0.1mol/L焦磷酸钠与0.1mol/L氢氧化钠混合液)，瓶口加塞，恒温振荡器上震荡30min，100℃的恒温箱1h，离心（8000r/min，10min)，倒出上清液于干净的50mL离心管中，再加25mL浸提液，可用竹签把离心管的泥土搅散开来，振荡30min，100℃的恒温箱1h，离心（8000r/min，10min)，倒出上清液于50mL同一离心管中备用。两份操作，一份用于步骤3，一份用于步骤4。

3. 各组分腐殖质性状的观察

(1) 观察稀碱浸提液的腐殖质（即活性腐殖质）溶液的颜色。

(2) 用10mL刻度吸量管吸取上述滤液8mL加0.5mol/L硫酸1.5mL（使滤液呈酸性反应)，放在塑料离心管内（如塑料离心管上有刻度，则可直接倒入不必用吸量管）摇匀后离心，以加速沉淀物与清液的分离。观察沉淀物（胡敏酸）和清澈液（即富里酸）的颜色。

(3) 用吸管吸取上述离心管中的清澈液2mL，分装在编号为①②③的三个试管中。然后弃去离心管中剩余的清澈液，向离心管底中剩余的沉淀物中加蒸馏水8mL，摇匀，沉淀分散后，逐滴加入0.1mol/L氢氧化钠，使沉淀溶解。再吸取该溶液2mL，分装在编号为④⑤⑥的另外三个试管中。在上述①～③和④～⑥号试管中，分别加入1mol/L氯化钠，0.5mol/L氯化钙和1/3mol/L氯化铝各2mL，充分摇匀，观察加入三种试剂后所发生的现象。

(4) 将上述各管中清液弃掉，保留沉淀物，分别加蒸馏水2mL，摇匀，然后静止几分钟，观察有无变化发生。

4. 各组分腐殖质含量和组成的测定

(1) 腐殖酸的测定

吸取5mL上清液（第二步骤）于硬质试管中，加1mL 1mol/L浓盐酸中和至pH值为7.0（可用pH试纸检验)，放入水浴锅中蒸干（约4h)。如果颜色较浅再加10mL上清液。

(2) 胡敏酸的测定

吸取25mL上清液于离心管中，加2mL 6mol/L浓盐酸（pH值为1～1.5，pH试纸检验)，放入80℃的恒温箱1h，静置过夜，使胡敏酸和富里酸充分分离。用慢速滤纸过滤，用 0.1mol/L 的盐水溶液清洗沉淀，至洗涤液无色为止，去掉滤液，用 0.05mol/L NaOH 溶液（可提前 30min 放入 80℃的恒温箱，这样可以快速溶解）少量多次溶解胡敏酸，用 0.05mol/L NaOH 溶液定容至 25mL，振荡 5min，吸取 10mL 溶液于硬质试管中，如果颜色较浅，可以吸取 15mL，于水浴锅中蒸干（约 5h），称重(精确至 0.0001g)。

（3）富里酸的测定

富里酸＝腐殖酸－胡敏酸

（4）胡敏素的测定

胡敏素＝腐殖质－腐殖酸

5. 腐殖酸的表征（选做）

（1）元素分析。碳、氮、氢、硫元素采用元素分析仪测定，氧含量通过扣除灰分计算而得。

（2）紫外光谱分析。样品溶于 0.05mol/L $NaHCO_3$ 溶液中，浓度约 40mg/L，在岛津 UV-2450 型紫外分光光度计上测定，测定范围为 200～400nm。

（3）E4/E6 测定。样品溶于 0.05mol/L $NaHCO_3$ 溶液中，浓度约 40mg/L，在岛津 UV-2450 型分光光度计上分别测定 465nm（E4）和 665nm（E6）下的光密度，并求商值。

（4）傅里叶变换红外光谱分析 KBr 混合压片法。在傅里叶变换红外光谱仪上测定，扫描范围为 500.0～4000.0/cm。

五、实验结果记录与整理

1. 腐殖质的分离和性状观察见表 3-5。

表 3-5　腐殖质的分离和性状观察

项目		颜色和状态
加碱处理		
碱提取液加酸处理后	上层清液	
	下层清液	
加氯化钠	①	
	④	
加氯化钙	②	
	⑤	
加氯化铝	③	
	⑥	

注：①～⑥是实验步骤 3 的操作（3）中的试管编号。

2. 腐殖质的组成成分分析见表 3-6。

表 3-6　腐殖质的组成成分

项目	质量/g	含量/%
土壤		
腐殖酸		
胡敏酸		
富里酸		
胡敏素		

六、数据处理

根据实验数据结果，计算腐殖质主要成分的含量，利用相关图谱数据，表述腐殖质主要成分的特征。

七、思考题

1. 溶解在 0.1mol/L 氢氧化钠溶液中的腐殖质是哪几类？残留在土壤中的腐殖物质还有哪几类？0.1mol/L 氢氧化钠的提取液是什么颜色？是否透明？经酸液沉淀后，溶液中呈现什么颜色？主要是哪一类腐殖质？

2. 通过本试验，对各种腐殖质及其盐类对土壤结构性的影响有何体会？

双语词汇

提取	extraction
表征	characterization
腐殖质的表征	characterization of humic substances
腐殖质的元素特征	elemental characteristics of humic substances
形态	species
腐殖酸	humic acid（HA）
富里酸	fulvic acid（FA）
苯环	benzene ring
羧基	carboxyl
醇羟基	alcohol hydroxyl
酚羟基	phenolic hydroxyl
羰基	carbonyl
氨基	amine
官能团	functional groups

知识拓展

腐殖质的结构特征

元素及官能团的组成是判别腐殖质结构和性质最简单、最重要的方法之一。腐殖质主要含有 C、H、N、O、S 五种元素，不同地区腐殖质的元素组成有明显的差异。富里酸中的 O 含量与 O/C 原子比明显地高于同一来源的胡敏酸，C、H、N 的含量及 C/H 原子比都较低；且富里酸羧基、醇羟基、酚羟基和酮型羟基的含量高于胡敏酸，而胡敏酸中醌型羟基的含量较高。富里酸的缩合程度较低，氧化程度较高，极性较强，还原性较弱，其分子结构比胡敏酸要简单。胡敏素与胡敏酸在元素组成上十分相似，胡敏素中羧基和羰基含量较高，而甲氧基的含量很低。胡敏素和胡敏酸的总酸度、羧基和酚羟基的含量均明显低于同一来源的富里酸，其含量仅为富里酸的一半左右。通过电镜分析发现，腐殖酸的微观结构呈现弹性海绵状结构特征，胡敏酸与富里酸在低 pH 值下呈现类似于纤维状结构的形态，随着 pH 值的增加，胡敏素和富里酸胶团开始聚集，由纤维状结构聚集形成束状和网状结构。

实验四　结晶紫的光降解速率常数

一、实验目的

测定结晶紫在光作用下的降解速率，并求得速率常数。

二、实验原理

溶于水中的有机污染物，在太阳光的作用下分解，不断产生自由基，具体过程如下：

$$RH \longrightarrow H\cdot + R\cdot \tag{3-4}$$

除自由基外，水体中还存在有单态氧，使得天然水中的有机污染物不断地被氧化，最终生成 CO_2、CH_4 和 H_2O 等。因此，光降解是天然水体有机污染物的自净途径之一。

天然水体中有机污染物的光降解速率，可用下式表示：

$$-\frac{dc}{dt}=K_c[O_x] \tag{3-5}$$

式中　c——天然水中结晶紫的浓度；

$[O_x]$——天然水中氧化性基团的浓度，一般是定值，认为其在反应过程中维持不变。

上式积分得：

$$\ln\frac{c_0}{c}=K[O_x]t=K't \tag{3-6}$$

式中　c_0——天然水中结晶紫的起始浓度；

c——时间为 t 时测得的结晶紫浓度；

K'——所得到的衰减曲线的斜率，即光降解表观速率常数。

根据公式(3-6)，可以求得结晶紫光降解的半衰期 $T_{1/2}$。

本实验在含结晶紫的蒸馏水溶液中加入 H_2O_2，模拟含结晶紫天然水进行光降解实验。结晶紫在 540nm 处有最大吸收峰。在一定浓度范围内，结晶紫的浓度与吸光度值成线性关系。

三、仪器与试剂

1. 仪器

(1) 可见分光光度计。

(2) 磁力搅拌器。

(3) 高压汞灯（400W）。

(4) 可见分光光度计。

2. 试剂

(1) 1000mg/L 结晶紫标准储备液。

(2) 50mg/L 结晶紫标准中间液：取结晶紫标准储备液 5mL，稀释至 100mL。

(3) 3.6% H_2O_2 溶液：取浓 H_2O_2 溶液 10mL 稀释至 250mL。

(4) 20mg/L 结晶紫待降解溶液：取 1000mg/L 的结晶紫标准储备液 10.0mL 于 500mL 容量瓶中，用蒸馏水稀释至刻度，摇匀待用。该待降解结晶紫溶液准备 2 份。

四、实验步骤

1. 标准曲线的配置

分别取 50mg/L 的结晶紫标准溶液 0、1.00mL、2.00mL、2.50mL、5.00mL 和 10.00mL 于 25mL 比色瓶中，用蒸馏水定容至 25mL。混匀，放置 5min 后，在分光光度计上，于 540nm 波长处，用 1cm 比色皿，以蒸馏水为参比，测量吸光度。以吸光度对浓度作图绘制标准曲线。

2. 光降解实验

(1) 将待降解结晶紫溶液 500mL 置于 1000mL 烧杯中，加入 4.0mL 3.6% H_2O_2 溶液，混匀。此溶液即为模拟的含结晶紫天然水样。该模拟水样准备 2 份，分别记作添加 H_2O_2 和对照体系。

(2) 分别将 2 份装有 500mL 模拟结晶紫水样的烧杯置于 2 个磁力搅拌器上，用同一个高压汞灯进行照射。

(3) 对其中添加 H_2O_2 的一个烧杯内的水样每隔 5min 取一次样，每次取 5.0mL，共取 11 次样（即分别在 $t=0$、5min、10min、15min、20min、25min、30min、40min、60min、90min 时取样）。如有沉淀，离心过滤后，以蒸馏水为参比，在 540nm 测定吸光度。

(4) 对其中另一个烧杯内的水样（未加 H_2O_2，即对照）每隔 30min 取一次样，每次取 5.0mL，共取 4 次样（即分别在 $t=0$、30min、60min、90min 时取样）。如有沉淀，离心过滤后，以蒸馏水为参比，在 540nm 测定吸光度。

五、实验结果记录与整理

1. 结晶紫的标准曲线数据记录见表 3-7。

表 3-7 结晶紫的标准曲线

比色管编号		1	2	3	4	5	6
结晶紫标准溶液加入量/mL							
A_{540nm}	1						
	2						
	3						

2. 结晶紫的光降解动力学数据记录见表 3-8。

表 3-8 结晶紫的光降解动力学

时间/min	体系 1(添加 H_2O_2)			体系 2(未加 H_2O_2)		
	A_{540nm}			A_{540nm}		
	1	2	3	1	2	3
0						
5						

续表

时间/min	体系 1(添加 H_2O_2)			体系 2(未加 H_2O_2)		
	A_{540nm}			A_{540nm}		
	1	2	3	1	2	3
10						
15						
20						
25						
30						
40						
50						
60						
90						

六、数据处理

1. 由标准曲线上查得不同时间光降解溶液中结晶紫所对应的浓度值，绘制结晶紫光降解动力学曲线，确定反应级数，求算半衰期。以 $\ln\frac{c_0}{c}$-t 作图，求得 K'值。

2. 比较两个体系的 K'和 $T_{1/2}$，分析原因。

七、思考题

1. 本实验所用高压汞灯的光谱有何特征？

2. 结合结晶紫降解动力学曲线以及吸光度随时间的变化情况，讨论实验过程中出现的实验现象。

双语词汇

结晶紫	methyl viole
多相光催化	heterogeneous photocatalysis
光降解	photodegradation
光催化	photocatalyst
能量转化效率	energy conversion efficiency
光催化氧化	photocatalytic oxidation

知识拓展

光解水制氢

光解水制氢技术始于 1972 年，日本东京大学 Fujishima A 和 Honda K 两位教授首次报告发现 TiO_2 单晶电极光催化分解水产生氢气这一现象，揭示了利用太阳能直接分解水制氢的可能性，开辟了利用太阳能光解水制氢的研究道路。随着电极电解水向半导体光催化分解水制氢的多相光催化的演变和 TiO_2 以外的光催化剂的相继发现，兴起了以光催化方法分解水制氢（简称光解水）的研究，并在光催化剂的合成、改性等方面取得较大进展。

光催化反应可以分为两类“降低能垒”（down hil1）和“升高能垒”（up hill）反应。光催化氧化降解有机物属于降低能垒反应，此类反应的 $\Delta G<0$，反应过程不可逆，这类反应中在光催化剂的作用下引发生成 O^{2-}、HO_2·、HO·、和 H^+ 等活性基团。水分解生成 H_2 和 O_2 则是高能垒反应，该类反应的 $\Delta G>0$（$\Delta G=$ 237kJ/mol），此类反应将光能转化为化学能。

光辐射在半导体上，当辐射的能量大于或相当于半导体的禁带宽度时，半导体内电子受激发从价带跃迁到导带，而空穴则留在价带，使电子和空穴发生分离，然后分别在半导体的不同位置将水还原成氢气或者将水氧化成氧气。目前，人们研究和发现的光催化剂和光催化体系仍然存在诸多问题，如光催化剂大多仅在紫外光区稳定有效，能够在可见光区使用的光催化剂不但催化活性低，而且几乎都存在光腐蚀现象，需使用牺牲剂进行抑制，能量转化效率低，这些阻碍了光解水的实际应用。研制具有特殊结构的新型光催化剂、新型的光催化反应体系，提高光催化性剂性能的方法等方面是未来光解水的研究重点。

实验五　底泥对结晶紫的吸附作用

一、实验目的

1. 测定底泥对结晶紫的吸附等温线，求出吸附常数，比较它们对结晶紫的吸附能力。

2. 了解水体中底泥的环境化学意义及其在水体自净中的作用。

3. 理解和掌握底泥的组成对污染物吸附系数的影响及机理。

二、实验原理

实验模拟配置含有一定量有机碳（粉末活性炭）模拟底泥样品为吸附剂，研究不同组成的底泥对一系列浓度结晶紫的吸附情况，计算平衡浓度和相应的吸附量，通过绘制等温吸附曲线，分析底泥的吸附性能和机理。

结晶紫在波长 540nm 有最大吸收峰，本实验采用分光光度法在波长 540nm 处测定吸光度，定量水中结晶紫的含量，结晶紫浓度范围在 0.02～20mg/L 范围内线性较好。

三、仪器试剂

1. 仪器

（1）恒温调速振荡器。

(2) 低速离心机。

(3) 可见光分光光度计

(4) 碘量瓶：150mL。

(5) 离心管：5mL。

(6) 比色管：25mL。

(7) 移液管：1mL、2mL、5mL、10mL、20mL。

2. 试剂

(1) 1000mg/L 结晶紫标准储备液。

(2) 50mg/L 结晶紫标准溶液：取结晶紫标准储备液 5mL，稀释至 100mL。

(3) 25mg/L 的结晶紫溶液：量取 1000mg/L 结晶紫标准储备液 25mL，稀释至 1000mL。

(4) 底泥样品的制备：采集一定质量的底泥样品，自然风干，混匀，过 60 目筛，储存于广口试剂瓶中。此样品称作底泥 1。

(5) 制备含有一定量有机碳的底泥：称取一定量的粉末状活性炭和制备好的底泥样品，在白瓷中按照质量比（1：20、1：50、1：100）分别制备含有不同有机碳含量的 500g 底泥样品三份。按照有机碳含量做好标记。分别记作底泥 2、底泥 3 和底泥 4。

四、实验步骤

1. 标准曲线的绘制

分别取 50mg/L 的结晶紫标准溶液 0、1.00mL、2.00mL、2.50mL、5.00mL 和 10.00mL 于 6 个 25mL 比色瓶中，用蒸馏水定容至 25mL。混匀，放置 5min 后，在分光光度计上，于 540nm 波长处，用 1cm 比色皿，以蒸馏水为参比，测量吸光度。以吸光度对浓度作图绘制标准曲线。

2. 吸附实验

取 14 只干净的 150mL 碘量瓶，分为 A、B 两组。每组 7 个，编号分别为 A1～A7 和 B1～B7，分别在 A 组的每个瓶内放入 0.50g 左右的底泥样品 1，在 B 组的每个瓶内放入 0.50g 左右的底泥样品 2（底泥样品 2 可任意选取制备好的三种底泥样品中的一种，做好记录）（称量底泥样品要称准到 0.0001g，其他称量与此相同）。然后按表 3-9 所给体积加入浓度为 25mg/L 的结晶紫溶液和蒸馏水，加塞密封并摇匀后，将瓶子放入振荡器中，在 (25±1.0)℃下，以 150～175r/min 的转速振荡 2h，静置 30min 后，在低速离心机上以 3000r/min 速度离心 5min，移出上清液 3mL 左右至 1cm 比色皿中，用蒸馏水调零，在 540nm 处测定吸光度，利用标准曲线计算结晶紫的浓度，并计算出结晶紫的平衡浓度。

表 3-9　结晶紫加入的浓度系列

序号	1	2	3	4	5	6	7
25mg/L 的结晶紫溶液/mL	1	2	5	10	15	20	25
蒸馏水/mL	24	23	20	15	10	5	0
起始浓度 C_0/(mg/L)	1	2	5	10	15	20	25

五、实验结果记录与整理

1. 结晶紫的标准曲线数据记录见表 3-10。

表 3-10 结晶紫的标准曲线

比色管编号		1	2	3	4	5	6
结晶紫标准溶液加入量/mL							
A_{540nm}	1						
	2						
	3						

2. 底泥吸附结晶紫的吸附等温线数据记录见表 3-11。

表 3-11 底泥吸附结晶紫的吸附等温线

碘量瓶编号		1	2	3	4	5	6	7
底泥质量/g								
起始浓度 C_0/(mg/L)								
A_{540nm}	1							
	2							
	3							
平衡浓度 C_e/(mg/L)								
吸附量 Q_e/(mg/kg)								

六、数据处理和分析

1. 计算平衡浓度 C_e 及吸附量 Q_e：

平衡浓度 C_e：依据测定的吸光度，代入标准曲线的线性方程计算的浓度即为平衡浓度 C_e；

$$Q_e=(C_0-C_e)\times V/m \tag{3-7}$$

式中 C_0——起始浓度，mg/L；

C_e——吸附平衡时溶液中结晶紫的浓度，mg/L；

V——吸附实验中所加结晶紫溶液的体积，mL；

m——吸附实验所加底泥样品的质量，g；

Q_e——结晶紫在底泥样品上的吸附量，mg/kg。

2. 利用平衡浓度和吸附量数据绘制结晶紫在底泥上的吸附等温线。

3. 采用 Freundlich 吸附等温式描述。即：

$$Q_e=KC_e^{1/n} \tag{3-8}$$

式中 Q_e——底泥对结晶紫的吸附量，mg/g；

C_e——吸附平衡时溶液中结晶紫的浓度，mg/L；

K、n——经验常数，其数值与离子种类、吸附剂性质及温度等有关。

将 Freundlich 吸附等温式两边取对数，可得：

$$\lg Q_e = \lg K + \frac{1}{n}\lg C_e \tag{3-9}$$

以 $\lg Q_e$ 对 $\lg C_e$ 作图可求得常数 K 和 n，将 K、n 代入 Freundlich 吸附等温式，便可确定该条件下的 Freundlich 吸附等温式方程，由此可确定吸附量 Q_e 和平衡浓度 C_e 之间的函数关系。

4. 采用 langmuir 吸附等温式描述。即：

$$Q_e = \frac{Q_{max} K_L C_e}{1 + K_L C_e} \tag{3-10}$$

式中 Q_{max}——底泥对结晶紫的最大吸附量，mg/kg；

C_e——吸附达平衡时溶液中结晶紫的浓度，mg/L；

K_L——Langmuir 吸附常数。

将 Langmuir 吸附等温式两边取倒数，可得：

$$\frac{C_e}{Q_e} = \frac{1}{K_L Q_{max}} + \frac{C_e}{Q_{max}} \tag{3-11}$$

以 C_e/Q_e 对 C_e 作图可求得常数 K_L 和 Q_{max}，将 K_L 和 Q_{max} 代入 Langmuir 吸附等温式，便可确定该条件下的 Langmuir 吸附等温式方程，由此可确定吸附量 Q_e 和平衡浓度 C_e 之间的函数关系。

5. 依据两种吸附方程的线性关系的显著性检验结果，确定底泥对结晶紫吸附方程的类型，求解相关吸附参数，计算 K，比较两种底泥的吸附常数的大小，讨论底泥中有机碳含量对吸附常数的影响。

七、思考题

1. 影响底泥对结晶紫吸附系数大小的因素有哪些？
2. 哪种吸附方程更能准确描述底泥对结晶紫的等温吸附曲线？为什么？

双语词汇

吸附等温线	adsorption isotherm
表面吸附	surface adsorption
吸附系数	adsorption co-efficient
标准化的吸附系数	normal adsorption co-efficient
共沉淀	co-precipitation
吸附动力学	adsorption kinetics
吸附热力学	adsorption thermodynamics

知识拓展

底泥重金属污染的修复技术

在水生态系统中，底泥是主要的沉积相和污染源（汇）。一旦水体受到重金属的污染，进入水体的重金属大部分在物理化学作用下转化为固相，沉积于河流底泥中。

底泥中的重金属不稳定，将会随着水体环境条件的变化重新释放出来，进入水体污染水环境，最终通过生物链富集作用危害人体健康。当前对于底泥重金属污染修复技术，按照修复位置分为原位修复和异位修复两大类。在工程实践中，受到异位修复高投入成本的影响，一般采用原位修复，其技术可分为物理修复、化学修复、生物修复以及三种技术的联用。

物理修复是运用工程技术直接或间接消除底泥中重金属的修复方法，主要包括直接取出底泥污染物的疏浚和间接消除底泥重金属污染的填沙掩蔽、固化掩蔽等。化学修复是利用化学制剂与污染底泥发生氧化、还原、沉淀、聚合等反应，使重金属从底泥中分离或转化成无毒化学形态的修复方法。植物修复是利用植物吸收、沉淀、富集污染区的重金属，从而降低重金属含量。微生物修复是利用微生物生命活动降低或消除重金属污染。

目前，底泥重金属污染尚无有效的治理措施，底泥重金属污染成功被修复的实例也不多。单一修复手段不能彻底解决底泥重金属污染问题，尤其是底泥中复杂的重金属复合污染问题，因而寻求多种重金属污染的联合修复技术，整合各技术的优点，避其不足，以高效率、低能耗修复底泥重金属污染是未来发展的方向。

实验六　土壤对铜的吸附

一、实验目的

1. 了解和掌握土壤对铜吸附作用的影响因素。
2. 学会建立吸附等温线的基本方法。
3. 学会使用原子吸收分光光度计的原理和方法。

二、实验原理

不同类型的土壤对铜的吸附能力不同，在不同条件下同一种土壤对铜的吸附能力也有很大差别。影响土壤吸附作用的两种主要因素是土壤的组成和 pH 值。因此，本实验通过向土壤中添加一定数量的腐殖质和调节被吸附铜溶液的 pH 值，分别测定两种因素对土壤吸附铜的影响。

$$Q_e = KC_e^{1/n} \tag{3-12}$$

式中　Q_e——土壤对铜的吸附量，mg/g；

C_e——吸附达平衡时溶液中铜的浓度，mg/L；

K、n——经验常数，其数值与离子种类、吸附剂性质及温度等有关。

将 Freundlich 吸附等温式两边取对数，可得：

$$\lg Q_e = \lg K + \frac{1}{n}\lg C_e \tag{3-13}$$

以 $\lg Q_e$ 对 $\lg C_e$ 作图可求得常数 K 和 n，将 K、n 代入 Freundlich 吸附等温式，便

可确定该条件下的 Freundlich 吸附等温式方程，由此可确定吸附量 Q_e 和平衡浓度 C_e 之间的函数关系。

三、仪器与试剂

1. 仪器

(1) 原子吸收分光光度计。

(2) 恒温振荡器。

(3) 离心机。

(4) 酸度计。

(5) 复合 pH 玻璃电极。

(6) 容量瓶：10mL，50mL，250mL，500mL。

(7) 聚乙烯塑料瓶：50mL。

2. 试剂

(1) 0.01mol/L 氯化钙溶液：称取 1.5g $CaCl_2 \cdot 2H_2O$，溶于 1L 水中。

(2) 1000mg/L 铜标准溶液：将 0.5000g 金属铜 (99.9%) 溶解于 30mL 1∶1 HNO_3 中，用超纯水定容至 500mL。

(3) 50mg/L 铜标准溶液：吸取 25mL 1000mg/L 铜标准溶液于 500mL 容量瓶中，用超纯水定容至刻度。

(4) 0.5mol/L H_2SO_4 溶液。

(5) 1mol/L NaOH 溶液。

(6) 铜标准系列溶液 (pH＝2.5)：分别吸取 10.00mL、15.00mL、20.00mL、25.00mL、30.00mL 的 1000mg/L 铜标准溶液于 250mL 烧杯中，加入 0.01mol/L $CaCl_2$ 溶液，稀释至大约 240mL，先用 0.5mol/L H_2SO_4 溶液调节 pH＝2，再以 1mol/L NaOH 溶液调节 pH＝2.5，将此溶液移入 250mL 容量瓶中，用 0.01mol/L 氯化钙溶液定容，溶液系列浓度为 40.00mg/L、60.00mg/L、80.00mg/L、100.00mg/L、120.00mg/L。

按同样方法，配制 pH＝5.5 的铜标准系列溶液。

(7) 腐殖酸 (生化试剂)。

(8) 1 号土壤样品：将新采集的土壤样品经过风干、磨碎，过 0.15mm (100 目) 筛后装瓶备用 (不少于 500g 土壤样品)。

(9) 2 号土壤样品：取 1 号土壤样品 300g，加入腐殖酸 30g，磨碎，过 0.15mm (100 目) 筛后装瓶备用。

四、实验步骤

1. 标准曲线的绘制

吸取 5mg/L 的铜标准溶液 0、0.10mL、0.20mL、0.30mL、0.40mL、0.60mL、0.80mL、1.00mL 分别置于 10mL 容量瓶中，加 2 滴 0.05mol/L H_2SO_4，用超纯水定容，其浓度分别为 0、0.50mg/L、1.00mg/L、1.50mg/L、2.00mg/L、3.00mg/L、4.00mg/L、5.00mg/L。然后在原子吸收分光光度计上测定吸光度。根据吸光度与浓度的关系绘制标准曲线。

原子吸收测定条件：波长为 325.0nm；灯电流为 1mA；光谱通带为 20；增益粗调

为0；燃气为乙炔；助燃气为空气；火焰类型为氧化型（具体参数根据使用原子吸收分光光度计的型号和要求来确定）。

2. 土壤对铜的吸附平衡时间的测定

（1）分别称取1、2号土壤样品各8份，每份1.00g（精确到0.001g）于50mL聚乙烯塑料瓶中。

（2）向每份样品中各加入50mg/L的铜标准溶液45mL。

（3）将上述样品在室温下进行振荡，分别在振荡1.0h、2.0h、3.0h、3.5h、4.0h、4.5h、5.0.h、6.0h后，离心分离，迅速吸取上层清液10mL于50mL容量瓶中，加入2滴0.5mol/L的H_2SO_4溶液，用水定容后，用原子吸收分光光度计测定吸光度。以上内容分别用pH值为2.5和5.5的100mg/L的铜标准溶液平行操作。根据实验数据绘图以确定吸附平衡所需时间。

3. 土壤对铜的吸附量的测定

（1）分别称取1、2号土壤样品各10份，每份各1g，分别置于45mL聚乙烯塑料瓶中。

（2）依次加入45mL pH值为2.5和5.5，浓度为40.00mg/L、60.00mg/L、80.00mg/L、100.00mg/L、120.00mg/L铜标准系列溶液，盖上瓶塞后置于恒温振荡器上。

（3）振荡达平衡后，取20mL土壤浑浊液于离心管中，离心10min，吸取上层清液5mL于10mL比色管中，用原子吸收分光光度计测定吸光度。

（4）剩余土壤浑浊液用酸度计测定pH值。

五、实验结果记录与整理

1. 铜标准曲线的数据记录见表3-12。

表3-12 铜的标准曲线

比色管编号		1	2	3	4	5	6	7	8
铜标准溶液加入量/mL									
A_{325nm}	1								
	2								
	3								

2. 土壤吸附铜的平衡时间数据记录见表3-13。

表3-13 土壤吸附铜的平衡时间

聚乙烯塑料瓶编号		1	2	3	4	5	6	7	8
土壤质量/g									
吸附时间/h		1.0	2.0	3.0	3.5	4.0	4.5	5.0	6.0
铜溶液的pH值									
A_{375nm}	1								
	2								
	3								
平衡浓度C_e/(mg/L)									
吸附量Q_e/(mg/kg)									

3. 土壤吸附铜的吸附等温线数据记录见表3-14。

表 3-14　土壤吸附铜的吸附等温线

聚乙烯塑料瓶编号		1	2	3	4	5	6	7	8	9	10
土壤质量/g											
起始浓度 C_0/(mg/L)											
铜溶液的 pH 值											
A_{375nm}	1										
	2										
	3										
平衡浓度 C_e/(mg/L)											
吸附量 Q_e/(mg/kg)											

六、数据处理

1. 根据实验数据绘图确定两种土样达到吸附平衡所需时间。

2. 土壤对铜的吸附量可通过下式计算

$$Q_e=\frac{(C_0-C_e)V}{m} \tag{3-14}$$

式中　Q_e——土壤对铜的吸附量，mg/g；

C_0——溶液中铜的起始浓度，mg/L；

C_e——溶液中铜的平衡浓度，mg/L；

V——溶液的体积，mL；

m——土样称量质量，g。

由此方程可计算出不同平衡浓度下土壤对铜的吸附量。

3. 建立土壤对铜的吸附等温线

以吸附量 Q_e 对浓度 C_e 作图即可制得室温下两个不同 pH 值条件下土壤对铜的吸附等温线。

4. 建立 Freundlich 方程

以 $\lg Q_e$ 对 $\lg C_e$ 作图，根据所得直线的斜率和截距可求得两个常数 K 和 n，由此可确定室温时不同 pH 值条件下，不同土壤样品对铜的吸附 Freundlich 方程。

七、思考题

1. 土壤的组成和溶液的 pH 值对铜的吸附量有何影响？为什么？

2. 本实验中得到的土壤对铜的吸附量应为表观吸附量，它应包括铜在土壤表面上哪些作用的结果？

双语词汇

离子交换吸附	ion exchange adsorption
分配系数	partition co-efficient
标准化的分配系数	normal distribution co-efficient
水体自净	water self purification
土壤胶体	soil colloids
重金属的毒害作用	toxicity of heavy metal
重金属的有效性	availability of heavy metal
竞争吸附	competitive adsorption

知识拓展

重金属的形态分析

重金属形态包括元素具体存在的物理的聚集状态和化学的结合方式。重金属形态的研究与分析方法尚无统一的标准和分析程序，根据研究的具体要求和实验条件而定。Tessier等提出的连续提取法把重金属形态分为水溶态、交换态、碳酸盐结合态、铁锰氧化物结合态、有机结合态和残留态。水溶态是指土壤溶液中重金属离子，它们可用蒸馏水提取，且可被植物根部直接吸收；可交换态是指被土壤胶体表面非专性吸附且能被中性盐取代的，同时也易被植物根部吸收的部分；碳酸盐结合态，使用醋酸钠-醋酸缓冲液作为提取剂；铁锰氧化物结合态是被土壤中氧化铁锰或黏粒矿物的专性交换位置所吸附的部分，一般用草酸-草酸盐或盐酸羟胺作提取剂；有机结合态是指重金属通过化学键形式与土壤有机质结合，选用的提取剂主要有次氯酸钠、H_2O和焦磷酸钠等；而残留态是指结合在土壤硅铝酸盐矿物晶格中的金属离子，一般用HNO_3-$HClO_4$-HF消化分解。

随着分析测试技术的发展，重金属的形态分析方法取得了长足进步。目前，测定重金属的实际形态往往比较困难，采用X线吸收精细结构光谱（XAFS，X-ray absorption fine structure spectroscopy）、漫反射光谱仪（DRS，diffuse reflectance spectroscopy）、高分辨热重分析仪（HRTGA，high resolution thermogravimetric analysis）以及微X线吸收近边结构分析（u-XANES，micro X-ray absorption near edge structure）等来分析重金属离子在矿物表面的结合方式，包括外配位、内配位和表面沉淀等。

实验七　重金属在土壤-植物体系中的迁移

Ⅰ 原子吸收分光光度法

一、实验目的

1. 用原子吸收法测定土壤及粮食中Pb、Zn、Cu、Cd和Cr的含量。
2. 了解影响土壤-植物体系中重金属的迁移、转化的因素和规律。

二、实验原理

通过消化处理将在同一农田中采集的粮食及土壤样品中各种形态的重金属转化为离子态，用原子吸收分光光度法测定（测定重金属的条件见表3-15）；通过比较分析土壤和作物中重金属含量，探讨重金属在植物-土壤体系中的迁移能力。

三、仪器与试剂

1. 仪器

（1）原子吸收分光光度计。

表 3-15 原子吸收分光光度法测定重金属的条件

测定条件	Cu	Zn	Pb	Cd
测定波长/nm	324.7	213.8	283.3	228.8
通带宽度/nm	0.2	0.2	0.2	0.2
灵敏度/(μg/mL)	0.09	0.02	0.50	0.03
检测范围/(g/mL)	0.05～5.0	0.05～1.0	0.2～10	0.05～1.0

注：火焰类型为乙炔-空气，氧化型火焰。

(2) 2mm 尼龙筛、尼龙筛 (100 目)。

(3) 电热板。

(4) 量筒：100mL。

(5) 高型烧杯：100mL。

(6) 容量瓶：25mL、100mL。

(7) 三角烧瓶：100mL。

(8) 小三角漏斗。

(9) 表面皿。

2. 试剂

(1) 硝酸、硫酸：优级纯。

(2) 氧化剂：空气，用气体压缩机供给，经过必要的过滤和净化。

(3) 金属标准储备液：准确称取 0.50g 光谱纯金属，用适量的 1∶1 硝酸溶解，必要时加热直至溶解完全。用水稀释至 500.0mL，即得 1.00mg 金属/mL 标准储备液。或直接购买金属的标准溶液。

(4) 混合标准溶液：用 0.2%硝酸稀释金属标准储备液配制而成，使配成的混合标准溶液中镉、铜、铅和锌浓度分别为 10.0mg/L、50.0mg/L、100.0mg/L 和 10.0mg/L。

四、实验步骤

1. 土壤样品的制备

(1) 土样的采集。在粮食生长季节，从田间取回土样，倒在塑料薄膜上，晒至半干状态，将土块压碎，除去残根、杂物，铺成薄层，经常翻动，在阴凉处使其慢慢风干。风干土样用有机玻璃棒或木棒碎后，过 2mm 尼龙筛，去 2mm 以上的砂砾和植物残体。将上述风干细土反复按四分法弃取，最后留下约 100g 土样，再进一步磨细，通过 100 目筛，装于瓶中 (注意在制备过程中土壤不要被沾污)。取 20～30g 土样，装入瓶中，在 105℃下烘 4～5h，恒重。

(2) 土样的消解。准确称取烘干土样 0.48～0.52g 2 份 (准确到 0.1mg)，分别置于高型烧杯中，加水少许润湿，再加入 1∶1 硫酸 4mL，浓硝酸 1mL，盖上表面皿，在电热板上加热至冒白烟。如消解液呈深黄色，可取下稍冷，滴加硝酸后再加热至冒白烟，直至土壤变白。取下烧杯后，用水冲洗表面皿和烧杯壁。将消解液用滤纸过滤至 25mL 容量瓶中，用水洗涤残渣 2～3 次，将清液过滤至容量瓶中，用水稀释至刻度，摇匀备用。同时做一份空白试验。

2. 粮食样品的制备

(1) 粮食样品采集。取与土壤样品同一地点的谷粒，脱壳得糙米，再经粉碎，研细成粉，装入样品瓶，保存于干燥器中。

(2) 粮食消解。准确称取 1～2g (精确到 0.1mg) 经烘箱烘至恒重的粮食样品 2 份，分别置于 100mL 三角烧瓶中，加 8mL 浓硝酸，在电热板上加热 (在通风橱中进行，开始低温，逐渐提高温度，但不宜过高，以防样品溅出)，消解至红棕色气体减少时，补加硝酸 5mL，总量控制在 15mL 左右，加热至冒浓白烟、溶液透明 (或有残渣) 为止，过滤至 25mL 容量瓶中，用水洗涤滤渣 2～3 次后，稀释至刻度，摇匀备用。同时做一份空白实验。

3. 工作曲线的绘制

分别在 6 只 100mL 容量瓶中加入 0、0.50mL、1.00mL、3.00mL、5.00mL、10.00mL 混合标准溶液，用 0.2%硝酸稀释定容。此混合标准系列各金属的浓度见表3-16。接着按样品测定的步骤测量吸光度。用经空白校正的各标准的吸光度对相应的浓度作图，绘制标准曲线。

表 3-16 标准系列的配制和浓度

混合标准使用液体积/mL		0	0.50	1.00	3.00	5.00	10.00
金属浓度/(μg/mL)	Cd	0	0.05	0.10	0.30	0.50	1.00
	Cu	0	0.25	0.50	1.50	2.50	5.00
	Pb	0	0.50	1.00	3.00	5.00	10.0
	Zn	0	0.05	0.10	0.30	0.50	1.00

4. 土壤及粮食中的 Pb、Zn、Cu、Cd 的测定

按表 3-15 所列的条件调好仪器，用 0.2%硝酸调零。吸入空白样和试样，测量其吸光度，记录数据。扣除空白值后，使用标准曲线计算出试样中的金属浓度。由于仪器灵敏度的差别，土壤及粮食样品中重金属元素含量不同，必要时应对试液稀释后再测定。

五、数据处理

由测定所得吸光度，分别从标准工作曲线上查得被测试液中各金属的浓度，根据下式计算出样品中被测元素的含量：

$$P=\frac{CV}{W_{实}} \tag{3-15}$$

式中 P——样品中被测元素的含量，μg/g；

C——被测试液的浓度，μg/mL；

V——试液的体积，mL；

$W_{实}$——样品的实际重量，g。

六、思考题

1. 粮食的前处理有干法及湿法两种，各有什么优缺点？

2. 比较铜、锌、铅、镉在土壤及粮食中的含量，描述土壤-粮食体系中 Cu、Zn、Pb、Cd 迁移情况，分析重金属富集的情况及影响因素。

Ⅱ分光光度法

一、实验目的

1. 掌握二苯碳酰二肼分光光度法测定六价铬和总铬的原理和方法。

2. 学习用 Microsoft Office Excel 求线性回归方程的方法。

二、实验原理

以二苯碳酰二肼比色法测定铬含量，需将低价态铬氧化至高价态铬，目前常用的方法为高锰酸钾氧化法和过硫酸钾氧化法，本实验采用过硫酸钾氧化法。

对测定铬含量的土壤植物样品，常采用的消化方法为 H_2SO_4-H_3PO_4，HNO_3-H_2SO_4-H_3PO_4，HNO_3-H_2SO_4等湿法氧化。土壤（植物）样品经 HNO_3-H_2SO_4 等混合酸消化，然后在 Mn^{2+} 存在下，以 Ag^+ 为催化剂，用 20%的过硫酸铵氧化低价态铬至高价态。再以叠氮化钠或尿素-亚硝酸钠分解剩余的过硫酸铵，反应方程式如下：

$$2S_2O_8^{2-}+2Cr^{3+}+7H_2O \longrightarrow Cr_2O_7^{2-}+4SO_4^{2-}+14H^+$$

$$2NaN_3+(NH_4)_2S_2O_8 \longrightarrow Na_2SO_4+(NH_4)_2SO_4+3N_2$$

或

$$S_2O_8^{2-}+2NO_2^- \longrightarrow 2SO_4^{2-}+2NO_2$$

$$2NO_2^-+NH_2\text{-}CO\text{-}NH_2+2H^+ \longrightarrow CO_2+2N_2+3H_2O$$

消化、氧化之后，以浓氨水调节酸度，使铁、铝、铜和锌等多种干扰离子形成沉淀，而铬在溶液中与二苯碳酰二肼反应生成酒红色络合物，其最大吸收波长为 540nm，吸光度与浓度的关系符合比尔定律，最后在 540nm 处测定吸光度。

三、仪器与试剂

1. 仪器

(1) 722 型分光光度计。

(2) 0～1000r/min 离心机。

(3) 通风橱。

(4) 微波消解仪。

(5) 微波消解罐。

(6) 25mL 的具塞比色管、100mL 容量瓶等其他玻璃仪器。

2. 试剂

(1) 浓硝酸。

(2) (1+1) 硫酸，(1+1) 磷酸。

(3) 5mol/L 硫酸溶液。

(4) 20%的过硫酸铵。

(5) 0.5%硝酸银，0.5%硫酸锰。

(6) 10%尿素-2%亚硝酸钠或 0.5%叠氮化钠。

(7) 铬标准储备液。称取于 120℃干燥 2h 的重铬酸钾（优级纯）0.2829g，用水溶解，移入 1000mL 容量瓶中，用水稀释至标线，摇匀。

(8) 铬标准使用液。吸取 5.00mL 铬标准储备液于 500mL 容量瓶中，用水稀释至标线，摇匀。每毫升标准使用液含 1.000μg 六价铬。使用当天配制。

(9) 二苯碳酰二肼溶液。称取二苯碳酰二肼（简称 DPC，$C_{13}H_{14}N_4O$）0.2g，溶于 50mL 丙酮中，加水稀释至 100mL，摇匀，贮于棕色瓶内，置于冰箱中保存。颜色变深后不能再用。

(10) (1+1) 氨水。

四、实验步骤

1. 土壤和植物样品的预处理

(1) 消化。准确称取风干过筛土样或植物样品 0.2g 各 2 份（准确到 0.1mg），分别转移至聚四氟乙烯的微波消解罐底部中（注意使用长条型称量纸，消解罐要干燥，不能附着在消解罐壁上），土壤样品的消解罐中加入 5mL 浓硝酸和 1mL 浓硫酸，植物样品的消解罐中加入 3mL 浓硝酸和 2mL 浓硫酸，使用微波消解仪微波消解 5min，冷却后再消解 4min，冷却后，在通风橱中打开消解罐，通风 15min，赶去腐蚀性气体，观察消解后的样品为灰白色为佳，不满足要求时，适当补充消解液，重复上述操作。注意：这个消解过程应该在通风橱中进行，浓硫酸和浓硝酸为腐蚀性强液体，注意规范化操作。

待土壤（土壤为灰白色）和植物样品（溶液）消解完全后，用水冲洗消解罐壁。将消解液转移至 100mL 的高脚烧杯中，用水洗涤残渣 2～3 次，将清液转移至高脚烧杯中，用水量不要超过 40mL，摇匀备用。同时做一份空白试验（以石英砂代替土壤和植物样品，重复上述操作）。

(2) 氧化还原。向高脚烧杯中加入 1mL 0.5%硝酸银和 5mL 20%过硫酸铵，加 2 滴 0.5%硫酸锰（无锰时），加数粒玻璃珠，在加热套或电热板上加热沸腾 5min，如果溶液不呈紫红色，可再加过硫酸铵，继续沸腾 5min，保持溶液呈紫红色，向烧杯中滴加 10%尿素-2%亚硝酸钠至紫红色褪去，取下烧杯冷水浴中冷却。

(3) 沉淀分离。向冷却后的溶液中滴加（1+1）浓氨水至黄棕色出现，再过量 0.5mL，然后将溶液转移至 200mL 容量瓶中，充分洗涤烧杯，洗液并入容量瓶中，用蒸馏水稀释至标线，充分摇匀，取出 50mL 溶液于离心管中，离心 5min（也可以静置至上清液清亮）。

2. 标准曲线的绘制

取 7 支 25mL 比色管，依次加入 0、0.50mL、1.00mL、2.00mL、2.50mL、5.00mL 和 10.00mL 铬标准使用液，用水稀释至标线，加入 0.5mL（1+1）硫酸和 0.5mL（1+1）磷酸，摇匀。加入 2mL 显色剂溶液，摇匀。10min 后，于 540nm 波长处，用 1cm 比色皿，以水为参比，测定吸光度并作空白校正。以吸光度为纵坐标，六价铬含量为横坐标用 Microsoft Office Excel 绘制标准曲线，并求线性回归方程。

3. 样品的测定

取适量（含铬少于 50μg）经预处理的无色透明试样液于 25mL 比色管中，用水稀释至标线，测定方法同标准溶液。进行空白校正后根据所测吸光度从标准曲线上查得 Cr(Ⅵ) 含量。

注意事项：

(1) 用于测定铬的玻璃器皿不能用重铬酸钾洗液洗涤。

(2) Cr(Ⅵ) 与显色剂的显色反应一般控制酸度在 0.05～0.3mol/L 范围，以

0.2mol/L 时显色最好。显色前，水样应调至中性。显色温度和放置时间对显色有影响，在 15℃时，5～15min 颜色即可稳定。

(3) 用氨水滴定加至消化液出现黄棕色沉淀，说明铁已开始形成氢氧化铁沉淀，但这时铁沉淀并不完全，上清液不清亮，须再加氨水提高溶液的 pH 值。实验证明，过量 0.5mL、1mL、2mL 对结果并无影响。为了使沉淀完全，并使显色时酸度一致，实验中氨水常规过量 0.5mL。

五、实验结果记录与整理

1. 铬的标准曲线数据记录见表 3-17。

表 3-17 铬标准曲线的数据记录表

比色管编号	1	2	3	4	5	6	7
铬标准使用液体积/mL	0	0.5	1.0	2.0	2.5	5.0	10.0
吸光度							
Cr 质量/μg							

2. 土壤和植物样品测定数据记录见表 3-18。

表 3-18 土壤-植物样品数据记录表

样品类型	土壤样品			植物样品			空白 1	空白 2
取样体积/mL								
吸光度								
Cr 质量/μg								

3. 计算待测样品中铬含量

$$P=\frac{MV_1}{V_2W} \tag{3-16}$$

式中 P——待测样品中铬含量，mg/kg；

M——从标准曲线上查得的 Cr（Ⅵ）量，μg；

V_1——消解后的定容的总体积，mL；

V_2——测定显色时取样体积，mL；

W——土壤或植物的质量，g。

六、数据处理

1. 根据土壤和植物样品中的铬含量，计算生物浓缩系数（bioconcentration factors，简称 BCF），即铬在植物中含量和土壤中含量之比。

2. 通过样品来源和自然条件，通过理论知识分析影响重金属在土壤-植物间迁移转化的因素。

七、思考题

1. 影响重金属在土壤-植物间迁移转化的因素有哪些？

2. 如何用参数 BCF 来判定重金属的迁移转化能力？

双语词汇

淋滤	leaching
迁移转化	transfer-transformation
土柱淋滤实验	soil-column leaching experiment
铬	chromium
镉	cadmium
碱性土壤	alkaline soil
生物富集系数	bioaccumulation factor
转移系数	translocation factor
超累积植物	hyperaccumulator

知识拓展

超富集植物修复重金属污染土壤

超富集植物是指能够超量吸收重金属并将其运移到地上部的植物。世界范围内已经发现的超富集植物有500多种。国外开展这方面的工作较早。Baker在欧洲中西部发现了能富集Cd高达2130mg/kg的十字花科植物天蓝褐蓝菜，是已知的积累浓度最高且研究最深入的超富集植物之一。我国开展这方面的工作较晚，中国的科技工作者陆续发现了As的超富集植物蜈蚣草和大叶井口边草、Mn的超富集植物商陆、Zn的超富集植物东南景天以及Cu的超富集植物海州香薷和鸭跖草。

羊齿类铁角蕨、野生苋和十字花科植物天蓝褐蓝菜对镉的富集能力强；紫叶花苕能富集铅和锌；蒿属和芥菜对铅的富集作用明显；在镍污染的土壤中可种植十字花科和庭芥属植物；在铜污染土壤中可种植酸模，其植株含铜可达1.850mg/g。研究还发现，向植物根系通直流电能加强植物对重金属的吸收，向污染土壤施硫酸盐和磷酸盐能提高植物枝干部分对铬、镉、镍、锌和铜的富集系数。

实验八　水体富营养化程度的评价

一、实验目的

1. 掌握总磷、叶绿素a及初级生产率的测定原理及方法。
2. 评价水体的富营养化状况。

二、实验原理

富营养化（eutrophication）是指在人类活动的影响下，生物所需的氮、磷等营养物质大量进入湖泊、河口、海湾等缓流水体，引起藻类及其他浮游生物迅速繁殖，水体溶解氧量下降，水质恶化，鱼类及其他生物大量死亡的现象。在自然条件下，湖泊也会从贫营养状态过渡到富营养状态，沉积物不断增多，先变为沼泽，后变为陆地。这种自然过程非常缓慢，常需几千年甚至上万年。而人为排放含营养物质的工业废水和生活污水所引起的水体富营养化现象，可以在短期内出现。水体富营养化后，即使切断外界营养物质的来源，也很难自净和恢复到正常水平。

植物营养物质的来源广、数量大，有生活污水、农业面源污染、工业废水、垃圾等。每人每天带进污水中的氮约 50g。生活污水中的磷主要来源于洗涤废水，而施入农田的化肥有 50%～80%流入江河、湖海和地下水体中。

许多参数可用作水体富营养化的指标，常用的是初级生产率、总磷和无机氮（见表 3-19)。

表 3-19　水体富营养化程度划分

富营养化程度	初级生产率/[mgO_2/(m^2 · d)]	总磷/(μg/L)	无机氮/(μg/L)
极贫	0～136	<0.005	<0.200
贫-中		0.005～0.010	0.200～0.400
中	137～409	0.010～0.030	0.300～0.650
中-富		0.030～0.100	0.500～1.500
富	410～547	>0.100	>1.500

三、仪器设备及试剂

1. 仪器

(1) 可见分光光度计。

(2) 移液管：1mL、2mL、10mL。

(3) 容量瓶：100mL、250mL。

(4) 锥型瓶：250mL。

(5) 比色管：25mL、50mL。

(6) BOD 瓶：250mL。

(7) 具塞小试管：10mL。

(8) 玻璃纤维滤膜、剪刀、玻棒、夹子。

(9) 多功能水质检测仪。

2. 试剂

(1) 过硫酸铵（固体)。

(2) 浓硫酸。

(3) 1mol/L 硫酸溶液。

(4) 2mol/L 盐酸溶液。

(5) 6mol/L 氢氧化钠溶液。

(6) 1%酚酞：1g 酚酞溶于 90mL 乙醇中，加水至 100mL。

(7) 丙酮∶水（9∶1）溶液。

(8) 酒石酸锑钾溶液：将 4.4g $K(SbO)C_4H_4O_6 \cdot 1/2H_2O$ 溶于 200mL 蒸馏水中，用棕色瓶在 4℃时保存。

(9) 钼酸铵溶液：将 20g $(NH_4)_6MO_7O_{24} \cdot 4H_2O$ 溶于 500mL 蒸馏水中，用塑料瓶在 4℃时保存。

(10) 抗坏血酸溶液：0.1mol/L（溶解 1.76g 抗坏血酸于 100mL 蒸馏水中，转入棕色瓶，若在 4℃时保存，可维持一个星期不变）。

(11) 混合试剂：50mL 2mol/L 硫酸、5mL 酒石酸锑钾溶液、15mL 钼酸铵溶液和 30mL 抗坏血酸溶液。混合前，先让上述溶液达到室温，并按上述次序混合。在加入酒石酸锑钾或钼酸铵后，如混合试剂有浑浊，须摇动混合试剂，并放置几分钟，至澄清为止。若在 4℃下保存，可维持 1 个星期不变。

(12) 磷酸盐储备液（1.00mg/mL 磷）：称取 1.098g KH_2PO_4，溶解后转入 250mL 容量瓶中，稀释至刻度，即得 1.00mg/mL 磷溶液。

(13) 磷酸盐标准溶液：量取 1.00mL 储备液于 100mL 容量瓶中，稀释至刻度，即得磷含量为 10μg/mL 的工作液。

四、实验步骤

1. 磷的测定

(1) 原理。在酸性溶液中，将各种形态的磷转化成磷酸根离子（PO_4^{3-}）。随之用钼酸铵和酒石酸锑钾与之反应，生成磷钼锑杂多酸，再用抗坏血酸把它还原为深色钼蓝。

砷酸盐与磷酸盐一样也能生成钼蓝，0.1g/mL 的砷就会干扰测定。六价铬、二价铜和亚硝酸盐能氧化钼蓝，使测定结果偏低。

(2) 实验步骤。水样处理：水样中如有大的微粒，可用搅拌器搅拌 2～3min，以至混合均匀。量取 100mL 水样（或经稀释的水样）2 份，分别放入 250mL 锥型瓶中，另取 100mL 蒸馏水于 250mL 锥型瓶中作为对照，分别加入 1mL 2mol/LH_2SO_4、3g $(NH_4)_2S_2O_8$，微沸约 1h，补加蒸馏水使体积为 25～50mL（如锥型瓶壁上有白色凝聚物，应用蒸馏水将其冲入溶液中），再加热数分钟。冷却后，加一滴酚酞，并用 6mol/L NaOH 将溶液中和至微红色。再滴加 2mol/L HCl 使粉红色恰好褪去，转入 100mL 容量瓶中，加水稀释至刻度，移取 25mL 至 50mL 比色管中，加 1mL 混合试剂，摇匀后，放置 10min，加水稀释至刻度再摇匀，放置 10min，以试剂空白作参比，用 1cm 比色皿，于波长 880nm 处测定吸光度（若分光光度计不能测定 880nm 处的吸光度，可选择 710nm 波长）。

标准曲线的绘制：分别吸取 10μg/mL 磷的标准溶液 0、0.50mL、1.00mL、1.50mL、2.00mL、2.50mL 于 25mL 比色管中，加水稀释至约 25mL，加入 1mL 混合试剂，摇匀后放置 10min，加水稀释至刻度，再摇匀，10min 后，以试剂空白作参比，用 1cm 比色皿，于波长 880nm（或 710nm）处测定吸光度。

(3) 结果处理。由标准曲线计算磷的含量，按下式计算水中磷的含量：

$$\rho_P = W_p / V \tag{3-17}$$

式中 ρ_P——水中磷的含量，g/L；

W_p——由标准曲线上查得磷含量，μg；

V——测定时吸取水样的体积（本实验 V=25.00mL）。

2. 生产率的测定

(1) 原理。绿色植物的生产率是光合作用的结果，与氧的产生量成比例。因此测定水体中的氧可看作对生产率的测量。然而在任何水体中都有呼吸作用产生，要消耗一部分氧。因此在计算生产率时，还必须测量因呼吸作用所损失的氧。本实验用测定2只无色瓶和2只深色瓶中相同样品内溶解氧变化量的方法测定生产率。此外，测定无色瓶中氧的减少量，提供校正呼吸作用的数据。

(2) 实验过程。取4只BOD瓶，其中2只用铝箔包裹使之不透光，这些分别记作“亮”和“暗”瓶。从一水体上半部的中间取出水样，测量水温和溶解氧。如果此水体的溶解氧未过饱和，则记录此值为ρ_{Oi}，然后将水样分别注入一对“亮”和“暗”瓶中。若水样中溶解氧过饱和，则缓缓地给水样通气，以除去过剩的氧。重新测定溶解氧并记作ρ_{Oi}。按上法将水样分别注入一对“亮”和“暗”瓶中。从水体下半部的中间取出水样，按上述方法同样处理。

将2对“亮”和“暗”瓶分别悬挂在与取水样相同的水深位置，调整这些瓶子，使阳光能充分照射。一般将瓶子暴露几个小时，暴露期为清晨至中午，或中午至黄昏，也可清晨到黄昏。为方便起见，可选择较短的时间。暴露期结束即取出瓶子，逐一测定溶解氧，分别将“亮”和“暗”瓶的数值记为ρ_{Ol}和ρ_{Od}。

(3) 结果处理。呼吸作用：氧在暗瓶中的减少量

$$R=\rho_{Oi}-\rho_{Od} \tag{3-18}$$

净光合作用：氧在亮瓶中的增加量

$$P_n=\rho_{Ol}-\rho_{Oi} \tag{3-19}$$

总光合作用=呼吸作用+净光合作用：

$$P_g=(\rho_{Oi}-\rho_{Od})+(\rho_{Ol}-\rho_{Oi})=\rho_{Ol}-\rho_{Od} \tag{3-20}$$

通过以下公式计算来判断每单位水域总光合作用和净光合作用的日速率。

① 把暴露时间修改为日周期：

$$P'_g[\text{mg } O_2/(\text{L}\cdot\text{d})]=P_g\times\text{每日光周期时间/暴露时间} \tag{3-21}$$

② 将生产率单位从mg O_2/L改为mg O_2/m^2，这表示$1m^2$水面下水柱的总产生率。为此必须知道产生区的水深：

$$P''_g[\text{mg } O_2/(\text{m}^2\cdot\text{d})]=P_g\times\text{每日光周期时间/暴露时间}\times10^3\times\text{水深(m)} \tag{3-22}$$

10^3是体积浓度mg/L换算为mg/m^3的系数。

③ 假设全日24h呼吸作用保持不变，计算日呼吸作用

$$R[\text{mg } O_2/(\text{m}^2\cdot\text{d})]=R\times24/\text{暴露时间(h)}\times10^3\times\text{水深(m)} \tag{3-23}$$

④ 计算日净光合作用：

$$P_n[\text{mg } O_2/(\text{L}\cdot\text{d})]=P_g-R \tag{3-24}$$

假设符合光合作用的理想方程（$CO_2+H_2O \longrightarrow CH_2O+O_2$），将生产率的单位转换成固定碳的单位：

$$P_m[\text{mg C}/(\text{m}^2\cdot\text{d})]=P_n[\text{mg } O_2/(\text{m}^2\cdot\text{d})]\times12/32 \tag{3-25}$$

3. 叶绿素a的测定

(1) 原理。测定水体中的叶绿素a的含量，可估计该水体的绿色植物存在量。将色素用丙酮萃取，测量其吸光度值，便可以测得叶绿素a的含量。

(2) 实验过程如下。

① 将100～500mL水样经玻璃纤维滤膜过滤，记录过滤水样的体积。将滤纸卷成香烟状，放入小瓶或离心管。加10mL或足以使滤纸淹没的90%丙酮液，记录体积，塞住瓶塞，并在4℃下暗处放置4h。如有浑浊，可离心萃取。将一些萃取液倒入1cm玻璃比色

皿，加比色皿盖，以试剂空白为参比，分别在波长 665nm 和 750nm 处测其吸光度。

② 加 1 滴 2mol/L 盐酸于上述两只比色皿中，混匀并放置 1min，再在波长 665nm 和 750nm 处测定吸光度。

(3) 结果处理如下。

$$\text{酸化前}: A = A_{665} - A_{750}, \quad \text{酸化后}: A_a = A_{665a} - A_{750a} \tag{3-26}$$

在 665nm 处测得吸光度减去 750nm 处测得值是为了校正浑浊液。

用下式计算叶绿素 a 浓度 (μg/L)：

$$\text{叶绿素 a 浓度} = 29(A - A_a)V_{\text{萃取液}}/V_{\text{样品}} \tag{3-27}$$

式中 $V_{\text{萃取液}}$——萃取液体积，mL；

$V_{\text{样品}}$——水样样品体积，mL。

五、实验结果记录与整理

1. 磷标准曲线数据记录见表 3-20。

表 3-20 磷标准曲线

编号	1	2	3	4	5	6
标准溶液加入体积/mL	0	0.5	1.0	1.50	2.0	2.5
浓度/(μg/mL)						
吸光度						

2. 水样总磷测定数据记录见表 3-21。

表 3-21 水样总磷

样品类型	水样样品			空白样品		
暴露时间/h						
水温/℃						
溶解氧/(mg/L)						

3. 水样生产率的数据记录见表 3-22。

表 3-22 水样生产率

样品类型	BOD 亮		BOD 暗	
水温/℃				
溶解氧 1/(mg/L)				
暴露时间/h				
溶解氧 2/(mg/L)				

4. 叶绿素 a 的数据记录见表 3-23。

表 3-23 水样叶绿素 a

样品类型	水样样品		试剂空白	
处理	A_{665nm}	A_{750nm}	A_{665nm}	A_{750nm}
酸化前				
酸化后				

六、数据处理和分析

根据测定结果，分别计算水中总磷，生产率和叶绿素 a 的含量，并查阅有关资料，评价水体富营养化状况。

七、思考题

1. 水体中氮、磷的主要来源有哪些？
2. 在计算日生产率时，有几个主要假设？
3. 被测水体的富营养化状况如何？

双语词汇

沉积物	sediment
富营养化	eutrophication
氮的迁移和转化	transport and transformation of nitrogen
环境因子	environmental factors
综合营养状态指数法	trophic status index method
化学需氧量	chemical oxygen demand（COD_{Mn}）
叶绿素 a	chlorophyll a（Chl-a）
亚硝态氮	nitrite nitrogen（NO_2^--N）
硝态氮	nitrate nitrogen（NO_3^--N）
氨态氮	ammonia nitrogen（NH_4^+-N）
总磷	total phosphorus（TP）
总氮	total nitrogen（TN）
溶解氧	dissolved oxygen（DO）
限制因子	the sensitive factor

知识拓展

氮磷营养盐引起的内源性污染及其危害

内源污染是指底泥中的污染物向外释放造成水体及底泥污染而导致的底栖生态系统破坏的现象。内源污染物的释放主要受水温、pH 值、溶解氧浓度、氧化还原电位、水体扰动、污染物形态及理化性质、底泥结构、微生物活动等多种因素影响。氮磷营养盐是内源性污染中主要的污染物。氮磷营养盐除部分被水生生物吸收和利用外，大部分储存于底泥中，并与水体氮磷含量保持动态平衡。当水体中氮磷浓度下降且环境条件适宜时，底泥中的氮磷营养盐会向水体释放，引起水体富营养化。此外，水体中过高浓度的氨氮还会在硝化细菌的作用下大量消耗水体中的溶解氧，导致鱼类和其他水生生物因缺氧而死亡，最终破坏水体生态系统。同时，厌氧状态还可触发或加速底泥中氮磷的释放，使水体中的氮磷含量进一步增加，加重富营养化程度，增大水华爆发风险。水华一旦爆发会继续加剧水体厌氧状态，最终形成恶性循环。同时大量藻类将分泌数量可观的微囊藻毒素，过高浓度的微囊藻毒素可引发鱼卵变形、蚤类死亡、鱼类行为和生长异常等现象。微囊藻毒素还可以通过饮水或食物链进入人体，对人体健康造成危害。严重的内源污染终将威胁人类健康，对内源污染的控制势在必行。

第四章 环境工程原理实验

实验一　能量转化（伯努利方程）实验

一、实验目的

1. 熟悉流体在管内流动时静压能、动能、位能相互之间的转化关系，加深对伯努利方程的理解，验证伯努利方程。

2. 了解压头概念，观察各项压头的变化规律，体会相互转化关系。

3. 观察不可压缩流体在管内流动时流速的变化规律。

4. 加深对流体流动过程基本原理的理解。

二、实验内容

测量几种情况下的压头，并做分析比较。

三、实验原理

当流体在流动系统中做定态流动时，即流体在各截面上的流速、密度、压强等物理参数仅随位置改变而改变，而不随时间改变。根据能量守恒定律，对任一段管路内流体流动做能量衡算，即可得到表示流体的能量关系和流动规律的伯努利方程。

不可压缩流体在管内作稳定流动时，由于管路条件（如位置高低、管径大小等）的变化，会引起流动过程中三种机械能即位能、动能、静压能的相应改变及相互转换。对理想流体，在系统内任一截面处，虽然三种能量不一定相等，但能量之和是守恒的（机械能守恒定律）。

对于实际流体，由于存在内摩擦，流体在流动中总有一部分机械能随摩擦和碰撞转化为热能而损失。故对于实际流体，任意两截面上机械能总和并不相等，两者的差值即为机械能的损失。

以上几种机械能均可用测压管中的一段液体柱的高度来表示。当测压直管中的小孔（即测压孔的中心线）与水流方向垂直时，测压管内液柱高度（从测压孔算起）即为静压头，反映出该点处液体静压能大小；当测压孔正对着水流方向时，测压管内液柱高度为静压头与动压头之和，也就是说测压管内增加的液柱高度即为测压孔处液体的动压头，反映出该点水流动能的大小。任意两截面间位压头、静压头、动压头三者总和的差值则为损失压头$\sum h_f$，表示液体流经这两个截面之间时机械能的损失。

$$z_1+\frac{u_1^2}{2g}+\frac{p_1}{\rho g}=z_2+\frac{u_2^2}{2g}+\frac{p_2}{\rho g}+\sum h_f \tag{4-1}$$

这是本实验要验证的能量衡算方程，单位 J/N，即 m。

z、$u^2/2g$ 和 $p/\rho g$ 分别是以压头形式表示的位能、动能和静压能，分别称为位压头、动压头和静压头，在实验中所记录的都是压头。测压孔处液体的位压头由测压孔的几何高度决定。

四、实验装置与流程

1. 实验装置

能量转化实验装置由有机玻璃管、高位水箱、测压管、离心泵等组成，实验设备主要技术参数如下。

离心泵：型号 WB50/025；

不锈钢水箱：880mm×370mm×550mm；

有机玻璃高位水箱：445mm×445mm×730mm。

2. 实验流程图

能量转化实验装置流程示意图如图 4-1 所示，实验导管结构图如图 4-2 所示。

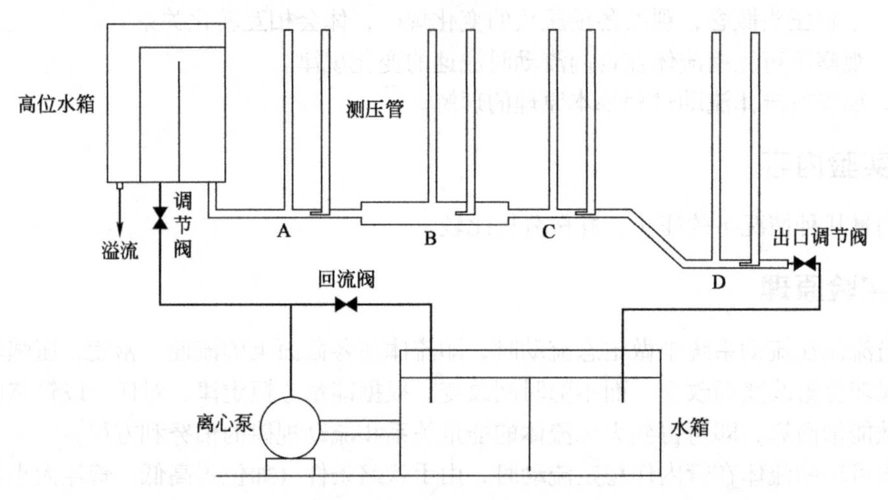

图 4-1　能量转化实验装置流程示意图

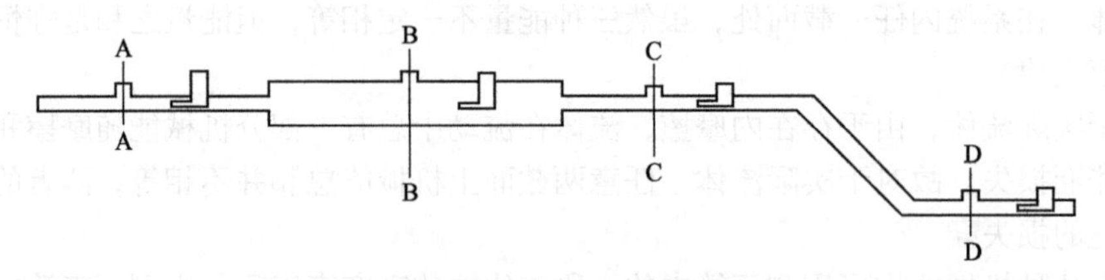

图 4-2　实验导管结构图

A 截面的直径为 14mm；B 截面的直径为 28mm；C 截面、D 截面的直径为 14mm。

以D截面的中心为零基准面；D截面中心距基准面为 $z_D=0mm$。

A截面和D截面间距离为80mm；A、B、C截面 $z_A=z_B=z_C=80mm$（即标尺为80mm）。

五、实验步骤

1. 将水箱灌入一定量的蒸馏水，关闭离心泵出口调节阀门及实验测试导管出口调节阀门，打开调节阀和回流阀后启动离心泵。

2. 逐步开大离心泵出口调节阀，当高位水箱溢流管有液体溢流后，利用流量出口调节阀调节出水流量，稳定一段时间。

3. 待流体稳定后读取并记录A、B、C、D截面压头数据。

4. 逐步关小流量出口调节阀，重复以上步骤继续测定多组数据。

5. 分析讨论流体流过不同位置处的能量转化关系并得出结论。

6. 关闭离心泵，结束实验。

六、实验数据记录与处理

能量转化实验数据记录见表4-1，实验数据处理见表4-2。

表4-1　能量转化实验数据记录

水温：________℃

流量/(L/h)	测量位置压头/mmH_2O							
	A截面		B截面		C截面		D截面	
	左	右	左	右	左	右	左	右
流量1：________								
流量2：________								
流量3：________								

表4-2　能量转化实验数据处理

流量/(L/h)	压头/mmH_2O															
	A截面				B截面				C截面				D截面			
	静压头	冲压头	动压头	总压头	静压头	冲压头	动压头	总压头	静压头	冲压头	动压头	总压头	静压头	冲压头	动压头	总压头
流量1：________																
流量2：________																
流量3：________																

七、注意事项

1. 离心泵出口调节阀不要开得过大，以免水流冲击到高位水箱外面，导致高位水箱液面不稳定。

2. 调节水流量时，注意观察高位水箱内水面是否稳定，随时补充水量保持稳定。

3. 减小水流量时出口调节阀调节要缓慢，以免水量突然减小使测压管中的水溢出管外。

4. 实验前要排除实验导管和测压管中的空气泡，否则会影响实验准确性。

5. 避免离心泵空转或离心泵在出口阀门全关的条件下工作。

6. 注意实验一段时间后须清洗水箱，更换水质，避免污垢过多影响实验现象。

八、思考题

1. 管内的空气泡会干扰实验现象，请问怎样排除？

2. 试解释所观察到的实验现象。

(1) 冲压头分析：冲压头为静压头与动压头之和。

(2) 截面间静压头分析：同一水平面处静压头变化。

(3) 截面间静压头分析：不同水平面处静压头变化。

(4) 计算举例C截面和D截面之间的损失压头。

双语词汇

流体	fluid
体积流量	volume flow
质量流量	mass flow
平均流速	average velocity
静压头	static head
动压头	dynamic head
位能	potential energy
静压能	static pressure energy
伯努利方程	bernoulli equation

实验二　流体流动阻力测定实验

一、实验目的

1. 学习直管摩擦阻力 Δp_f、直管摩擦系数 λ 的测定方法。

2. 掌握直管摩擦系数 λ 与雷诺数 Re 和相对粗糙度之间的关系及其变化规律。

3. 掌握局部摩擦阻力 Δp_f、局部阻力系数 ζ 的测定方法。

4. 学习压强差的几种测量方法和提高其测量精确度的一些技巧。

二、实验内容

1. 测定实验管路内流体流动的直管摩擦阻力 Δp_f 和直管摩擦系数 λ。

2. 绘制实验管路内流体流动的直管摩擦系数 λ 与雷诺数 Re 和相对粗糙度之间的关系曲线。

3. 测定管路部件局部摩擦阻力 Δp_f和局部阻力系数 ζ。

三、实验原理

1. 直管摩擦系数 λ 与雷诺数 Re 的测定

流体在管道内流动时，由于流体的黏性作用和涡流的影响会产生阻力。流体在直管内流动阻力的大小与管长、管径、流体流速和管道摩擦系数有关，它们之间存在如下关系：

$$h_f=\frac{\Delta p_f}{\rho}=\lambda\frac{l}{d}\frac{u^2}{2} \tag{4-2}$$

$$\lambda=\frac{2d}{\rho l}\times\frac{\Delta p_f}{u^2} \tag{4-3}$$

$$Re=\frac{du\rho}{\mu} \tag{4-4}$$

式中　d——管径，m；

Δp_f——直管阻力引起的压强降，Pa；

l——管长，m；

ρ——流体的密度，kg/m^3；

u——流速，m/s；

μ——流体的黏度，$N\cdot s/m^2$。

直管摩擦系数 λ 与雷诺数 Re 之间有一定的关系，这个关系一般用曲线来表示。在实验装置中，直管段管长 l 和管径 d 都已固定。若水温一定，则水的密度 ρ 和黏度 μ 也是定值。所以本实验实质上是测定直管段流体阻力引起的压强降 Δp_f 与流速 u（流量 Q）之间的关系。

根据实验数据和式(4-3) 可计算出不同流速下的直管摩擦系数 λ，用式(4-4) 计算对应的 Re，从而整理出直管摩擦系数和雷诺数的关系，绘出 λ 与 Re 的关系曲线。

2. 局部阻力系数 ζ 的测定

$$h_f'=\frac{\Delta p_f'}{\rho}=\zeta\frac{u^2}{2} \tag{4-5}$$

$$\zeta=\left(\frac{2}{\rho}\right)\frac{\Delta p_f'}{u^2} \tag{4-6}$$

式中　ζ——局部阻力系数，无量纲；

$\Delta p_f'$——局部阻力引起的压强降，Pa；

h_f'——局部阻力引起的能量损失，J/kg。

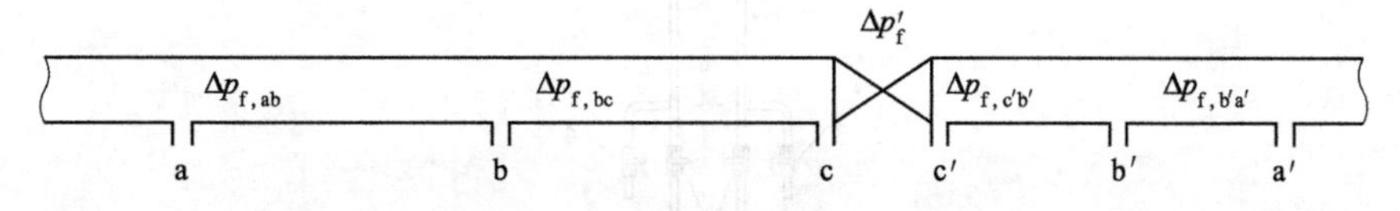

图 4-3　局部阻力测量取压口布置图

局部阻力引起的压强降 $\Delta p_f'$ 可用下面的方法测量：在一条各处直径相等的直管段上，安装待测局部阻力的阀门，在其上、下游开两对测压口 a、a′和 b、b′，见图 4-3，使距离 $L_{ab}=L_{bc}$ 和 $L_{a'b'}=L_{b'c'}$。则 $\Delta p_{f,ab}=\Delta p_{f,bc}$；$\Delta p_{f,a'b'}=\Delta p_{f,b'c'}$

在 a—a′之间列伯努利方程式

$$p_{a}-p_{a'}=2\Delta p_{f,ab}+2\Delta p_{f,a'b'}+\Delta p'_{f} \tag{4-7}$$

在 b—b′之间列伯努利方程式

$$p_{b}-p_{b'}=\Delta p_{f,bc}+\Delta p_{f,b'c'}+\Delta p'_{f}=\Delta p_{f,ab}+\Delta p_{f,a'b'}+\Delta p'_{f} \tag{4-8}$$

联立式(4-7) 和式(4-8)，则

$$\Delta p'_{f}=2(p_{b}-p_{b'})-(p_{a}-p_{a'}) \tag{4-9}$$

为了便于区分，称（$p_{b}-p_{b'}$）为近点压差，（$p_{a}-p_{a'}$）为远点压差。其数值通过压差传感器或倒置 U 形管来测量。

四、实验装置与流程

1. 实验装置

流体流动阻力测定实验装置主要由离心泵、不锈钢水箱、转子流量计、测量管、压差传感器、U 形管压差计、不锈钢框架等组成，实验设备主要技术参数如下。

离心泵：型号 WB70/055；

光滑管内径 $d=0.0075$(m)；管长 $L=1.70$(m)；不锈钢；

粗糙管内径 $d=0.009$(m)；管长 $L=1.70$(m)；不锈钢；

局部阻力测量直管：直管内径 $d=0.021$(m)；管长 $L=1.70$(m)；不锈钢；

$L_{ab}=L_{bc}=300$mm，$L_{a'b'}=L_{b'c'}=350$mm；

玻璃转子流量计：型号 LZB-25；测量范围 100～1000(L/h)；

玻璃转子流量计：型号 LZB-15；测量范围 10～100(L/h)；

压差传感器：型号 LXWY；测量范围 0～200kPa；数字仪表显示；

T1：Pt100 温度计；数字仪表显示。

2. 实验流程图

倒置 U 形管测量系统示意图如图 4-4 所示，流体流动阻力测定实验装置流程示意图如图 4-5 所示。

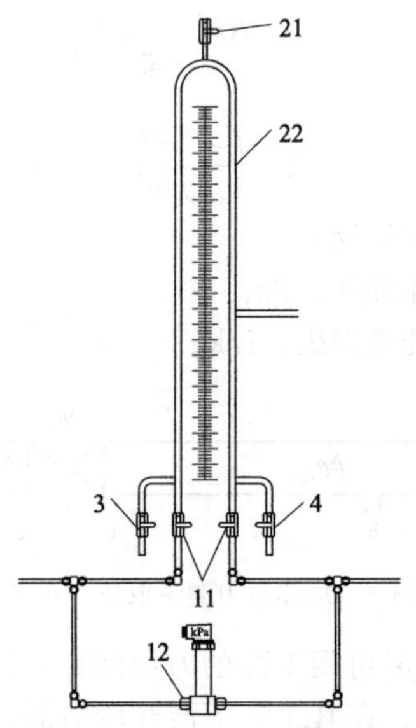

图 4-4　倒置 U 形管测量系统示意图

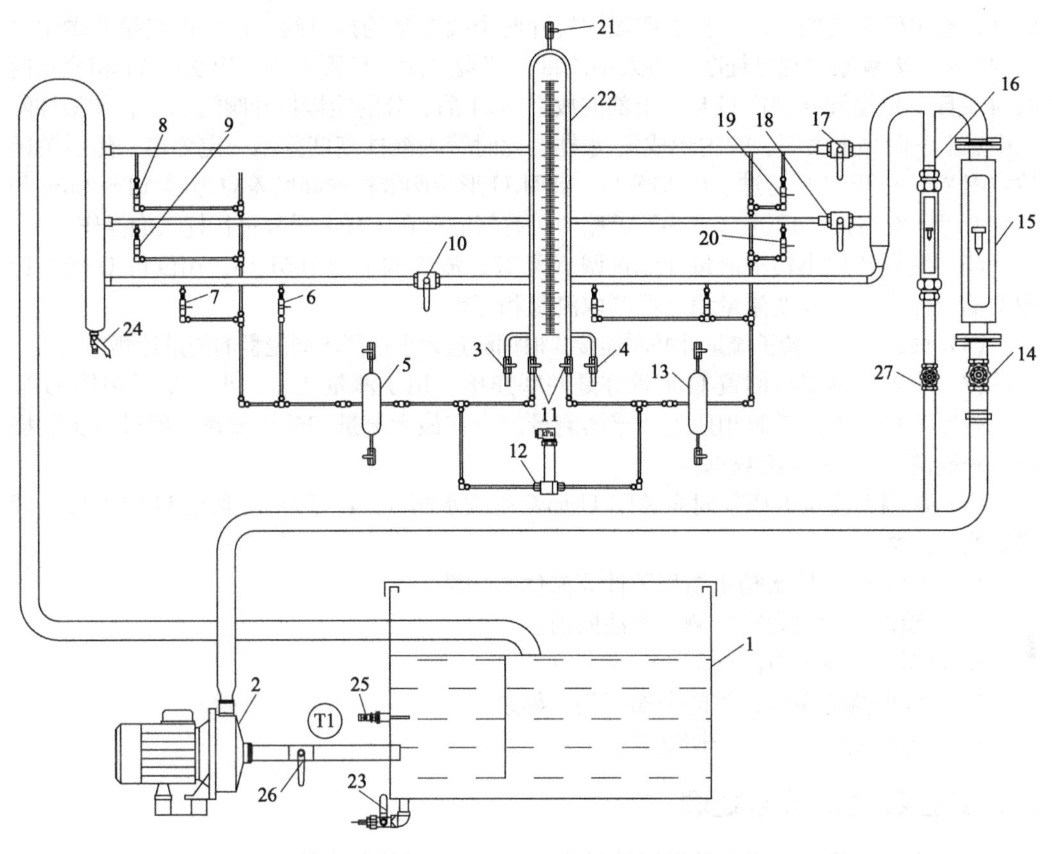

图 4-5　流体流动阻力测定实验装置流程示意图

1—水箱；2—离心泵；3,4—放水阀；5,13—缓冲罐；6—局部阻力近端测压阀；7—局部阻力远端测压阀；8，19—光滑管测压阀；9，20—粗糙管测压阀；10—局部阻力管阀；11—U 形管进、出水阀；12—压差传感器；14—大流量调节阀；15,16—水转子流量计；17—光滑管阀；18—粗糙管阀；21—倒置 U 形管放空阀；22—倒置 U 形管；23—水箱放水阀；24—放水阀；25—温度计；26—切断阀；27—小流量调节阀

五、实验步骤

1. 向水箱内注水至水箱 3/4 为止（最好使用蒸馏水，以保持流体清洁），离心泵灌水。

2. 开启总电源开关仪表上电，检查仪表是否正常。

3. 光滑管直管阻力实验测定如下。

(1) 关闭粗糙管路阀门 18、局部阻力阀门 10 及所有阀门，将光滑管路阀门 17 全开。启动离心泵电源后全开调节阀门 14 和 27，在大流量下将实验管路气泡全部排出。

(2) 关闭流量调节阀门 14 和 27，缓慢打开阀门 8 和 19，再将阀门 14 全部打开，稳定 3 分钟后从仪表上读取压差读数和转子流量计 15 的数值。

(3) 调节阀门 14 的开度改变流量计 15 的流量，稳定 3min 后读取压差读数和转子流量计 15 的数值。

(4) 关闭阀门 14，在流量为零的条件下，打开通向倒置 U 形管的进水阀，检查导压管内是否有气泡存在。若倒置 U 形管内液柱高度差不为零，则表明导压管内存在气泡。需要进行赶气泡操作。操作方法如下：

全开阀门 27 加大流量，打开 U 形管进、出水阀门 11，使倒置 U 形管内液体充分流动，赶出管路内的气泡。分别缓慢地打开两个缓冲罐的排气阀，达到排空缓冲罐中气体的目的。若观察气泡已赶净，将大小流量调节阀关闭，U形管进、出水阀11和放水阀3、4关闭，慢慢旋开倒置U形管上部的放空阀21后，分别缓慢打开阀门3、4，使液柱降至中点上下时马上关闭，管内形成气-水柱，此时管内液柱高度差不一定为零。然后关闭放空阀21，打开U形管进、出水阀11，此时U形管两液柱的高度差应为零（1～2mm的高度差可以忽略），如不为零则表明管路中仍有气泡存在，需要重复进行赶气泡操作。

(5) 缓慢开启小转子流量计流量调节阀27，流量调至为100L/h，用倒置U形管读取两端液柱高度。改变流量稳定后测取流量和压差。

(6) 该装置两个转子流量计并联连接，根据流量大小选择不同量程的流量计测量流量。

(7) 压差传感器与倒置U形管亦是并联连接，用于测量压差，小流量时用倒U形管压差计测量，大流量时用压差传感器测量。应在最大流量和最小流量之间进行实验操作，一般测取15～20组数据。

(8) 在测大流量的压差时应关闭U形管的放水阀3、4，防止水利用U形管形成回路影响实验数据。

4. 测取实验前后水箱水温用于计算流体的物性。

5. 粗糙管直管阻力实验测定方法同前。

6. 局部阻力测定方法同前。

7. 待数据测量完毕，关闭全部阀门，停泵。

8. 关闭总电源开关，一切复原。

六、实验数据记录与处理

流体流动直管阻力测定数据记录见表4-3，流体局部阻力测定数据记录见表4-4。

表4-3 流体流动直管阻力测定数据记录

水温：________℃

序号	光滑管			粗糙管		
	流量/(L/h)	直管压差 Δp		流量/(L/h)	直管压差 Δp	
		kPa	mmH_2O		kPa	mmH_2O
1						
2						
3						
4						
5						
6						
7						
8						
9						
10						

表4-4 流体局部阻力测定数据记录

水温：________℃

序号	流量 Q/(L/h)	近端压差/kPa	远端压差/kPa
1			
2			
3			

光滑管直管阻力测定数据处理见表 4-5，粗糙管直管阻力测定数据处理见表 4-6。

表 4-5 光滑管直管阻力测定数据处理

序号	流量 /(L/h)	直管压差 Δp		Δp /Pa	流速 u /(m/s)	Re	λ
		kPa	mmH_2O				
1							
2							
3							
4							
5							
6							
7							
8							
9							
10							

表 4-6 粗糙管直管阻力测定数据处理

序号	流量 /(L/h)	直管压差 Δp		Δp /Pa	流速 u /(m/s)	Re	λ
		kPa	mmH_2O				
1							
2							
3							
4							
5							
6							
7							
8							
9							
10							

绘制流体流动的直管摩擦系数 λ 与雷诺数 Re 和相对粗糙度之间的关系曲线。

流体局部阻力测定数据处理见表 4-7。

表 4-7 流体局部阻力测定数据处理

序号	流量 Q /(L/h)	近端压差 /kPa	远端压差 /kPa	流速 u /(m/s)	局部阻力压差 /kPa	阻力系数 ζ
1						
2						
3						

七、注意事项

1. 启动离心泵之前以及从某一实验管路测量过渡到其他测量之前，都必须检查所有流量调节阀是否关闭。

2. 利用压力传感器测量大流量下 Δp 时，应切断空气-水倒置 U 形玻璃管的阀门，否则将影响测量数据的准确性。

3. 在实验过程中每调节一个流量之后应待流量和直管压降的数据稳定以后记录数据。

4. 实验的主要误差是压差的示值，要多读几次取平均值。

八、思考题

1. 简述流体阻力产生的原因。

2. 本试验采用水平放置的直管测定阻力，若采用流体自上而下流动的垂直管，从测量两取压点间压差的倒置 U 形管读数 R 到压强差 Δp_f 的计算过程是否与水平管完全相同？为什么？

3. 在一定相对粗糙度下，λ 和 Re 的关系曲线是怎样的？当 Re 足够大时，曲线情况又如何？由此可以得到何种结论？

4. 如何检验测试系统内的空气已经被排除干净？

5. 本实验用水作为工作介质作出的 λ-Re 曲线，对其他流体能否使用？为什么？

6. 为什么用压差传感器和倒置 U 形管并联来测量管段的压差？何时用变送器？何时用倒置 U 形管？操作时要注意什么？

双语词汇

管件	pipe fitting
阀门	valve
粗糙度	roughness
绝对粗糙度	absolute roughness
相对粗糙度	relative roughness
直管阻力	straight pipe resistance
局部阻力	local resistance
局部阻力系数	local resistance coefficient
当量长度	equivalent length
动力黏度	dynamic viscosity
运动黏度	kinematic viscosity
摩擦损失	friction loss
摩擦系数	friction coefficient
不可压缩流体	incompressible fluid
连续性方程	continuity equation

实验三　流量计性能测定实验

一、实验目的

1. 了解孔板、文丘里及转子三种流量计的构造、工作原理和主要特点。

2. 掌握流量计的标定方法。

3. 通过节流式流量计流量系数的测定，根据实验结果分析流量系数 C 随雷诺数 Re 的变化规律。

二、实验内容

1. 测定并绘制流量计的流量标定曲线，确定流量系数 C。

2. 分析实验数据，得出节流式流量计流量系数 C 随雷诺数 Re 的变化规律。

三、实验原理

流体通过节流式流量计时在流量计上、下游两取压口之间产生压强差，它与流量的关系为

$$V_s = CA_0\sqrt{\frac{2(p_{上}-p_{下})}{\rho}} \tag{4-10}$$

式中　V_s——被测流体（水）的体积流量，m^3/s；

C——流量系数，无量纲；

A_0——流量计节流孔截面积，m^2；

$p_{上}-p_{下}$——流量计上、下游两取压口之间的压强差，Pa；

ρ——被测流体（水）的密度，kg/m^3。

用涡轮流量计作为标准流量计来测量流量 V_s。每个流量在压差计上都有一个对应的读数，测量一组相关数据并作好记录，以压差计读数 Δp 为横坐标，流量 V_s为纵坐标，在半对数坐标上绘制成一条曲线，即为流量标定曲线。同时，通过上式整理数据，可进一步得到流量系数 C 随雷诺数 Re 的变化关系曲线。

四、实验装置与流程

1. 实验装置

流量计性能测定实验装置主要由离心泵、不锈钢水箱、文丘里流量计、涡轮流量计、孔板流量计、转子流量计、不锈钢框架等组成，实验设备主要技术参数如下。

离心泵：型号 WB70/055。

水箱：550mm×400mm×450mm。

试验管路：内径 ϕ48.0mm。

涡轮流量计：最大流量 $6m^3/h$。

文丘里流量计：喉径 ϕ15mm。

孔板流量计：喉径 ϕ15mm。

转子流量计：LZB-40，量程 400～4000L/h。

温度计：Pt100 数字仪表显示。

压差传感器：0～200kPa。

2. 实验流程图

流量计实验装置流程示意图如图 4-6 所示。

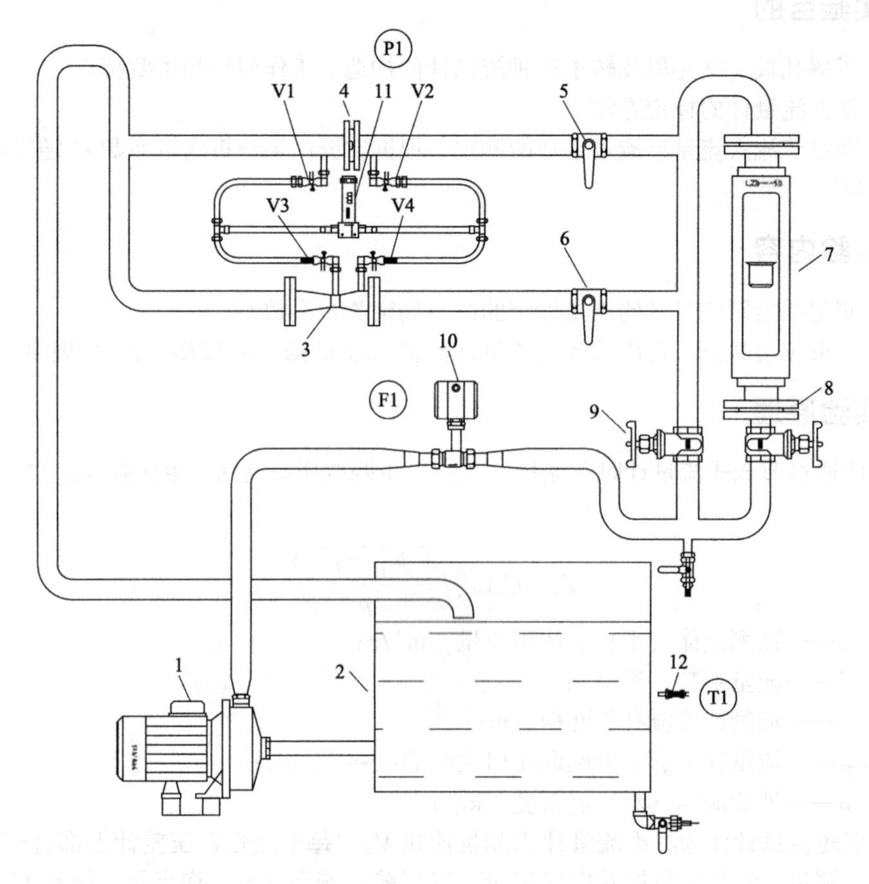

图 4-6 流量计性能测定实验装置流程示意图

1—离心泵；2—水箱；3—文丘里流量计；4—孔板流量计；5，6—切断阀；7—转子流量计；8—转子流量计调节阀；9—流量计调节阀；10—涡轮流量计；11—压差传感器；12—温度计

五、实验步骤

1. 向储水箱内注入蒸馏水至 2/3，关闭流量调节阀 8、9。

2. 测量文丘里流量计性能：检查阀门 V1、V2、V3、V4 及 8、9、5 处于全关，打开阀门 6，启动离心泵。全部打开阀门 9 及阀门 V3、V4，按照流量从小到大顺序进行实验，读取并记录涡轮流量计读数和文丘里流量计压差。用流量调节阀 9 调节流量，记录涡轮流量计数据和压差数据。

3. 测量孔板流量计性能：检查阀门 V1、V2、V3、V4 及 8、9、6 处于全关，打开阀门 5，启动离心泵。全部打开阀门 9 及阀门 V1、V2，按照流量从小到大顺序进行实验，读取并记录涡轮流量计读数和孔板流量计压差。用流量调节阀 9 调节流量，记录涡轮流量计数据和压差数据。

4. 测量转子流量计性能：检查阀门 V1、V2、V3、V4 及 8、9 处于全关，打开阀门 5，启动离心泵。全部打开阀门 8，按照流量从小到大顺序进行实验，读取并记录涡轮流量计读数和转子流量计读数。用流量调节阀 8 调节流量，记录涡轮流量计数据和转子流量计读数。

5. 通过温度计读取并记录温度数据。

6. 实验结束后，关闭流量调节阀 8、9，停泵，一切复原。

六、实验数据记录与处理

流量计性能测定数据记录见表 4-8。

表 4-8　流量计性能测定数据记录

序号	文丘里流量计性能测定 水温：________℃		孔板流量计性能测定 水温：________℃		转子流量计 性能测定	
	涡轮流量计流量/(m^3/h)	文丘里流量计压差/kPa	涡轮流量计流量/(m^3/h)	孔板流量计压差/kPa	涡轮流量计流量/(m^3/h)	转子流量计流量/(L/h)
1						
2						
3						
4						
5						
6						
7						
8						

文丘里流量计性能测定数据处理见表 4-9，孔板流量计性能测定数据处理见表4-10，转子流量计性能测定数据处理见表 4-11。

表 4-9　文丘里流量计性能测定数据处理

序号	涡轮流量计流量/(m^3/h)	文丘里流量计压差/kPa	文丘里流量计压差/Pa	流速 u/(m/s)	Re	C
1						
2						
3						
4						
5						
6						
7						
8						

表 4-10　孔板流量计性能测定数据处理

序号	涡轮流量计流量/(m^3/h)	孔板流量计压差/kPa	孔板流量计压差/Pa	流速 u/(m/s)	Re	C
1						
2						
3						
4						

续表

序号	涡轮流量计流量/(m^3/h)	孔板流量计压差/kPa	孔板流量计压差/Pa	流速 u/(m/s)	Re	C
5						
6						
7						
8						

表 4-11 转子流量计性能测定数据处理

序号	涡轮流量计流量/(m^3/h)	转子流量计流量 Q/(L/h)	转子流量计流量 Q/(m^3/h)
1			
2			
3			
4			
5			
6			
7			
8			

根据实验结果，绘制三种流量计的流量标定曲线，绘制节流式流量计流量系数 C 随雷诺数 Re 的变化曲线。

七、注意事项

1. 离心泵启动前关闭阀门 8、9，避免由于压力过大将转子流量计的玻璃管打碎。

2. 实验水质要保证清洁，以免影响涡轮流量计的正常运行。

八、思考题

1. 什么情况下的流量计需要标定？标定方法有几种？本试验是用哪一种？

2. 在所学过的流量计中，哪些属于节流式流量计，哪些属于变截面积流量计？

3. 孔板流量计和文丘里流量计安装时应注意什么问题？

双语词汇

雷诺数	Reynolds number
流量系数	flow coefficient
转子流量计	rotameter
涡轮流量计	turbine flowmeter
孔板流量计	orifice flowmeter
文丘里流量计	Venturi flowmeter

知识拓展

电磁流量计

电磁流量计（eletromagnetic flowmeters，简称 EMF）是应用法拉第电磁感应原理，根据导电流体通过外加磁场时感生电动势来测量导电流体体积流量的一种流量计。体积流量与产生的电动势成正比，检测电动势信号即可求出对应流量值。在结构上，电磁流量计由电磁流量传感器和转换器两部分组成。传感器安装在液体流经的管道上，它将管道内的液体体积流量值线性地变换成感生电势信号，并通过传输线将此信号送到转换器。转换器则将传感器送来的流量信号进一步放大处理，转换成输出信号，就地显示、远传显示或用于控制。在实际工作中，电磁流量计能够实现在电导率为 5μS/cm 以上的导电液体体积流量的测量，还可以用于强酸、强碱等液体以及泥浆、矿浆等液固两相悬浮液体积流量的测量，按应用场合有大口径、中小口径、小口径和微小口径之分，其中大口径电磁流量计较多应用于给排水、污水处理及油气田注水等工程，中小口径常应用于固液两相等难测流体或高要求场所，如测量造纸工业纸浆液和黑液、有色冶金业的矿浆、选煤厂的煤浆、化学工业的强腐蚀液、长距离管道煤的水力输送的流量测量和控制等，而小口径和微小口径常应用于医药工业、食品工业、生物工程等有卫生要求的场所。电磁流量计是用于测量具有一定电导率的液体介质流量的仪表，但对于导电率低的介质，如气体、蒸汽等不能应用。由于其没有阻碍被测液体流动的部件，不易造成管道堵塞，同时具有压损极小且不受管道内流体密度、黏度、温度等因素的影响，可测流量范围大，测量精度和灵敏度高，耐腐蚀等优点，电磁流量计成为污水处理企业的首选，被广泛地应用于石油、化工、冶金、环保、食品、造纸等领域。

实验四　离心泵性能测定实验

一、实验目的

1. 了解离心泵的结构、性能及特点，掌握其操作方法。

2. 掌握离心泵特性曲线和管路特性曲线的测定方法、表示方法，加深对离心泵性能的了解。

二、实验内容

1. 熟悉离心泵的结构与操作方法。

2. 测定并绘制某一型号离心泵在一定转速下，扬程 H、轴功率 N、泵的效率 η 和流量 Q 之间的关系曲线，即离心泵的特性曲线。

3. 测定并绘制流量调节阀某一开度下管路特性曲线。

三、实验原理

化工生产中所处理的原料及产品，大多为流体。按照生产工艺的要求，制造产品时往往需要把它们依次输送到各设备内，进行反应；产品又常需输送到贮罐内贮存。如果欲达到上述所规定的条件，把流体从一个设备输送到另一个设备，首先，设备之间需用管道连接，其次，需要输送设备给流体以一定的速度。化工生产中，由于各种因素的制约，如场地、设备费用、工艺要求等。各设备之间流体流动需要消耗能量，流体以一定速度在管内流动亦需要能量。这样，就必须有一能给流体提供能量的输送设备。我们把为液体提供能量的输送设备称为泵，为气体提供能量的输送设备称为风机及压缩机。泵种类很多，按照工作原理的不同，分为离心泵、往复泵、旋转泵、旋涡泵等几种；风机及压缩机有通风机、鼓风机、压缩机、真空泵等。其作用均是：对流体做功，提高流体的压强。

本实验介绍离心泵。离心泵一般用电机带动，在启动前需向壳内灌满被输送的液体，启动电机后，泵轴带动叶轮一起旋转，充满叶片之间的液体也随着转动，在离心力的作用下，液体从叶轮中心被抛向外缘的过程中便获得了能量，使叶轮外缘的液体静压强提高，同时增加了液体的动能。液体离开叶轮进入泵壳后，由于泵壳中流道逐渐加宽，液体的流速逐渐降低，一部分动能转化为静压能，使泵出口处液体的压强进一步提高，于是液体以较高的压强，从泵的排出口进入管路，输送至所需的场所。一个完整的流体输送系统所必须包括的主要设备及仪表如下。

泵（或风机、压缩机）：对流体做功，提高流体压强；

进、出口阀门：控制流体流量；

压力表：测量流体的压强；

管道：流体流动的通道。

1. 离心泵特性曲线测定

离心泵是最常见的液体输送设备。在一定的型号和转速下，离心泵的扬程 H、轴功率 N 及效率 η 均随流量 Q 而改变。通常通过实验测出 H-Q、N-Q 及 η-Q 关系，并用曲线表示，称为特性曲线。特性曲线是确定泵的适宜操作条件和选用泵的重要依据。泵特性曲线的具体测定方法如下。

（1）扬程 H 的测定。在泵的吸入口和排出口之间列伯努利方程

$$z_{入}+\frac{p_{入}}{\rho g}+\frac{u_{入}^{2}}{2g}+H=z_{出}+\frac{p_{出}}{\rho g}+\frac{u_{入}^{2}}{2g}+H_{f入-出} \tag{4-11}$$

$$H=(z_{出}-z_{入})+\frac{p_{出}-p_{入}}{\rho g}+\frac{u_{出}^{2}-u_{入}^{2}}{2g}+H_{f入-出} \tag{4-12}$$

上式中 $H_{f入-出}$ 是泵的吸入口和压出口之间管路内的流体流动阻力，与伯努利方程中其他项比较，$H_{f入-出}$ 值很小，故可忽略。于是上式变为

$$H=(z_{出}-z_{入})+\frac{p_{出}-p_{入}}{\rho g}+\frac{u_{出}^{2}-u_{入}^{2}}{2g} \tag{4-13}$$

将测得的 $z_{出}-z_{入}$ 和 $p_{出}-p_{入}$ 的值以及计算所得的 $u_{入}$，$u_{出}$ 代入上式，即可求得 H。

（2）轴功率 N 的测定。功率表测得的功率为电动机的输入功率。由于泵由电动机直接带动，传动效率可视为 1，所以电动机的输出功率等于泵的轴功率。即

泵的轴功率 N＝电动机的输出功率，kW；

电动机输出功率＝电动机输入功率×电动机效率；

泵的轴功率=功率表读数×电动机效率，kW。

(3) 效率 η 的测定。即

$$\eta=\frac{N_e}{N} \tag{4-14}$$

$$N_e=\frac{HQ\rho g}{1000}=\frac{HQ\rho}{102}(\mathrm{kW}) \tag{4-15}$$

式中 η——泵的效率，%；

N——泵的轴功率，kW；

N_e——泵的有效功率，kW；

H——泵的扬程，m；

Q——泵的流量，m^3/s；

ρ——水的密度，kg/m^3。

2. 管路特性曲线

当离心泵安装在特定的管路系统中工作时，实际的工作压头和流量不仅与离心泵本身的性能有关，还与管路特性有关，也就是说，在液体输送过程中，泵和管路二者相互制约。

管路特性曲线是指流体流经管路系统的流量与所需压头之间的关系。若将泵的特性曲线与管路特性曲线放在同一坐标图上，两曲线交点即为泵的在该管路的工作点。通过改变阀门开度来改变管路特性曲线，求出泵的特性曲线。同样，可通过改变泵转速来改变泵的特性曲线，从而得出管路特性曲线。泵的压头 H 计算同上。

四、实验装置与流程

1. 实验装置

离心泵性能测定实验装置主要由离心泵、不锈钢水箱、压力表、涡轮流量计、功率表、不锈钢框架等组成，实验设备主要技术参数如下。

离心泵：型号 WB70/055；

电机效率：60%；

实验管路：$d=0.042$m；

真空表测压位置管内径：$d_{入}=0.036$m；

压强表测压位置管内径：$d_{出}=0.042$m；

真空表与压强表测压口之间垂直距离：$h_0=0.265$m；

流量测量：涡轮流量计型号 LWY-40C；量程 0～20m^3/h；数字仪表显示；

功率测量：功率表型号 PS-139；精度 1.0 级；数字仪表显示；

泵入口真空度测量：真空表表盘直径 100mm；测量范围−0.1～0MPa；

泵出口压力的测量：压力表表盘直径 100mm；测量范围 0～0.25MPa；

Pt100 温度计：数字仪表显示。

2. 实验流程图

离心泵性能测定实验装置流程示意图如图 4-7 所示。

五、实验步骤

1. 离心泵性能测定

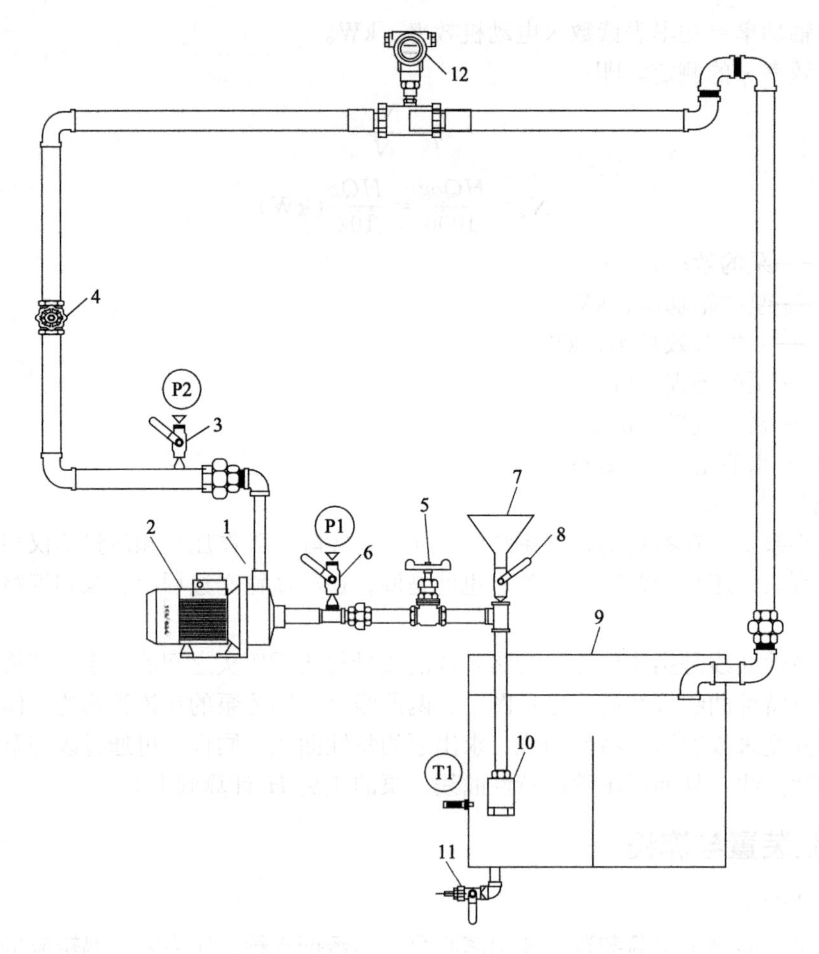

图 4-7 离心泵性能测定实验装置流程示意图

1—泵出口压力表控制阀；2—离心泵；3—泵出口压力表；4—流量调节阀；5—泵入口真空表控制阀；6—泵入口真空表；7—灌泵入口；8—灌水控制阀门；9—水箱；10—底阀；11—排水阀；12—涡轮流量计

(1) 向水箱 9 内注入蒸馏水，检查流量调节阀 4、压力表 3 及真空表 6 的控制阀门 1 和 5 是否关闭。

(2) 启动实验装置总电源，由于离心泵有一定安装高度，运行之前必须要进行灌泵，才能启动泵，从灌泵入口 7 灌水直至水满为止。

(3) 按变频器的 RUN 键启动离心泵，测取数据的顺序可从最大流量开始逐渐减小流量至 0 或反之。一般测取 10～20 组数据。通过改变阀门 4 的开度测定数据。

(4) 测定数据时，一定要在系统稳定条件下进行记录，分别读取流量计、压力表、真空表、功率表及流体温度等数据并记录。

(5) 实验结束时，关闭流量调节阀门 4，停泵，切断电源。

2. 管路特性曲线的测定

(1) 首先关闭离心泵的出口阀 4、真空表和压力表控制阀 5、1。

(2) 启动离心泵，调节阀门 4 到一定开度，记录数据（流量、入口真空度和出口压力）。改变变频器的频率记录以上数据。

(3) 实验结束关闭流量调节阀 4，停泵。

六、实验数据记录与处理

离心泵性能测定数据记录见表 4-12，管路特性曲线测定数据记录见表 4-13。

表 4-12　离心泵性能测定数据记录

水温：________℃

序号	入口压力 p_1/MPa	出口压力 p_2/MPa	电机功率/kW	流量 Q/(m^3/h)
1				
2				
3				
4				
5				
6				
7				
8				
9				
10				

表 4-13　管路特性曲线测定数据记录

水温：________℃

序号	电机频率/Hz	入口压力 p_1/MPa	出口压力 p_2/MPa	流量 Q/(m^3/h)
1				
2				
3				
4				
5				
6				
7				
8				
9				
10				

离心泵性能测定数据处理见表 4-14，管路特性曲线测定数据处理见表 4-15。

表 4-14　离心泵性能测定数据处理

序号	入口压力 p_1 /MPa	出口压力 p_2 /MPa	电机功率 /kW	流量 Q /(m^3/h)	$u_入$ /(m/s)	$u_出$ /(m/s)	压头 H /m	泵轴功率 N /W	η /%
1									
2									
3									

续表

序号	入口压力 p_1 /MPa	出口压力 p_2 /MPa	电机功率 /kW	流量 Q /(m^3/h)	$u_入$ /(m/s)	$u_出$ /(m/s)	压头 H /m	泵轴功率 N /W	η /%
4									
5									
6									
7									
8									
9									
10									

表 4-15 管路特性曲线测定数据处理

序号	电机频率 /Hz	入口压力 p_1 /MPa	出口压力 p_2 /MPa	流量 Q /(m^3/h)	$u_入$ /(m/s)	$u_出$ /(m/s)	压头 H /m
1							
2							
3							
4							
5							
6							
7							
8							
9							
10							

根据实验结果，绘制离心泵特性曲线和管路特性曲线。

七、注意事项

1. 该装置电路采用五线三相制配电，实验设备应良好接地。

2. 使用变频调速器时一定注意 FWD 指示灯是亮的，切忌按 FWD REV 键，REV 指示灯亮时电机将反转。

3. 检查水槽内的水是否保持在一定的液位，水不能太少，应在水箱 2/3 的位置。

4. 启动离心泵之前，泵壳内应注满被输送的液体（本实验为水，上有带漏斗的灌泵阀）；并且泵的出口阀需关闭，避免泵刚启动时的空载运转。若出现泵无法输送液体，则说明泵未灌满或者其内有空气，气体排尽后必然可以输送液体。

5. 启动离心泵之前，一定要关闭压力表和真空表的控制阀门 1 和 5，以免离心泵启动时对压力表和真空表造成损害。

6. 关泵时，应注意泵的出口阀门必须关闭，再停泵。

7. 定期清洗水箱，以免污垢过多。

八、思考题

1. 随着泵出口流量调节阀开度的增大，泵入口真空表读数是增大还是减小，泵出口压力表读数是增大还是减小？为什么？

2. 本试验为了取得较好的试验结果，试验流量范围下限应小到零，上限应尽量大，为什么？

3. 为什么可以通过出口阀来调节离心泵的流量？

4. 分析气缚现象与气蚀现象的区别。

5. 为什么离心泵进口管下安装底阀？

双语词汇

叶轮	impeller
蜗壳	volute
扬程	head
气缚	aerial binding
气蚀	cavitation
离心泵	centrifugal pump
轴功率	shaft power
工作曲线	working curve
特性曲线	characteristic curve
流体输送机械	fluid transportation machinery

实验五　传热实验

一、实验目的

1. 通过对空气-水蒸气简单套管换热器的实验研究，掌握对流传热系数 α_i 的测定方法，加深对其概念和影响因素的理解。

2. 通过对管程内部插有螺旋线圈的空气-水蒸气强化套管换热器的实验研究，掌握对流传热系数 α_i 的测定方法，加深对其概念和影响因素的理解。

3. 学会并应用线性回归分析方法，确定传热管关联式 $Nu=ARe^m Pr^{0.4}$ 中常数 A、m 数值，强化管关联式 $Nu_0=BRe^m Pr^{0.4}$ 中 B 和 m 数值。

4. 根据计算出的 Nu、Nu_0 求出强化比 Nu/Nu_0，比较强化传热的效果，加深理解强化传热的基本理论和基本方式。

5. 通过变换列管换热器换热面积实验测取数据计算总传热系数 k，加深对其概念和影响因素的理解。

6. 认识套管换热器（光滑、强化）、列管换热器的结构及操作方法，测定并比较不同换热器的性能。

二、实验内容

1. 测定5～6组不同流速下简单套管换热器的对流传热系数α_i。

2. 测定5～6组不同流速下强化套管换热器的对流传热系数α_i。

3. 测定5～6组不同流速下空气全流通列管换热器总传热系数K。

4. 测定5～6组不同流速下空气半流通列管换热器总传热系数K。

5. 对α_i的实验数据进行线性回归，确定关联式$Nu=ARe^m Pr^{0.4}$中常数A、m的数值。

6. 通过关联式$Nu=ARe^m Pr^{0.4}$计算出Nu、Nu_0，并确定传热强化比Nu/Nu_0。

三、实验原理

1. 普通套管换热器传热系数测定及准数关联式的确定

(1) 对流传热系数α_i的测定。对流传热系数α_i可以根据牛顿冷却定律，通过实验来测定。

$$Q_i=\alpha_i \times S_i \times \Delta t_m \tag{4-16}$$

$$\alpha_i=\frac{Q_i}{\Delta t_m \times S_i} \tag{4-17}$$

式中 α_i——管内流体对流传热系数，W/(m^2·℃)；

Q_i——管内传热速率，W；

S_i——管内换热面积，m^2；

Δt_m——壁面与主流体间的温度差，℃。

平均温度差由下式确定

$$\Delta t_m=t_w-\bar{t} \tag{4-18}$$

式中 $\bar{t}$——冷流体的入口、出口平均温度，℃；

t_w——壁面平均温度，℃。

因为换热器内管为紫铜管，其热导率很大，且管壁很薄，故认为内壁温度、外壁温度和壁面平均温度近似相等，用t_w来表示，由于管外使用蒸汽，所以t_w近似等于热流体的平均温度。

管内换热面积

$$S_i=\pi d_i L_i \tag{4-19}$$

式中 d_i——内管管内径，m；

L_i——传热管测量段的实际长度，m。

由热量衡算式

$$Q_i=W_i c_{pi}(t_{i2}-t_{i1}) \tag{4-20}$$

其中质量流量由下式求得

$$W_i=\frac{V_i \rho_i}{3600} \tag{4-21}$$

式中 V_i——冷流体在套管内的平均体积流量，m^3/h；

c_{pi}——冷流体的定压比热，kJ/(kg·℃)；

ρ_i——冷流体的密度，kg/m^3。

$c_{p\mathrm{i}}$和ρ_{i}可根据定性温度t_{m}查得，$t_{\mathrm{m}}=\dfrac{t_{\mathrm{i1}}+t_{\mathrm{i2}}}{2}$为冷流体进出口平均温度。$t_{\mathrm{i1}}$，$t_{\mathrm{i2}}$，$t_{\mathrm{w}}$，$V_{\mathrm{i}}$可采取一定的测量手段得到。

(2) 对流传热系数准数关联式的实验确定。流体在管内做强制湍流，被加热状态，准数关联式的形式为

$$Nu_{\mathrm{i}}=ARe_{\mathrm{i}}^{m}Pr_{\mathrm{i}}^{n} \tag{4-22}$$

其中：$Nu_{\mathrm{i}}=\dfrac{\alpha_{\mathrm{i}}d_{\mathrm{i}}}{\lambda_{\mathrm{i}}}$，$Re_{\mathrm{i}}=\dfrac{u_{\mathrm{i}}d_{\mathrm{i}}\rho_{\mathrm{i}}}{\mu_{\mathrm{i}}}$，$Pr_{\mathrm{i}}=\dfrac{c_{p\mathrm{i}}\mu_{\mathrm{i}}}{\lambda_{\mathrm{i}}}$

物性数据λ_{i}、$c_{p\mathrm{i}}$、ρ_{i}、μ_{i}可根据定性温度t_{m}查得。对于管内被加热的空气$n=0.4$则关联式的形式简化为

$$Nu_{\mathrm{i}}=ARe_{\mathrm{i}}^{m}Pr_{\mathrm{i}}^{0.4} \tag{4-23}$$

这样通过实验确定不同流量下的Re_{i}与Nu_{i}，然后用线性回归方法确定A和m的值。

2. 强化套管换热器传热系数、准数关联式及强化比的测定

强化传热技术可以使初设计的传热面积减小，从而减小换热器的体积和重量，提高了现有换热器的换热能力，达到强化传热的目的。同时换热器能够在较低温差下工作，减少了换热器工作阻力，以减少动力消耗，更合理有效地利用能源。强化传热的方法有多种，本实验装置采用了多种强化方式，螺旋线圈强化管内部结构见图 4-8。

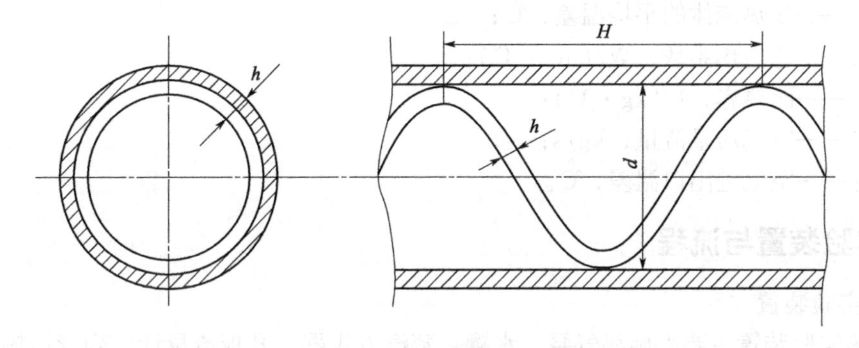

图 4-8 螺旋线圈强化管内部结构

螺旋线圈由直径 3mm 以下的铜丝和钢丝按一定节距绕成。将金属螺旋线圈插入并固定在管内，即可构成一种强化传热管。在近壁区域，流体一面由于螺旋线圈的作用而发生旋转，一面还周期性地受到线圈的螺旋金属丝的扰动，因而可以使传热强化。由于绕制线圈的金属丝直径很细，流体旋流强度也较弱，所以阻力较小，有利于节省能源。螺旋线圈是以线圈节距H与管内径d的比值以及管壁粗糙度（$2d/h$）为主要技术参数，且长径比是影响传热效果和阻力系数的重要因素。

科学家通过实验研究总结了形式为$Nu=ARe^{m}$的经验公式，其中A和m的值因强化方式不同而不同。在本实验中，确定不同流量下的Re_{i}与Nu_{i}，用线性回归方法可确定A和m的值。

单纯研究强化手段的强化效果（不考虑阻力的影响），可以用强化比的概念作为评判准则，它的形式是：Nu/Nu_{0}，其中Nu是强化管的努塞尔准数，Nu_{0}是普通管的努塞尔准数，显然，强化比$Nu/Nu_{0}>1$，而且它的值越大，强化效果越好。需要说明的

是，如果评判强化方式的真正效果和经济效益，则必须考虑阻力因素，阻力系数随着换热系数的增加而增加，从而导致换热性能的降低和能耗的增加，只有强化比较高，且阻力系数较小的强化方式，才是最佳的强化方法。

3. 总传热系数 K 的计算

总传热系数 K 是评价换热器性能的一个重要参数，也是对换热器进行传热计算的依据。对于已有的换热器，可以通过测定有关数据，如设备尺寸、流体的流量和温度等，通过传热速率方程式计算 K 值。

传热速率方程式是换热器传热计算的基本关系。该方程式中，冷、热流体温度差 ΔT 是传热过程的推动力，它随着传热过程冷热流体的温度变化而改变。

传热速率方程式

$$Q=K_o\times S_o\times\Delta T_m \tag{4-24}$$

热量衡算式

$$Q=C_p\times W\times(T_2-T_1) \tag{4-25}$$

总传热系数

$$K_o=\frac{C_p\times W\times(T_2-T_1)}{S_o\times\Delta T_m} \tag{4-26}$$

式中 Q——热量，W；

S_o——传热面积，m^2；

ΔT_m——冷热流体的平均温差，℃；

K_o——总传热系数，W/(m^2·℃)；

C_p——比热容，J/(kg·℃)；

W——空气质量流量，kg/s；

T_2-T_1——空气进出口温差，℃。

四、实验装置与流程

1. 实验装置

传热实验装置主要由旋涡气泵、水罐、蒸汽发生器、孔板流量计、列管换热器、套管换热器、不锈钢框架等组成，实验设备主要技术参数如表 4-16 所示。

表 4-16 实验设备主要技术参数

名称		规格、型号
套管换热器实验内管直径/mm		ϕ22×1
测量段(紫铜内管、列管内管)长度 L/m		1.20
强化传热内插物(螺旋线圈)尺寸	丝径 h/mm	1
	节距 H/mm	40
套管换热器实验外管直径/mm		ϕ57×3.5
列管换热器实验内管直径/mm，根数，管长		ϕ19×1.5，6 根，1.2m
列管换热器实验外管直径/mm		ϕ89×3.5
孔板流量计 F1 孔流系数及孔径		$c_0=0.65$，$d_0=0.014$m
旋涡气泵		XGB-12 型

续表

名称	规格、型号
P1 孔板流量计压差传感器	0～10kPa
列管换热器空气进口温度 T_1、出口温度 T_2	Pt100 温度计
列管换热器蒸汽进口温度 T_3、出口温度 T_4	Pt100 温度计
套管换热器空气进口温度 T_5、出口温度 T_6	Pt100 温度计
套管换热器内管壁面温度 T_7	铜-康铜温度计

2. 实验流程图

传热实验装置流程示意图如图 4-9 所示。

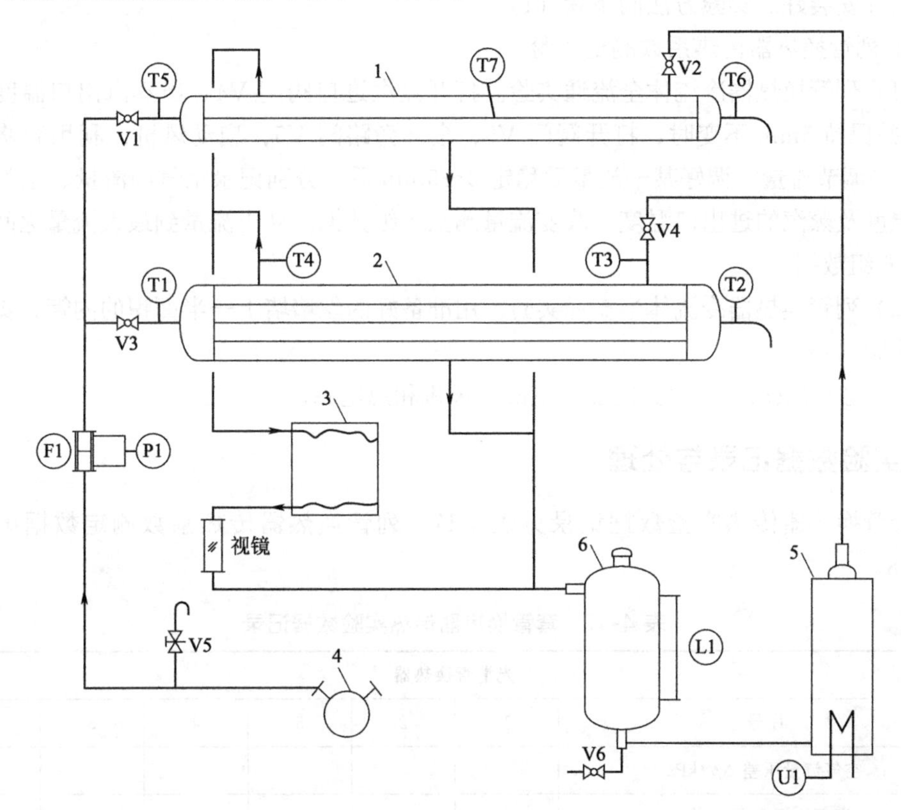

图 4-9　传热实验装置流程示意图

1—套管换热器；2—列管换热器；3—散热器；4—旋涡气泵；5—蒸汽发生器；6—水罐；F1—孔板流量计；P1—压差计；T1～T7—温度计；L1—液位计；U1—加热电压；V—阀门

五、实验步骤

1. 实验前的准备及检查工作

(1) 向储水罐中加入蒸馏水至液位计上端处。

(2) 检查空气流量旁路调节阀 V5 是否全开。

(3) 检查蒸汽管支路各控制阀是否已打开，保证蒸汽和空气管线的畅通。

(4) 接通总电源开关，检查仪表是否正常并设定加热电压 180V 左右。

2. 套管换热器传热实验

(1) 光滑管换热器实验

① 打开套管换热器管路上蒸汽进口阀门V2后，启动仪表面板加热开关，对蒸汽发生器内液体进行加热。当套管换热器内管壁温升到接近100℃并保持5min不变时，打开阀门V1，全开旁路阀V5，启动风机开关。

② 用旁路调节阀V5来调节流量，调好某一流量后稳定3～5min后，分别记录空气的流量、空气进出口的温度及壁面温度。

③ 改变流量测量下组数据。一般从小流量到最大流量之间，要测量5～6组数据。

(2) 强化管换热器实验。全部打开空气旁路阀V5，停风机。把强化丝装进套管换热器内并安装好。实验方法同步骤 (1)。

3. 列管换热器传热系数测定实验

(1) 列管换热器冷流体全流通实验。打开蒸汽进口阀门V4，当蒸汽出口温度接近100℃并保持5min不变时，打开阀门V3，全开旁路阀V5，启动风机，利用旁路调节阀V5来调节流量，调好某一流量后稳定3～5min后，分别记录空气的流量、空气进出口的温度及蒸汽的进出口温度。改变流量测量下组数据。从小流量到最大流量之间，测量5～6组数据。

(2) 列管换热器冷流体半流通实验。用准备好的丝堵堵上一半面积的内管，实验方法同步骤 (1)。

4. 实验结束后，依次关闭加热电源、风机和总电源。

六、实验数据记录与处理

套管换热器传热实验数据记录见表4-17，列管换热器传热系数测定数据记录见表4-18。

表4-17 套管换热器传热实验数据记录

光滑管换热器						
序号	1	2	3	4	5	6
空气流量压差 Δp/kPa						
空气入口温度 t_1/℃						
空气出口温度 t_2/℃						
壁面温度 t_w/℃						
强化管换热器						
序号	1	2	3	4	5	6
空气流量压差/kPa						
空气入口温度 t_1/℃						
空气出口温度 t_2/℃						
壁面温度 t_w/℃						

表 4-18　列管换热器传热系数测定数据记录

冷流体全流通						
序号	1	2	3	4	5	6
空气流量压差 Δp/kPa						
空气入口温度 t_1/℃						
空气出口温度 t_2/℃						
蒸汽进口温度 T_1/℃						
蒸汽出口温度 T_2/℃						
冷流体半流通						
序号	1	2	3	4	5	6
空气流量压差 Δp/kPa						
空气入口温度 t_1/℃						
空气出口温度 t_2/℃						
蒸汽进口温度 T_1/℃						
蒸汽出口温度 T_2/℃						

光滑管换热器传热实验数据处理见表 4-19，强化管换热器传热实验数据处理见表 4-20。

表 4-19　光滑管换热器传热实验数据处理

序号	1	2	3	4	5	6
空气流量压差 Δp/kPa						
空气入口温度 t_1/℃						
空气入口密度 ρ_{t_1}/(kg/m^3)						
空气出口温度 t_2/℃						
壁面温度 t_w/℃						
进出口平均温度 t_m/℃						
ρ_{t_m}/(kg/m^3)						
$\lambda_{t_m}\times10^2$/[W/(m·K)]						
$C_{p_{t_m}}$/[J/(kg·K)]						
$\mu_{t_m}\times10^{-5}$/Pa·s						
Δt_m/℃						
V_{t_1}/(m^3/h)						
V_{t_m}/(m^3/h)						
u/(m/s)						
q_c/W						
α_i/[W/(m^2·℃)]						
Re						
Nu						
$Nu/Pr^{0.4}$						

表 4-20　强化管换热器传热实验数据处理

序号	1	2	3	4	5	6
空气流量压差 Δp/kPa						
空气入口温度 t_1/℃						
空气入口密度 ρ_{t_1}/(kg/m³)						
空气出口温度 t_2/℃						
壁面温度 t_w/℃						
进出口平均温度 t_m/℃						
ρ_{t_m}/(kg/m³)						
$\lambda_{t_m}\times10^2$/[W/(m·K)]						
$C_{p_{t_m}}$/[J/(kg·K)]						
$\mu_{t_m}\times10^{-5}$/Pa·s						
Δt_m/℃						
V_{t_1}/(m³/h)						
V_{t_m}/(m³/h)						
u/(m/s)						
q_c/W						
α_i/[W/(m²·℃)]						
Re						
Nu						
$Nu/Pr^{0.4}$						

对实验数据进行线性回归，用图解法（以 lgRe 为横坐标，以 lg($Nu/Pr^{0.4}$) 为纵坐标作图，求出准数关联式系数）确定光滑管关联式 $Nu=ARe^mPr^{0.4}$中常数 A 和 m 数值，确定强化管关联式 $Nu_0=BRe^mPr^{0.4}$中 B 和 m 数值。

列管换热器（冷流体全流通）传热系数测定数据处理见表 4-21，列管换热器（冷流体半流通）传热系数测定数据处理见表 4-22。

表 4-21　列管换热器（冷流体全流通）传热系数测定数据处理

序号	1	2	3	4	5	6
空气流量压差 Δp/kPa						
空气入口温度 t_1/℃						
空气出口温度 t_2/℃						
蒸汽进口温度 T_1/℃						
蒸汽出口温度 T_2/℃						
体积流量 V_{t_1}/(m³/h)						
换热器体积流量 V_m/(m³/h)						
质量流量 W_m/(kg/s)						
空气进出口温差/℃						

续表

序号	1	2	3	4	5	6
传热量 Q/W						
对流传热系数 K/[W/(m²·s)]						
空气入口密度 ρ_{t_1}/(kg/m³)						
进出口平均温度 t_m/℃						
ρ_{t_m}/(kg/m³)						
Δt_m/℃						
$\lambda_{t_m}\times10^2$/[W/(m·K)]						
$C_{p_{t_m}}$/[J/(kg·K)]						
$\mu_{t_m}\times10^{-5}$/Pa·s						
换热面积/m²						
u/(m/s)						

表 4-22 列管换热器（冷流体半流通）传热系数测定数据处理

序号	1	2	3	4	5	6
空气流量压差 Δp/kPa						
空气入口温度 t_1/℃						
空气出口温度 t_2/℃						
蒸汽进口温度 T_1/℃						
蒸汽出口温度 T_2/℃						
体积流量 V_{t_1}/(m³/h)						
换热器体积流量 V_m/(m³/h)						
质量流量 W_m/(kg/s)						
空气进出口温差/℃						
传热量 Q/W						
对流传热系数 K/[W/(m²·s)]						
空气入口密度 ρ_{t_1}/(kg/m³)						
进出口平均温度 t_m/℃						
ρ_{t_m}/(kg/m³)						
Δt_m/℃						
$\lambda_{t_m}\times10^2$/[W/(m·K)]						
$C_{p_{t_m}}$/[J/(kg·K)]						
$\mu_{t_m}\times10^{-5}$/Pa·s						
换热面积/m²						
u/(m/s)						

七、实验注意事项

1. 检查蒸汽加热釜中的水位是否在正常范围内。特别是每个实验结束后，进行下一实验之前，如果发现水位过低，应及时补给水量。

2. 必须保证蒸汽上升管线的畅通。即在给蒸汽加热釜电压之前，两个蒸汽支路阀门之一必须全开。在转换支路时，应先开启需要的支路阀，再关闭另一侧，且开启和关闭阀门必须缓慢，防止管线截断或蒸汽压力过大突然喷出。

3. 必须保证空气管线的畅通。在接通风机电源之前，两个空气支路控制阀之一和旁路调节阀必须全开。在转换支路时，应先关闭风机电源，然后开启和关闭支路阀。

4. 调节流量后，应至少稳定 3～8min 后读取实验数据。

5. 实验中保持上升蒸汽量的稳定，不应改变加热电压。

八、思考题

1. 影响蒸汽冷凝给热的因素有哪些？如何强化蒸汽冷凝给热？
2. 在实验中测定的壁面温度接近于哪一侧的温度？试分析原因。
3. 在传热过程中可以采取哪些方法强化传热效果？
4. 写出热量衡算式，并据此分析影响传热系数的因素有哪些。

双语词汇

并流	cocurrent
逆流	countercurrent
错流	cross flow
热通量	heat flux
换热器	heat exchanger
套管换热器	double-pipe heat exchanger
列管式换热器	tubular heat exchanger
热导率	thermal conductivity
强制对流	forced convection
传热速率	heat transfer rate
普朗特数	Prandtl number
努塞尔特数	Nusselt number
格拉晓夫数	Grashof number
传热单元数	number of heat transfer units
总传热系数	overall heat transfer coefficient
传热膜系数	heat transfer film coefficient
算术平均温差	arithmetic mean temperature difference
对数平均温差	logarithmic mean temperature difference

知识拓展

热　管

热管是一种利用封闭在管内的特定工质反复进行相变来传递热量的一种高效传热元件，被誉为传热超导体。典型热管主要由三部分组成：封闭的金属管为主体，也称管壳；管壳内部为毛细结构，也称管芯；管壳内部空腔的工作介质，也称工作液。管内为真空处理，无空气和其他杂物。从传热状态看，热管包括蒸发段、绝热段和冷凝段。当蒸发段置于热源中时，其工作液吸热后温度升高发生相变，变成蒸汽运行到冷凝段，由于冷凝段温度低，蒸汽放热后冷凝为液体，在毛细芯产生的毛细力作用下回到蒸发段，如此循环，热量不断地从蒸发段传递到冷凝段。热管具有传热效率高、制备工艺简单、恒温、成本低、性能稳定、适应性强等特点，虽然只有40多年的历史，但却发展迅速，作为一项新的换热技术，在一些特殊工作条件下已逐渐取代传统的换热元件，在能源、动力、石油、化工、建筑、冶金、轻工、电子以及航天等领域中获得了广泛的应用。热管的种类、结构、工质、用途各有独特之处，故热管的分类方法很多，按温度可分为低温、常温、中温和高温热管。通常工作温度高于450℃的热管称为高温热管，工质主要是钠、钾、锂等碱金属，因此高温热管又称为碱金属热管。由于在工作温度和工质性质等方面高温热管具有很多与中低温热管明显不同的优良特性，高温热管成为热管领域的热门研究方向之一，被广泛应用于太阳能、核工业和化工等领域，给工业传热应用带来新的发展。

实验六　恒压过滤实验

一、实验目的

1. 了解真空过滤的工艺流程和操作方法。
2. 掌握恒压过滤常数 K、q_e、θ_e的测定方法，加深对以上参数影响因素的理解。
3. 学习滤饼的压缩性指数 S 的测定方法。
4. 通过恒压过滤实验，验证过滤基本理论。

二、实验内容

1. 测定不同过滤压力下过滤常数 K、q_e、θ_e的数值。
2. 测定滤饼压缩性指数 S。

三、实验原理

过滤是利用过滤介质进行液-固系统的分离过程，过滤介质通常采用带有许多毛细孔的物质如帆布、毛毯、多孔陶瓷等。含有固体颗粒的悬浮液在一定压力作用下，液体通过过滤介质，固体颗粒被截留在介质表面上，从而使液固两相分离。

在过滤过程中，由于固体颗粒不断地被截留在介质表面上，滤饼厚度增加，液体流过固体颗粒之间的孔道加长，使流体流动阻力增加。故恒压过滤时，过滤速度逐渐下降。随着过滤的进行，若要获得相同的滤液量，则过滤时间增加。

1. 过滤常数 K、q_e、θ_e的测定

根据恒压过滤方程：$$(q+q_e)^2=K(\theta+\theta_e) \tag{4-27}$$

式中 q——单位过滤面积获得的滤液体积，m^3/m^2；

q_e——单位过滤面积的虚拟滤液体积，m^3/m^2；

θ——实际过滤时间，s；

θ_e——虚拟过滤时间，s；

K——过滤常数，m^2/s。

将式(4-27) 对 q 微分可得

$$\frac{d\theta}{dq}=\frac{2}{k}q+\frac{2}{k}q_e \tag{4-28}$$

在直角坐标系上标绘$\frac{d\theta}{dq}$对 q 的关系，所得直线斜率为$\frac{2}{k}$，截距为$\frac{2}{k}q_e$，从而求出 K，q_e。当各数据点的时间间隔不大时，$\frac{d\theta}{dq}$可以用增量之比来代替，即$\frac{\Delta\theta}{\Delta q}$与$\bar{q}$ 作图。

θ_e由下式得

$$q_e^2=K\theta_e \tag{4-29}$$

2. 滤饼压缩性指数 S 的测定

过滤常数的定义式

$$K=\frac{2\Delta p^{1-S}}{\mu r_0 f} \tag{4-30}$$

两边取对数

$$\lg K=(1-s)\lg(\Delta p)+B \tag{4-31}$$

因 S=常数，故 K 与 Δp 的关系在双对数坐标上绘图是一条直线。直线的斜率为 $1-S$，由此可计算出压缩性指数 S。

四、实验装置与流程

1. 实验装置

恒压过滤实验装置由滤浆槽、真空泵、搅拌器、不锈钢过滤器等组成，实验设备主要技术参数如下。

旋片式真空泵：型号 XZ-1；极限压力 6.7Pa（$5\times10^{-2}t$）；抽速 1L/s；转速 1400r/min；功率 180W；

搅拌器：型号 KDZ-1；功率 160W；转速 3200r/min；

不锈钢过滤器：内径 69mm；

Pt100 温度计：数字仪表显示。

2. 实验流程图

恒压过滤实验装置流程示意图如图 4-10 所示，过滤器结构图如图 4-11 所示。

五、实验步骤

1. 在滤浆槽中配制浓度为 4%～6%左右的轻质碳酸钙悬浮液。

2. 安装过滤器，按图 4-10 所示安装好，固定于浆液槽内。注意过滤器在滤浆中潜没一定深度，让过滤介质平行于液面，以防止空气被抽入造成滤饼厚度不均匀。

3. 系统接上电源，启动电动搅拌器，用电动搅拌器将滤液槽内浆液搅拌均匀（以

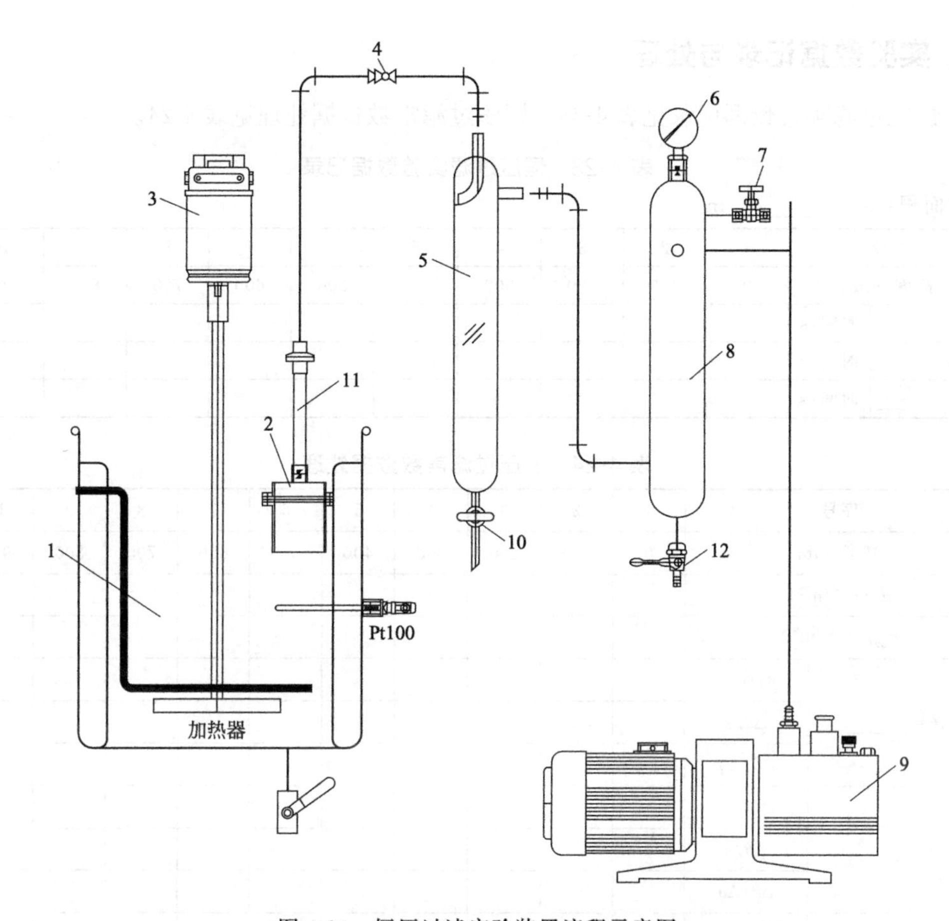

图 4-10 恒压过滤实验装置流程示意图

1—滤浆槽；2—过滤漏斗；3—搅拌电机；4—真空旋塞；5—计量瓶；6—真空压力表；7—针型放空阀；8—缓冲罐；9—真空泵；10—放液阀；11—真空胶皮管；12—缓冲罐放液阀

浆液不出现旋涡为好）。打开放空阀 7，关闭旋塞 4 及放液阀 10。

4. 启动真空泵，用放空阀 7 及时调节系统内的真空度，使真空表的读数稍大于指定值，然后打开旋塞 4 进行抽滤。在此后的时间内要注意观察真空表的读数应恒定于指定值。当滤液开始流入计量瓶时，按下秒表计时，作为恒压过滤时间的起点。记录滤液每增加 100mm 所用的时间。当计量瓶读数为 900mm 时停止计时，并立即关闭旋塞 4。

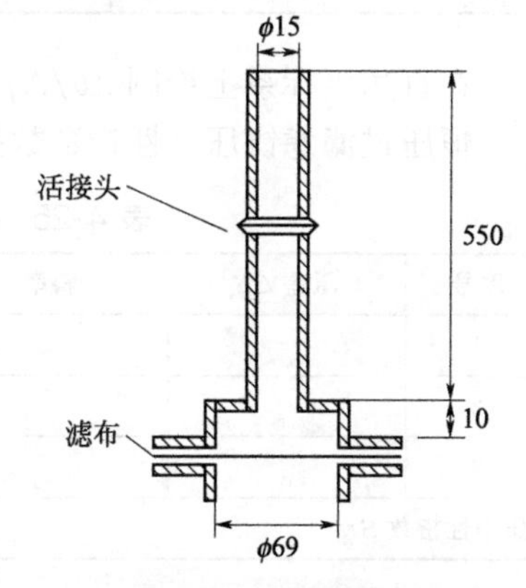

图 4-11 过滤器结构图

5. 把放空阀 7 全开，关闭真空泵，打开旋塞 4，利用系统内的大气压和液位高度差把吸附在过滤介质上的滤饼压回槽内，放出计量瓶内的滤液并倒回槽内，以保证滤浆浓度恒定。卸下过滤漏斗洗净待用。

6. 改变真空度重复上述实验。

7. 可根据不同的实验要求，自行选择不同的真空度测定过滤常数：K，q_e，θ_e及 S。

六、实验数据记录与处理

恒压过滤实验数据记录见表 4-23，恒压过滤常数数据处理见表 4-24。

表 4-23　恒压过滤实验数据记录

过滤面积：$A=$________ m^2

序号		1	2	3	4	5	6	7	8	9	10
高度/mm		0	100	200	300	400	500	600	700	800	900
$\Delta p=$______	时间/s										
$\Delta p=$______	时间/s										
$\Delta p=$______	时间/s										

表 4-24　恒压过滤常数数据处理

序号		1	2	3	4	5	6	7	8	9	10
高度/mm		0	100	200	300	400	500	600	700	800	900
$q/(m^3/m^2)$											
$q_{av}/(m^3/m^2)$											
$\Delta p=$______	时间/s										
	$\Delta\theta/s$										
	$\Delta\theta/\Delta q$										
$\Delta p=$______	时间/s										
	$\Delta\theta/s$										
	$\Delta\theta/\Delta q$										
$\Delta p=$______	时间/s										
	$\Delta\theta/s$										
	$\Delta\theta/\Delta q$										

在直角坐标系上绘制 $\Delta\theta/\Delta q$ 与 $\overline{q}$ 关系曲线，得到过滤常数 K、q_e、θ_e。

恒压过滤滤饼压缩性指数数据处理见表 4-25。

表 4-25　恒压过滤滤饼压缩性指数数据处理

序号	压差 Δp	斜率	截距	K	q_e	θ_e
1						
2						
3						
压缩性指数 $S=$						

在双对数坐标上绘制 K 与 Δp 的关系曲线，得到滤饼压缩性指数 S。

七、注意事项

1. 实验设备要接地线，确保安全。
2. 电动搅拌器为无级调速。使用时首先接上系统电源，打开调速器开关，调速钮一定由小到大缓慢调节，切勿反方向调节或调节过快损坏电机，不允许高速挡启动，转速状态下出现异常时或实验完毕后将调速钮恢复最小位。

3. 启动搅拌前，用手旋转一下搅拌轴以保证能够顺利启动搅拌。

八、思考题

1. 当操作压强增大一倍时，其 K 值是否也增大一倍？
2. 恒压过滤时，欲增加过滤速度，可行的措施有哪些？
3. 随着真空度的增加，所测得的过滤常数 K、q_e、θ_e如何变化？
4. 什么是滤饼的可压缩性？如何通过实验测定滤饼压缩性指数 S？

双语词汇

过滤	filtration
帆布	canvas
泥浆	slurry
滤饼	filter cake
滤液	filtrate
悬浮液	suspension
助滤剂	filter aid
过滤介质	filter medium
真空泵	vacuum pump
真空过滤机	vacuum filter
板框压滤机	plate and frame filter press
转筒真空过滤机	rotary drum vacuum filter

知识拓展

陶 瓷 膜

陶瓷膜是以陶瓷材料为介质制成的具有分离功能的无机多孔膜，主要依据筛分原理，以压力差为推动力，实现液固和气固分离。目前开发或应用的陶瓷膜材质主要有氧化铝、氧化硅、氧化锆、氧化钛、碳化硅等体系。陶瓷膜根据膜组件不同可分为平板膜、卷式膜、中空纤维膜、管式膜；按过滤方式分为终端过滤和错流过滤；按膜的孔径可分为微滤膜、超滤膜和纳滤膜。与其他膜材料相比，陶瓷膜具有优异的材料性能，分离效率高、化学稳定性好、耐酸碱、耐有机溶剂、耐高温、使用寿命长、机械强度大、耐磨、耐冲刷、再生性能好、耐菌、过滤精度高、无毒、抗污染。高性能陶瓷膜作为一种环境友好型过滤材料，凭借其耐高温、耐高压、耐腐蚀、高效率、长寿命等优点，在很多苛刻的应用体系中显示出独特的优势，在石油化工、食品、医药、环境、能源和冶金等行业的分离过程中尤其是水处理和气体除尘净化领域迅速发展并广泛应用，但目前陶瓷膜的制造成本较高，陶瓷材料脆性大，种类偏少限制了产业化发展。未来开发和研制新的陶瓷膜材料，实现材料的大尺寸化、低成本化，将成为陶瓷膜过滤技术发展的重点。

实验七　吸收与解吸实验

一、实验目的

1. 了解填料吸收塔的结构和流体力学性能。
2. 掌握填料吸收塔体积传质系数的测定方法。

二、实验内容

1. 观察填料塔流体力学状况，测定填料层压降与操作气速的关系曲线，确定液泛气速。

2. 测定一定液体流量下填料吸收塔的体积传质系数。

三、实验原理

1. 填料塔的流体力学特性

压强降是塔设计中的重要参数，气体通过填料层压强降的大小决定了塔的动力消耗。压强降与气、液流量均有关，不同液体喷淋量下填料层的压强降 Δp 与气速 u 的关系如图 4-12 所示。

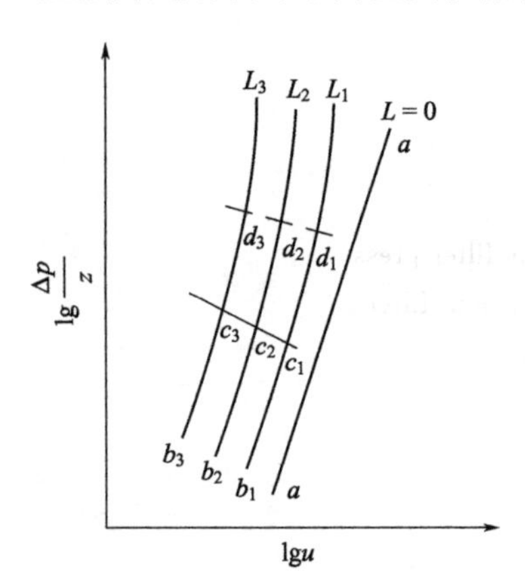

图 4-12　填料层压降与空塔气速关系图

吸收塔中填料的作用主要是增加气液两相的接触面积，而气体通过填料层时，由于有局部阻力和摩擦阻力而产生压强降。填料塔的流体力学特性是吸收设备的重要参数，它包括压强降和液泛规律。

气体通过干填料层时，流体流动引起的压降和湍流流动引起的压降规律相一致。在双对数坐标系中用压降（$\Delta p/z$）对气速（u）作图得到一条斜率为 1.8～2 的直线（图 4-12 中 aa 线）。当有液体喷淋量且在低气速时，压强降与气速的关联线与气体通过干填料时压强降与空塔气速的关联线几乎平行，但压强降大于同一气速下干填料的压强降（图 4-12 中 b_1c_1、b_2c_2、b_3c_3 段）。随气速增加，出现载点（图 4-12 中 c_1点、c_2 点、c_3 点），填料层持液量开始增大，压强降与空塔气速的关联线向上弯曲，斜率变大，如图 4-12 中 c_1d_1、c_2d_2、c_3d_3 段。当气速增大到 d_1、d_2、d_3 点，填料层持液量越积越多，气体压降几乎是垂直上升，气体以泡状通过液体，出现液泛现象，此时 d_1、d_2、d_3 点称为液泛点。

吸收塔的液泛气速数据在塔的设计和操作中起重要作用，故本试验通过测定 Δp-u 关系曲线和观察实验现象来确定“液泛气速”。

测定填料塔的流体力学特性是为了计算填料塔所需动力消耗和确定填料塔的适宜操作范围，选择适宜的气液负荷，因此填料塔的流体力学特性是确定最适宜操作气速的依据。

2. 吸收传质系数的测定

根据双膜模型的基本假设，气侧和液侧的吸收质 A 的传质速率方程可分别表达为

气膜 $$G_A = k_g A(p_A - p_{Ai}) \tag{4-32}$$

液膜 $$G_A = k_l A(C_{Ai} - C_A) \tag{4-33}$$

式中 G_A——A 组分的传质速率，kmol/s；

A——气、液两相接触面积，m^2；

p_A，p_{Ai}——A 组分在气、液两相主体中的和界面上的压力，Pa；

C_A，C_{Ai}——A 组分在气、液两相主体中的和界面上的浓度，$kmol/m^3$；

k_g——以气相分压差为推动力的气膜传质系数，$kmol/(m^2 \cdot s \cdot Pa)$；

k_l——以液相浓度差为推动力的液膜传质系数，m/s。

以气相分压或以液相浓度表示传质过程推动力的相际传质速率方程又可分别表达为

$$G_A = K_G A(p_A - p_A^*) \tag{4-34}$$

$$G_A = K_L A(C_A^* - C_A) \tag{4-35}$$

式中 p_A^*——与液相主体浓度 C_A 平衡的气体分压，Pa；

C_A^*——与气相主体分压 p_A 平衡的液体浓度，$kmol/m^3$；

K_G——以气相分压差为推动力的总传质系数，或简称为气相传质总系数，$kmol/(m^2 \cdot s \cdot Pa)$；

K_L——以液相浓度差为推动力的总传质系数，或简称为液相传质总系数，m/s。

若气液相平衡关系遵循亨利定律：$C_A^* = Hp_A$，则

$$\frac{1}{K_G} = \frac{1}{k_g} + \frac{1}{HK_l} \tag{4-36}$$

$$\frac{1}{K_L} = \frac{H}{k_g} + \frac{1}{k_l} \tag{4-37}$$

式中 H——溶解度系数，$kmol/(m^3 \cdot Pa)$。

双膜理论模型示意图如图 4-13 所示。当气膜阻力远大于液膜阻力时，$K_G = k_g$，称为气膜控制，传质总阻力主要集中在气膜；当液膜阻力远大于气膜阻力时，$K_L = k_l$，称为液膜控制，传质总阻力主要集中在液膜。

填料塔的物料衡算图如图 4-14 所示。在逆流接触的填料层内，选取填料塔中的 dh 微元填料层作为研究对象，建立微元填料层内的物料衡算，则由吸收质 A 的物料衡算可得

$$dG_A = \frac{F_L}{\rho_L} dC_A \tag{4-38}$$

式中 F_L——液相摩尔流率，kmol/s；

ρ_L——液相摩尔密度，$kmol/m^3$。

根据传质速率基本方程式，可写出该微分段的传质速率微分方程

$$dG_A = K_L(C_A^* - C_A)aS dh \tag{4-39}$$

联立上两式可得 $$dh = \frac{F_L}{K_L a S \rho_L} \times \frac{dC_A}{C_A^* - C_A} \tag{4-40}$$

式中 a——气液两相接触的比表面积，m^2/m^3；

S——填料塔的横截面积，m^2。

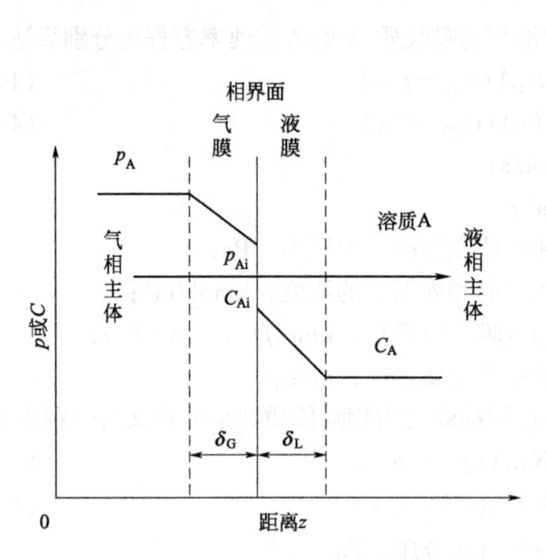

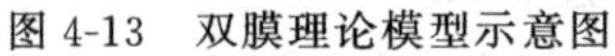

图 4-13 双膜理论模型示意图

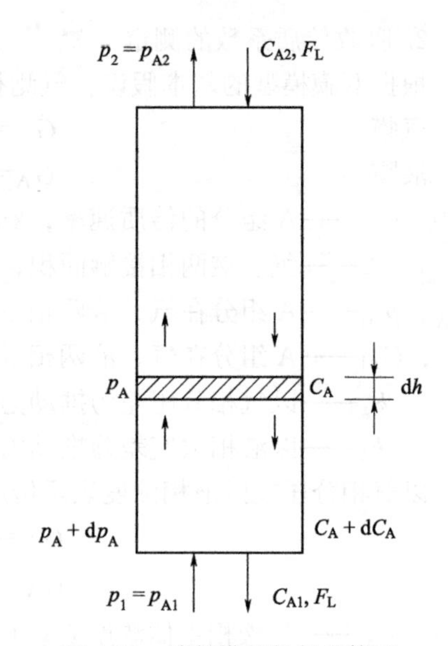

图 4-14 填料塔的物料衡算图

本实验采用水吸收二氧化碳与空气的混合物中的二氧化碳气体，且已知二氧化碳在常温常压下溶解度较小，因此，液相摩尔流率 F_L 和摩尔密度 ρ_L 的比值，亦即液相体积流率（V_{sL}）可视为定值，且设总传质系数 K_L和两相接触比表面积 a 在整个填料层内为一定值，则按下列边值条件积分式(4-40)，可得填料层高度的计算公式

$$h=0,\quad C_A=C_{A2};\quad h=h,\quad C_A=C_{A1}$$

$$h=\frac{V_{sL}}{K_L aS}\int_{C_{A2}}^{C_{A1}}\frac{dC_A}{C_A^*-C_A} \tag{4-41}$$

令 $H_L=\dfrac{V_{sL}}{K_L aS}$，且称 H_L为液相传质单元高度（HTU），m；

$N_L=\displaystyle\int_{C_{A2}}^{C_{A1}}\frac{dC_A}{C_A^*-C_A}$，且称 N_L为液相传质单元数（NTU），量纲为 1。

因此，填料层高度为传质单元高度与传质单元数之乘积，即

$$h=H_L\times N_L \tag{4-42}$$

若气液平衡关系遵循亨利定律，即平衡曲线为直线，则式(4-41) 为可用解析法解得填料层高度的计算式，亦即可采用下列平均推动力法计算填料层的高度：

$$h=\frac{V_{sL}}{K_L aS}\times\frac{C_{A1}-C_{A2}}{\Delta C_{Am}} \tag{4-43}$$

$$N_L=\frac{h}{H_L}=\frac{h}{V_{sL}/K_L aS} \tag{4-44}$$

式中 ΔC_{Am}——液相平均推动力，即

$$\Delta C_{Am}=\frac{\Delta C_{A1}-\Delta C_{A2}}{\ln\dfrac{\Delta C_{A1}}{\Delta C_{A2}}}=\frac{(C_{A1}^*-C_{A1})-(C_{A2}^*-C_{A2})}{\ln\dfrac{C_{A1}^*-C_{A1}}{C_{A2}^*-C_{A2}}} \tag{4-45}$$

其中：$C_{A1}^*=Hp_{A1}=Hy_1p_0$，$C_{A2}^*=Hp_{A2}=Hy_2p_0$，p_0 为大气压。

二氧化碳的溶解度常数

$$H=\frac{\rho_w}{M_w}\times\frac{1}{E} \tag{4-46}$$

式中 ρ_w——水的密度，kg/m^3；

M_w——水的摩尔质量，kg/kmol；

E——二氧化碳在水中的亨利系数，Pa。

因本实验采用的物系不仅遵循亨利定律，而且气膜阻力可以不计，在此情况下，整个传质过程阻力都集中于液膜，即属于液膜控制过程，则液膜体积传质膜系数等于液相体积传质总系数，亦即

$$k_1a=K_La=\frac{V_{sL}}{hS}\times\frac{C_{A1}-C_{A2}}{\Delta C_{Am}} \tag{4-47}$$

吸收率

$$\eta=\frac{Y_1-Y_2}{Y_1}\times100\% \tag{4-48}$$

式中 Y_1，Y_2——进、出口气体中溶质组分 A 的摩尔比；

η——吸收率，无量纲。

四、实验装置与流程

1. 实验装置

吸收与解吸实验装置由填料吸收塔、解吸塔、气瓶、离心泵、水箱、气泵、转子流量计和各种测量仪表组等组成，实验设备主要技术参数见表 4-26。

表 4-26 吸收实验设备主要技术参数

位号	名称	规格、型号
	吸收塔	$\phi76\times3.5$、填料塔高度 1.2m、陶瓷拉西环填料、比表面 $\sigma=440m^2/m^3$
	解吸塔	$\phi76\times3.5$、填料塔高度 1.2m、不锈钢鲍尔环填料、比表面 $\sigma=480m^2/m^3$
	水箱 1、水箱 2	长 500mm×宽 370mm×高 580mm
	离心泵 1、离心泵 2	WB50/025
	气泵	ACO-818
	旋涡气泵	XGB-12
F1	转子流量计	LZB-6；0.06～0.6m^3/h
F2	转子流量计	LZB-10；0.25～2.5m^3/h
F3、F4	转子流量计	LZB-15；40～400L/h 水
F5	转子流量计	LZB-40；4～40m^3/h
T1	混合气体温度/℃	Pt100、温度传感器、远传显示
	混合气体温度测量仪表	AI501 数显仪表
T2	吸收液体温度/℃	Pt100、温度传感器、远传显示
	吸收液体温度测量仪表	AI501 数显仪表
T3、T4	解吸气体温度/℃	Pt100、温度传感器、远传显示
	解吸气体温度测量仪表	AI501 数显仪表
P1、P2	吸收塔、解吸塔压差/mmH_2O	U 形管压差计
V1-V16	不锈钢阀门	球阀、针形阀和闸板阀

2. 实验流程图

吸收与解吸实验装置流程示意图如图 4-15 所示。

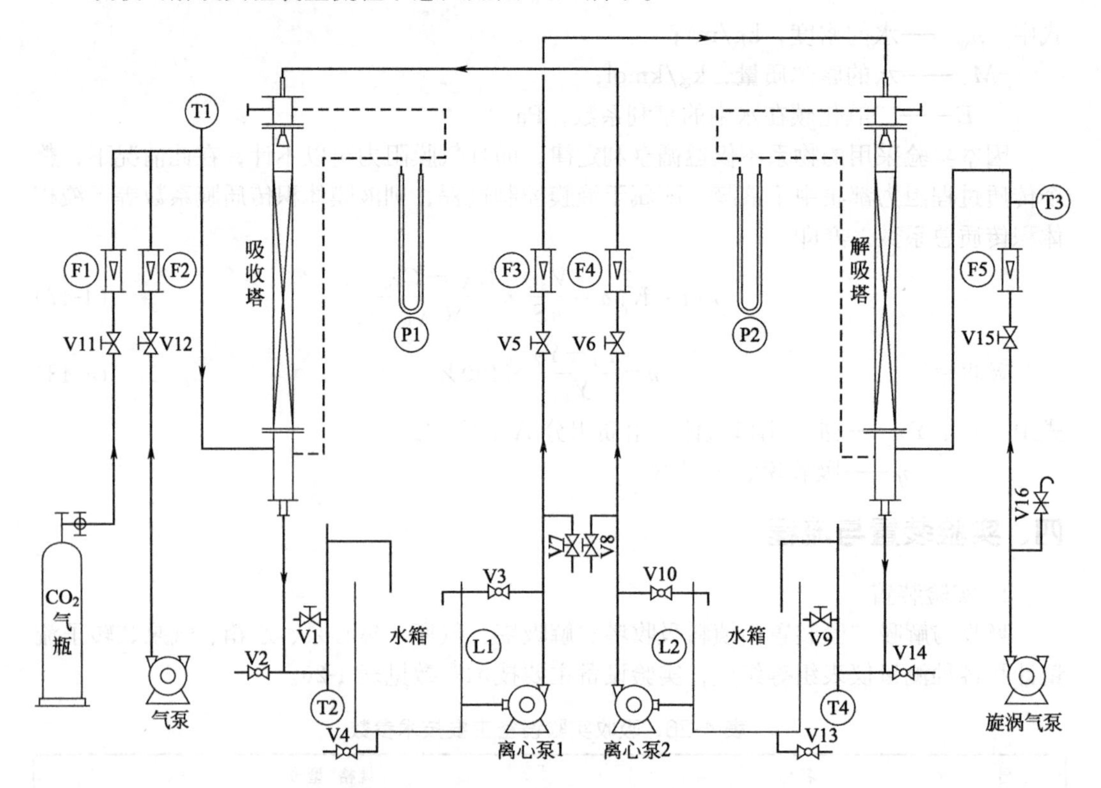

图 4-15　吸收与解吸实验装置流程示意图

F1～F5—转子流量计；L1，L2—液位计；P1，P2—U 形管压差计；T1～T4—温度计；V—阀门

五、实验步骤

1. 流体力学性能测定

(1) 首先将水箱 1 和水箱 2 灌满蒸馏水，接通实验装置电源，打开总电源开关。

(2) 测量干填料层 $(\Delta p/z)$-u 关系曲线。

打开空气旁路调节阀 V16 至全开，启动旋涡气泵。打开空气流量计 F5 下的阀门 V15，逐渐关小阀门 V16 的开度，调节进塔的空气流量。稳定后读取解吸塔 P2 填料层压降 Δp 即 U 形管液柱压差计的数值，然后改变空气流量，按空气流量从小到大的顺序读取填料层压降 Δp、转子流量计读数和流量计处空气温度。测定 6～10 组数据。

(3) 测量某喷淋量下填料层 $(\Delta p/z)$-u 关系曲线。启动离心泵 1 将 F3 流量计的水流量固定在 140L/h 左右，用上面相同方法读取填料层压降 Δp、转子流量计读数和流量计处空气温度，并注意观察塔内的操作现象，一旦看到液泛现象时记下对应的空气转子流量计读数。

2. 体积传质系数测定

(1) 准备好 10mL 移液管、100mL 三角瓶、酸式滴定管、洗耳球、0.1mol/L 盐酸标准溶液、0.1mol/L $Ba(OH)_2$ 标准溶液和甲基红等化学分析仪器和试剂备用。

(2) 关闭离心泵 2 的出口阀 V6，启动离心泵 2，关闭空气转子流量计 F2，二氧化碳转子流量计 F1 与钢瓶连接。

(3) 打开吸收液转子流量计 F4，调节到 100L/h，待有水从吸收塔顶喷淋而下，从吸收塔底的 π 形管尾部流出后，启动气泵，调节转子流量计 F2 到指定流量，同时打开二氧化碳钢瓶调节减压阀，调节二氧化碳转子流量计 F1，控制二氧化碳与空气的比例在 10%～20%左右。

(4) 吸收进行 15min 并操作达到稳定状态之后，测量塔底吸收液的温度，同时在塔顶和塔底取液相样品并测定吸收塔顶、塔底溶液中二氧化碳的含量。

(5) 溶液二氧化碳含量测定。用移液管吸取 0.1mol/L $Ba(OH)_2$ 标准溶液 10mL，放入三角瓶中，并从取样口处接收塔底溶液 10mL，用胶塞塞好振荡。溶液中加入 2～3 滴甲基红（或酚酞）指示剂摇匀，用 0.1mol/L 盐酸标准溶液滴定到粉红色消失即为终点。

按下式计算得出溶液中二氧化碳浓度

$$C_{CO_2}=\frac{2C_{Ba(OH)_2}V_{Ba(OH)_2}-C_{HCl}V_{HCl}}{2V_{溶液}} \quad (mol/L) \tag{4-49}$$

六、实验数据记录及处理

填料塔流体力学性能测定数据记录见表 4-27。

表 4-27 填料塔流体力学性能测定数据记录

序号	干填料压强降测定			湿填料压强降测定			
	空气转子流量计读数 /(m³/h)	空气转子流量计处空气温度 /℃	填料层压强降 Δp /(mmH₂O)	空气转子流量计读数 /(m³/h)	空气转子流量计处空气温度 /℃	填料层压强降 Δp /(mmH₂O)	实验现象
1							
2							
3							
4							
5							
6							
7							
8							
9							
10							

填料塔（干填料）流体力学性能测定数据处理见表 4-28，填料塔（湿填料）流体力学性能测定数据处理见表 4-29。

在双对数坐标上以空塔气速 u 为横坐标，以单位高度的压降 $\Delta p/z$ 为纵坐标，绘制干填料层 $(\Delta p/z)$-u 关系曲线。

表 4-28　填料塔（干填料）流体力学性能测定数据处理

序号	填料层压强降 Δp /mmH₂O	单位高度填料层压强降 $\Delta p/z$/(mmH₂O/m)	空气转子流量计读数/(m³/h)	空气转子流量计处空气温度/℃	空气流量/(m³/h)	空塔气速 u/(m/s)
1						
2						
3						
4						
5						
6						
7						
8						
9						
10						

表 4-29　填料塔（湿填料）流体力学性能测定数据处理

序号	填料层压强降 Δp /mmH₂O	单位高度填料层压强降 $\Delta p/z$/(mmH₂O/m)	空气转子流量计读数/(m³/h)	空气转子流量计处空气温度/℃	空气流量/(m³/h)	空塔气速 u/(m/s)	操作现象
1							
2							
3							
4							
5							
6							
7							
8							
9							
10							

在双对数坐标上绘制不同液体喷淋量下（$\Delta p/z$)-u 关系曲线，确定液泛气速并与观察的液泛气速相比较。体积传质系数测定数据记录与处理见表 4-30。

表 4-30　体积传质系数测定数据记录与处理

序号	名称	1	2
1	填料种类		
2	填料层高度/m		
3	CO_2 转子流量计读数/(m³/h)		
4	CO_2 转子流量计处温度/℃		
5	流量计处 CO_2 的体积流量/(m³/h)		

续表

序号	名称	1	2
6	空气转子流量计读数/(m^3/h)		
7	水转子流量计读数/(L/h)		
8	中和 CO_2 用 $Ba(OH)_2$ 的浓度/(mol/L)		
9	中和 CO_2 用 $Ba(OH)_2$ 的体积/mL		
10	滴定用盐酸的浓度/(mol/L)		
11	滴定塔底吸收液用盐酸的体积/mL		
12	滴定空白液用盐酸的体积/mL		
13	样品的体积/mL		
14	塔底液相的温度/℃		
15	亨利常数 $E/10^8$Pa		
16	塔底液相浓度 C_{A1}/(kmol/m^3)		
17	空白液相浓度 C_{A2}/(kmol/m^3)		
18	CO_2 溶解度常数 H/[10^{-7}kmol/(m^3 · Pa)]		
19	Y_1		
20	y_1		
21	平衡浓度 C_{A1}^*/(kmol/m^3)		
22	Y_2		
23	y_2		
24	平衡浓度 C_{A2}^*/(kmol/m^3)		
25	$C_{A1}^*-C_{A1}$		
26	$C_{A2}^*-C_{A2}$		
27	平均推动力 ΔC_{Am}/(kmol/m^3)		
28	液相体积传质系数 K_{Xa}/[kmol/(m^3 · s)]		
29	吸收率 η/%		

七、注意事项

1. 启动气泵前，务必先全开放空阀。

2. 做传质实验时，水流量不能超过规定范围，否则尾气的溶质浓度极低，给尾气分析带来影响。

3. 在填料塔操作条件改变后，需要稳定一段时间，再读取数据。

八、思考题

1. 填料塔结构有什么特点？
2. 填料塔气液两相的流动特点是什么？
3. 流体通过干填料压降与湿填料压降有何不同？填料塔液泛和哪些因素有关？

双语词汇

填料塔	packed tower
吸收	absorption
物理吸收	physical absorption
化学吸收	chemical absorption
湍流扩散	turbulent diffusion
涡流扩散	eddy diffusion
气液相平衡	gas-liquid equilibrium
吸收等温线	absorption isotherm
吸收速率	absorption rate
传质速率	mass transfer rate
传质单元数	number of mass transfer units
传质单元高度	height of mass transfer units
双膜理论	two-film theory
气膜控制	gas film control
液膜控制	liquid film control
溶解度	solubility
溶液	solution
溶质	solute
溶剂	solvent
液泛	flooding
泛点	flooding point
载点	loading point
惰性气体	inert gas
解吸	desorption
吸收因子	absorption factor
拉西环	Rasching ring
鲍尔环	Pall ring
阶梯环	cascade ring
螺旋环	spiral ring
润湿率	irrigation rate
喷淋密度	spray density
持液量	liquid holdup
持气率	gas holdup
分布板	distribution plate
填料支承板	packing support plate

知识拓展

塔板-填料复合塔板

板式塔和填料塔是工业上广泛应用的两种气液传质设备，均有百余年的发展历史。进入 20 世纪 70 年代以前，在大型塔器中板式塔占有绝对优势，随着新型填料、新型塔内件的开发应用和基础理论研究的不断深入，填料塔技术迅速发展。塔板-填料复合塔板是指将塔板与填料有机地结合起来，充分利用板式塔中塔板间距的空隙设置高效填料，复合塔板内填料层起到气体均匀分布的作用，改善穿流塔板上鼓泡气相的分布，强化塔板上鼓泡层的传质效果；穿流栅板对填料层起到液体再分布器作用；填料层基本上消除了塔板间的雾沫夹带。塔板-填料复合塔板很好地实现了塔板和填料的优势互补，流体力学性能良好，气液两相分布均匀，具有效率高、通量大、压降小、操作弹性大的优点。

实验八　非均相气固分离演示实验

一、实验目的

1. 观察含粉尘的气流在重力沉降室、旋风分离器及布袋除尘器的运动状况。
2. 加深对重力沉降室、旋风分离器及布袋除尘器工作原理的了解。

二、实验原理

化工操作中，非均相物系机械分离的常见方法有：重力沉降、离心沉降和过滤。

1. 重力沉降器的除尘原理

重力沉降器如图 4-16 所示，是通过重力作用使尘粒从气流中沉降分离的除尘装置，气流进入重力沉降器后，流动截面积扩大，流速降低，较重颗粒在重力作用下缓慢向灰斗沉降。

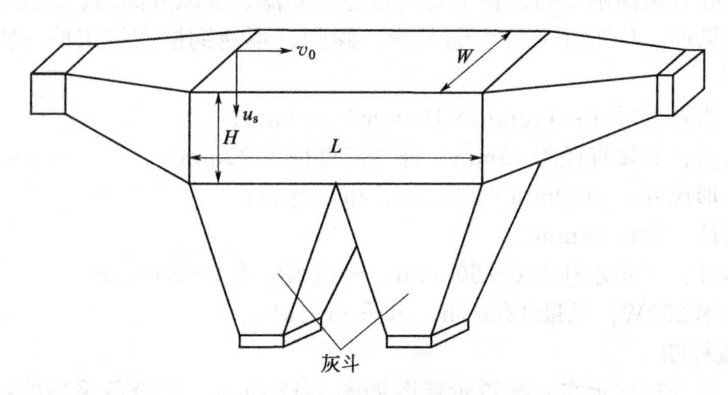

图 4-16　重力沉降器

在重力除尘设备中，气体流动的速度越低，越有利于沉降细小的粉尘，提高除尘效率。因此，一般控制气体流动的速度为 1～2m/s，除尘效率为 40%～60%。倘若速度太低，设备相对庞大，投资费用较高，也是不可取的。在气体流速基本固定的情况下，重力沉降器设计得越长，越有利于提高除尘效率。

2. 布袋除尘器的除尘原理

布袋除尘器即袋滤器，使含尘气流通过过滤材料将粉尘分离捕集的装置，采用纤维织物作滤料的袋式除尘器，在工业尾气的除尘方面应用较广。含尘气流从下部进入圆筒形滤袋，在通过滤料的孔隙时，粉尘被捕集于滤料上。沉积在滤料上的粉尘，可在机械振动的作用下从滤料表面脱落，落入灰斗中。粉尘因截留、惯性碰撞、静电和扩散等作用，在滤袋表面形成粉尘层，常称为粉尘初层。粉尘初层形成后，成为袋式除尘器的主要过滤层，提高了除尘效率。随着粉尘在滤袋上积聚，滤袋两侧的压力差增大，会把已附在滤料上的细小粉尘挤压过去，使除尘效率下降。

3. 旋风分离器的工作原理

由于在离心场中颗粒可以获得比重力大得多的离心力，因此，对两相密度相差较小或颗粒粒度较细的非均相物系，利用离心沉降分离要比重力沉降有效得多。气-固物系的离心分离一般在旋风分离器中进行，液-固物系的分离一般在旋液分离器和离心沉降机中进行。旋风分离器是使气流做旋转运动，颗粒受到离心力作用而与气体分离的装置。由于其结构简单、分离效率较高，在工业上获得广泛的应用。影响旋风分离器除尘效率的因素有二次效应、比例尺寸、烟尘的物理性质和操作变量等。

4. 分离器分离效率的计算

(1) 质量法。测出同一时段进入分离器的粉尘量 G_1 和分离器捕捉的粉尘量 G_2，则分离效率

$$\eta=\frac{G_2}{G_1}\times 100\% \tag{4-50}$$

(2) 浓度法。测出分离器进口和出口管道中气流含尘浓度 C_1、C_2，则分离效率

$$\eta=1-\frac{C_2 Q_2}{C_1 Q_1}\times 100\% \tag{4-51}$$

三、实验装置与流程

1. 实验装置

非均相气固分离演示实验装置主要由重力沉降器、旋风分离器、袋滤器、风机、加料器、孔板流量计、U 形压差计、通风管、阀门、不锈钢框架等组成，实验设备主要技术参数如下。

重力沉降器外形尺寸：140mm×160mm×150mm；

旋风分离器：筒体直径为 65mm，进气管直径为 32mm；

袋滤器外形尺寸：ϕ150mm×350mm，布质滤袋；

孔板流量计：喉径 16mm；

U 形压差计：三组水柱为 0～500mm，一组水柱为 0～800mm；

风机：功率 250W，风量 48m³/h，风压 11.5kPa。

2. 实验流程图

非均相气固分离演示实验装置示意图如图 4-17 所示。本设备采用的物系是由不同粒径的硅胶颗粒和空气所组成的非均相物系，空气由风机提供，经调节阀和孔板流量计，由颗粒加料器加入适量的固体颗粒后，依次流经重力沉降器、旋风分离器、袋滤器后尾气最后排空。

四、实验步骤

1. 接通鼓风机的电源开关，开动鼓风机。

2. 在颗粒加料器中加入适量已知粒径或目数的颗粒，若有颜色则演示效果更佳。

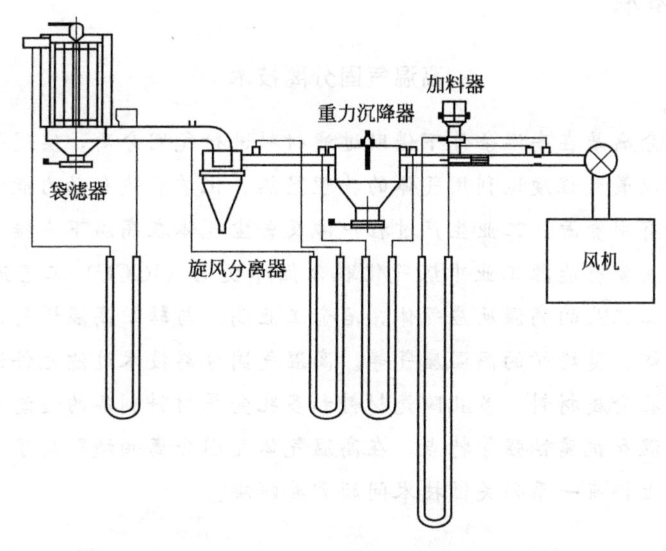

图 4-17 非均相气固分离演示实验装置示意图

3. 通过调节空气旁路阀门控制适当风量，观察、分析含尘气体及其中的尘粒和气体在三种分离器中的运动情况。

4. 实验结束时，将空气旁路流量调节阀全开后切断鼓风机的电源开关，从集尘室内取出固体粉粒。

五、注意事项

1. 打开风机开关时，一定要关闭空气阀门，以防止 U 形压差计冲出液体。
2. 仔细调节空气流量和投料速度以达到最佳的演示效果。

六、思考题

1. 何为旋风分离器分割直径（分割粒径）？
2. 工业上广泛采用旋风分离器组操作，影响旋风分离器效率的主要因素有哪些？
3. 阐述重力沉降器、旋风分离器、袋滤器的分离原理，说明三种分离器分离颗粒大小的顺序。

双语词汇

粉尘	dust
分割粒径	cut diameter
滤料	filter material
袋滤器	bag filter
非均相	heterogeneous phase
除尘效率	dust removal efficiency
惯性分离	inertial separation
重力沉降器	gravity settling chamber
旋风分离器	cyclone separator

知识拓展

高温气固分离技术

高温气固分离是在高温条件下借助过滤材料进行气固分离，实现气体净化的一项技术，它可以最大程度地利用气体的物理显热、化学潜热和动力能以及最有效地利用气体中的有用资源。工业生产过程中涉及含尘气体在高温下直接净化除尘的领域十分广泛，主要有能源工业中煤气化联合循环发电（IGCC）工艺流程的高温煤气，石化和化工工业的高温反应气体，冶金工业高炉与转炉高温煤气，玻璃工业的高温尾气，锅炉、焚烧炉的高温废气等。高温气固分离技术过滤元件通常选用多孔陶瓷材料和多孔金属材料。多孔陶瓷材料和多孔金属材料制备的过滤元件具有过滤效率高、耐高温和抗腐蚀强等特点，在高温气体气固分离领域取得了一些进展，但是在工程应用上仍有一系列关键技术问题需要解决。

第五章 环境微生物学实验

实验一　光学显微镜的使用

一、实验目的

1. 掌握光学显微镜的结构、原理、学习显微镜的操作方法。
2. 掌握生物图的绘制方法。

二、实验原理

光学显微镜是观察细胞形态常用的工具，由光学系统和机械装置两部分组成，光学显微镜结构示意图如图 5-1 所示。

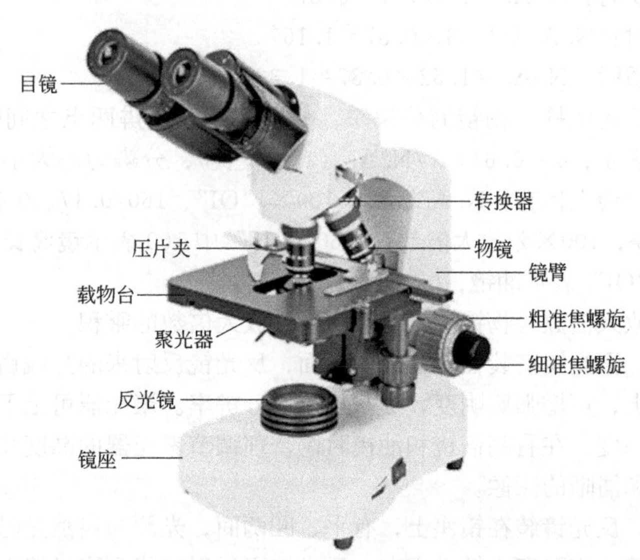

图 5-1　光学显微镜结构示意图

1. 机械装置

(1) 镜筒。镜筒上装目镜，下端接转换器。镜筒有单筒和双筒两种。单筒有直立式和后倾式。双筒全是倾斜式的，两筒之间可调距离，以适应两眼宽度不同者使用。

(2) 转换器。转换器装在镜筒的下方，其上有3～5个孔。分别安装不同规格的目镜。

(3) 载物台。载物台为方形或圆形，中央有一光孔，孔的两侧各装1个夹片，载物台上还有移动器（其上有刻度标尺），可纵向和横向移动，移动器的作用是夹住和移动标本。

(4) 镜臂。镜臂支撑镜筒、载物台、聚光镜和调节器镜臂有固定式和活动式（可改变倾斜度）两种。

(5) 镜座。镜座为长方形或马蹄形，支撑整台显微镜，其上有反光镜。

(6) 调节器。调节器包括粗准焦螺旋和细准焦螺旋，可调节物镜和所需观察物体之间的距离。调节器有装在镜臂上方或下方的两种，装在镜臂上方的是通过升降臂来调焦距，装在下方的是通过升降载物台来调焦距。

2. 光学系统及其光学原理

(1) 目镜。每台显微镜备有不同规格的目镜，例如，5倍（5×）、10倍（10×）和16倍（16×），或20倍（20×）的。

(2) 物镜。物镜装在转换器上，物镜有低倍（4×、10×、20×三种）、高倍（40×）及油镜（100×）。物镜的性能由数值孔径决定，数值孔径$=n\sin(\alpha/2)$，其意为玻片和物镜之间的折射率（n）乘以光线投射到物镜上的最大夹角（α）的一半的正弦。光线投射到物镜的角度越大，显微镜的效能越大，该角度的大小决定于物镜的直径和焦距。n是影响数值孔径的因素，空气的折射率$n=1$，水的折射率$n=1.33$，香柏油的折射率$n=1.52$，用油镜时光线入射$\alpha/2$为60°，则$\sin 60°=0.87$。

以空气为介质时：N. A. $=1\times0.87=0.87$

以水为介质时：N. A. $=1.33\times0.87=1.16$

香柏油为介质时：N. A. $=1.52\times0.87=1.32$

显微镜的性能还依赖于物镜的分辨率，分辨率即能分辨两点之间的最小距离的能力。分辨率用δ表示，$\delta=0.61\times\lambda/\text{N. A.}$（$\lambda$为波长），分辨力的大小与光的波长、数值孔径等有关。物镜上标有：N. A. 1.25、100×“OI”、160/0.17、0.16等字样，其中N. A. 为数值孔径，100×为放大倍数，“160/0.17”中160表示镜筒长，0.17表示要求盖玻片的厚度。“OI”表示油镜，0.16为工作距离。

显微镜的总放大倍数为物镜放大倍数和目镜放大倍数的乘积。

(3) 聚光镜。聚光镜安装在载物台的下面，反光镜反射来的光线通过聚光器聚集成光锥照射到标本上，可增强照明度，提高物镜的分辨率。聚光器可上下调节，它中间装有光圈可调节光亮度，在看高倍镜和油镜时需合理调节聚光器的高度和光圈的大小，可得到适当的光照和清晰的图像。

(4) 反光镜。反光镜装在镜座上，有平、凹两面，光源为自然光时用平面镜，光源为灯光时用凹面镜。它可自由转动方向。反光镜可反射光线到聚光器上。

(5) 滤光片。自然光由各种波长的光组成，如只需要某一波长的光，可选用合适的滤光片，以提高分辨率，增加反差和清晰度。滤光片有紫、青、蓝、绿、黄、橙、红等颜色。根据标本的颜色，在聚光器下加相应的滤光片。

三、实验器材

1. 示范片：细菌三型、放线菌、酵母、霉菌、团藻等；细菌培养液、活性污泥等。

2. 试剂：无水乙醇、香柏油和二甲苯。

3. 器具：光学显微镜、擦镜纸、玻片标本等。

四、显微镜使用操作步骤

1. 低倍镜的操作

（1）置显微镜于固定的桌上。窗外不宜有障碍视线之物。

（2）旋动转换器，将低倍镜移到镜筒正下方，和镜筒对直。

（3）转动反光镜向着光源处，同时用两眼对准目镜（选用适当放大倍数的目镜）仔细观察，使视野亮度均匀。

（4）将标本片放在载物台上，使观察的目的物置于圆孔的正中央。

（5）粗调节器向下旋转（或载物台向上旋转），眼睛注视物镜，以防物镜和载玻片相碰。当物镜的尖端距离载玻片约 0.5cm 处时停止旋转。

（6）左眼向目镜里观察，将粗调节器向上旋转，如果见到目的物，但不十分清楚，可用细调节器调节，至目的物清晰为止。

（7）如果粗调节器旋的太快，超过焦点，必须从第（5）步重调，不应正视目镜情况下调粗调节器，以防旋转使物镜与载玻片相碰撞坏。

（8）观察时两眼同时睁开。单筒显微镜应习惯用左眼观察，以便绘图。

2. 高倍镜的操作

（1）使用高倍镜前，先用低倍镜观察，发现目的物后将它移至视野正中。

（2）旋动转换器换高倍镜，如果高倍镜触及载玻片立即停止旋动，说明原来低倍镜就没有调准焦距，目的物并没有找到，要用低倍镜重调。如果调对了，换高倍镜时基本可以看到目的物。若有点模糊，用细调节器调就清晰可见。

3. 油镜的操作

（1）先用低倍镜和高倍镜检查标本片，将目的物移到视野正中。

（2）在载玻片上滴一滴香柏油（或液体石蜡），将油镜移至正中使油镜头浸没在油中，刚好贴近载玻片。用细调节器微微往上调（切记不可用粗调节器）即可。

（3）油镜观察完毕，用擦镜纸将镜头上的油揩净，另用擦镜纸蘸少许二甲苯揩拭镜头，再用擦镜纸揩干。

五、实验结果

规范化绘制细菌、青霉、根霉、团藻、酵母、衣藻等生物图，标明其放大倍数。

六、思考题

1. 镜检标本时，为什么先用低倍镜观察，而不是直接用高倍镜或油镜？

2. 显微镜应如何保养？

双语词汇

微生物	microorganism
光学显微镜	microscopes
电子显微镜	electron microscope
目镜	eyepieces
物镜	objectives
真菌	fungi

知识拓展

基于显微图像的共定位分析

在细胞生物学和分子生物学等研究领域中，常用免疫荧光染色检测同一样品中两个或多个分子的表达情况。而荧光显微图像的共定位分析可对相关生物学现象进行描述。如通过图像共定位分析研究蛋白质互作有助于阐明机理机制、发现作用靶点、细胞调控、信号通路和分子构象等。而共定位的现象可以使用宽场荧光显微镜、共聚焦显微镜和超分辨率荧光显微镜获得共定位的荧光图像。显微图像的采集是量化共定位程度的首要工作，配合分析软件进行共定位定性分析和定量分析是共定位分析的核心要点。图像共定位分析，可将分子间的相互作用、相对位置关系、空间距离等数据可视化、直观化。基于免疫荧光显微图像的共定位分析是研究蛋白质或分子相互作用过程中的重要工具。

实验二　细菌的染色

一、实验目的

1. 了解细菌染色原理。
2. 掌握革兰氏染色方法。

二、实验原理

微生物（尤其是细菌）的机体是无色透明的，用光学显微镜观察时，微生物体与其背景反差小，不易看清楚微生物的形态结构，所以要将微生物先进行染色，微生物形态就可看得清楚。微生物细胞是由蛋白质、核酸等两性电解质及其他化合物组成。所以，微生物细胞表现出两性电解质的性质。经测定，细菌等电点 pI＝2～5，故细菌在中性（pH＝7）、碱性（pH＞7）或偏酸性（pH＝6～7）的溶液中，细菌的等电点均低于上述溶液的 pH 值，所以细菌带负电荷，容易与带正电荷的碱性染料结合，故用碱性染料染色为多。碱性染料有美兰、甲基紫、结晶紫、龙胆紫、碱性品红、中性红、孔雀绿和番红等。微生物体内各结构与染料结合力不同，故可用各种染料分别使微生物的各结构染色以便观察。

简单染色法又叫普通染色法，只用一种染料使细菌染上颜色，如果仅为了在显微镜下看清细菌的形态，用简单染色即可。用两种或多种染料染细菌，目的是为了鉴别不同性质的细菌，所以又叫鉴别染色法。主要的复染色法有革兰氏染色法和抗酸性染色法。抗酸性染色法多在医学上采用。我们重点学习革兰氏染色法。

革兰氏染色法是细菌学中一种鉴别染色法。它可将细菌区别为革兰氏阳性菌（G^+）和革兰氏阴性菌（G^-）。G^+菌肽聚糖量多、脂类量少，因此，乙醇脱色时可使之脱水，细胞壁孔径缩小、通透性降低，使染料截留在细胞内不易被脱色而呈现紫色。G^-菌则相反，肽聚糖量少、脂类量多，脂类物质易被乙醇溶解，细胞壁孔径及通透性增大，乙醇容易进入细胞内将染料提取出来，使菌体无色。复染后G^+菌保留初染剂的颜色仍为紫色，而G^-菌被染成复染剂的颜色呈红色。

三、实验器材

1. 菌株：金黄色葡萄球菌、大肠杆菌和枯草芽孢杆菌。

2. 染液和试剂：石炭酸复红、草酸铵结晶紫或美兰、革兰氏染色液一套、革氏碘液、95%乙醇、番红染液。

3. 器具：显微镜和擦镜纸、双层瓶（内装香柏油和二甲苯）、酒精灯和接种环、载玻片和盖玻片、烧杯、滴管、废液缸、吸水纸、镊子。

四、实验步骤

1. 简单染色

（1）涂片。取干净的载玻片于实验台上，在正面边角做个记号并滴一滴无菌蒸馏水于载玻片的中央，将接种环在火焰上烧红，待冷却后从斜面挑取少量菌种与载玻片上的水滴混匀后，在载玻片上涂片成一均匀的薄层，涂布面不宜过大（活性污泥染色是用滴管取一滴活性污泥于载玻片铺成一薄层即可）。

（2）干燥。最好在空气中自然晾干，为了加速干燥，可在微小火焰上方烘干。但不宜在高温下长时间烘干，否则急速失水会使菌体变形。

（3）固定。将已干燥的涂片正面向上，在微小的火焰上通过2～3次，由于加热使蛋白质凝固而固着在载玻片上。

（4）染色。在载玻片上滴加染色液（石炭酸复红、草酸铵结晶紫或美兰任选一种），使染液铺盖涂有细菌的部位作用约1min。

（5）水洗。倾去染液，斜置载玻片，在自来水龙头下用小股水流冲洗，直至水成无色为止。

（6）吸干。将载玻片倾斜，用吸水纸吸去涂片边缘的水珠（注意勿将细菌擦掉）。

（7）镜检。用显微镜观察，并用铅笔绘出细菌形态图。

2. 细菌的革兰氏染色步骤

（1）取金黄色葡萄球菌、大肠杆菌和枯草芽孢杆菌（均以无菌操作）分别做涂片、干燥、固定。方法均与简单染色相同。

（2）用草酸铵结晶紫染液染1min，水洗。

（3）加革兰氏碘液媒染1min，水洗。

(4) 滴加体积分数为95%的乙醇，约45s后即水洗；或滴加体积分数为95%的乙醇后，将载玻片摇晃几下即倾去乙醇，如此重复2～3次后即水洗。

(5) 用番红染液复染2min，水洗。

(6) 用吸水纸吸掉水滴，待标本片干后置显微镜下，用低倍镜观察，发现目的物后用高倍镜观察，注意细菌细胞的颜色。绘出细菌的形态图并说明革兰氏染色的结果。

五、注意事项

1. 龄菌适宜。若菌龄太老，由于菌体死亡或自溶常使革兰阳性菌转呈阴性反应。

2. 革兰染色成败的关键是酒精脱色。如脱色过度，G^+易被脱色成阴性菌；如脱色不足，G^-也会被误判为G^+。涂片厚薄、乙醇用量等因素影响脱色时间的长短。

3. 用水冲洗后，应吸去载玻片上的残水，以免染液被稀释而影响染色效果。

六、实验结果

说明所用菌的形态和革兰氏染色结果（包括颜色、细菌形态、何种染色反应等）。

七、思考题

1. 不经过复染这一步，能否区别G^+和G^-菌？

2. 如果涂片未经热固定，将会出现什么问题？加热温度过高、时间太长，又会怎样？

双语词汇

革兰氏染色	Gram stain procedure
结晶紫染色液	crystal violet staining solution
番红染色液	safranin staining solution
碘液	iodine solution
乙醇	ethanol

知识拓展

细菌的分类

随着分子生物学技术在细菌分类学领域的应用，细菌分类工作发生着转变：一是新菌的不断出现，二是原有细菌被重新分类。还诞生了一门新的学科——原核生物系统学。原核生物系统学的建立，为认识未知新细菌、“未能培养”或“不可培养”细菌提供了“可量化”研究手段，具有划时代意义。随着人类基因组计划的进行和后基因组计划的进一步实施，基因组测序技术不断进步且成本逐渐降低，已测序全基因组菌种的数量快速增长，使细菌在基因组水平上的分类成为可能。随着生物检测技术飞速发展，细菌分类鉴定的方式和手段越来越多样化，如何实现便捷、更准确地实现细菌检测？近年来，利用表面增强拉曼光谱（SERS）进行细菌分类鉴定成为微生物检测领域的热点之一。拉曼光谱是一种散射光谱，因其能反映物质的分子振动、振动-转动能级应用于分子结构分析。目前，针对 SERS 原理的解释主要包括化学增强和电磁增强两种理论。电磁增强主要是表面等离子体共振引起的局域电磁场增强，其中电磁增强理论被更多学者认同。SERS 具有非接触、非破坏、灵敏度高等优点，随着拉曼光谱软硬件技术的提高以及图谱数据库的建立和完善，将应用于细菌的分类鉴定。

实验三 培养基的制备和灭菌

一、实验目的

1. 明确培养基配制原理。
2. 掌握细菌、放线菌和霉菌常用培养基配制，熟练培养基配制的一般方法和步骤。
3. 学习并掌握高压蒸汽灭菌器使用。

二、实验原理

培养基是按微生物生长繁殖需要而人工配制的营养基质，其中含有碳源、氮源、无机盐、生长因子和水等，并调节 pH 值和渗透压到一定范围，供微生物生长繁殖、积累代谢产物。培养基的种类很多，不同的微生物所需要的培养基不同。细菌培养基选用牛肉膏蛋白胨培养基（见表 5-1）、放线菌培养基选用高氏Ⅰ号培养基（见表 5-2）、霉菌采用察氏培养基（见表 5-3）。配制供细菌、放线菌和霉菌生长的通用培养基的方法和过程大致相同，按配方称取试剂，用少量水溶解各组分，待完全溶解后补足水量，调整 pH 值，分装，灭菌，备用。对于个别不耐高温的组分需要单独抽滤除菌后再混合。为防止培养基中微生物生长繁殖而消耗养分，改变培养基的成分和酸碱度，带来不利影响，配制好的培养基必须立即灭菌。如果来不及灭菌，应暂存于冰箱内。

表 5-1 牛肉膏蛋白胨培养基配方

成分	含量	成分	含量
牛肉膏	3.0g	蛋白胨	10.0g
氯化钠(NaCl)	5.0g	琼脂	15～20g
蒸馏水	1000mL	pH 值	7.0～7.2

表 5-2 高氏Ⅰ号培养基配方

成分	含量	成分	含量
可溶性淀粉	20.0g	硝酸钾(KNO_3)	1.0g
磷酸氢二钾(K_2HPO_4)	0.5g	氯化钠(NaCl)	0.5g
硫酸镁($MgSO_4$)	0.5g	硫酸亚铁($FeSO_4$)	0.01g
琼脂	15～20g	蒸馏水	1000mL
pH 值	7.2～7.4		

表 5-3　察氏培养基配方

成分	含量	成分	含量
蔗糖($C_{12}H_{22}O_{11}$)	30.0g	硝酸钠($NaNO_3$)	2.0g
磷酸氢二钾(K_2HPO_4)	1.0g	氯化钾(KCl)	0.5g
硫酸镁($MgSO_4$)	0.5g	硫酸亚铁($FeSO_4$)	0.01g
琼脂	15～20g	蒸馏水	1000mL
pH 值	自然		

灭菌是用物理、化学等因素杀死全部微生物的营养细胞和它们的芽孢（或孢子）的过程。消毒和灭菌有些不同，消毒是用物理、化学因素杀死致病微生物或杀死全部微生物的营养细胞及一部分芽孢。灭菌方法有很多，可根据灭菌对象和实验目的的不同采用不同的灭菌方法，包括干热灭菌、加压（高压）蒸汽灭菌（湿热灭菌）、间歇灭菌、气体灭菌和过滤除菌等。加压蒸汽灭菌是最常用的方法，与干热灭菌相比，蒸汽灭菌的穿透力和热传导都要更强，且在湿热时微生物吸收高温水分，菌体蛋白很易凝固、变性，灭菌效果好。湿热灭菌的温度一般是在121℃恒温15～30min，所达到的灭菌效果，需要干热灭菌在160℃灭菌2h才能达到。干热灭菌和加压蒸汽灭菌均属加热灭菌法。

三、实验器材

1. 主要试剂

牛肉膏、蛋白胨、氯化钠、可溶性淀粉、KNO_3、K_2HPO_4、葡萄糖、蔗糖、$NaNO_3$、KCl、$MgSO_4$、$FeSO_4$、琼脂、1mol/L NaOH、1mol/L HCl。

2. 主要仪器

天平、电炉子、超净工作台、高压蒸汽灭菌锅、培养基分装器。

3. 玻璃器皿等材料

试管、三角瓶、移液管、烧杯、量筒、培养皿、玻璃漏斗、玻璃棒、精密 pH 试纸、棉花、纱布、线绳、塑料试管盖、牛皮纸（或铝箔）、报纸、吸管等。

四、实验步骤

1. 牛肉膏蛋白胨培养基的配制

（1）称量。按培养基配方（见表 5-1）分别准确地称取蛋白胨、NaCl 放入烧杯中；用玻璃棒挑取牛肉膏置于另一个小烧杯中，进行称量。也可以放在称量纸上，称量后直接放入水中稍微加热，牛肉膏便会与称量纸分离，然后立即取出纸片。

（2）溶解与融化。用少量热水溶化小烧杯中牛肉膏后倒入上述烧杯中。在上述烧杯中先加入少于所需要的水量，用玻璃棒搅匀。然后加热使其溶解。各试剂完全溶解后，补充水到所需的总体积。配制固体培养基时，将称好的琼脂放入已溶的试剂中，加热融化，最后补充所损失的水分。

（3）调节 pH 值。用精密 pH 试纸测培养基原始 pH 值，用滴管向培养基中加入 NaOH 或 HCl 进行调节。

（4）过滤。趁热过滤。液体培养基用滤纸过滤，固体培养基用 4 层纱布过滤。无特殊要求此步骤可略。

(5) 分装和加塞。将配制的培养基分装入试管或三角瓶内，在试管口或三角形瓶口上塞上棉塞。分装可以采取漏斗等简易装置也可以采用专用的培养基自动分装器。液体培养基的分装应不超过试管高度的1/4或三角瓶容积的1/2；固体培养基的分装，应不超过试管高度的1/5或三角瓶容积的1/2；半固体培养基，不超过试管高度的1/3为宜。培养基分装完毕后，在试管口或三角瓶口上塞上棉塞（或泡沫塑料塞及试管帽等），阻止外界微生物进入培养基内造成污染，并保证有良好的透气性。

(6) 包扎。加塞后，将全部试管用线绳捆好，再在棉塞外包一层牛皮纸，其外再用一根线绳扎好。用记号笔注明培养基名称、组别、配制日期等。也可采用铝箔代替牛皮纸，但成本高些。

(7) 灭菌。将上述培养基放入高压蒸汽灭菌锅，在121℃ (0.103MPa) 下保持15～30min。另外对某些不耐高温的培养基则可用巴斯德消毒法、间歇灭菌或过滤除菌等方法。

(8) 搁置斜面。将灭菌的试管培养基冷却至50℃左右，将试管口端搁在玻璃棒上。斜面的斜度要适当，使斜面的长度约为管长1/3。

(9) 无菌检查。将灭菌培养基放入37℃的培养箱中培养24h，以检查灭菌是否彻底。

2. 高氏Ⅰ号培养基的配制

(1) 称量和溶解。按配方（见表5-2）先称取可溶性淀粉，放入小烧杯中，并用少量冷水将淀粉调成糊状，再加入少于所需水量的沸水中，继续加热，使可溶性淀粉完全溶化。然后依次称取 KNO_3、K_2HPO_4、NaCl、$MgSO_4$ 并依次溶解，对微量成分 $FeSO_4$ 可预先配制100mL浓度为10g/L的储备液，然后按1L培养基加入1mL该储备液即可。待所有试剂完全溶解后补充水分到所需的总体积。若配制固体培养基时，其处置方法同上面牛肉膏蛋白胨培养基配制过程。

(2) 调pH值、分装和加塞、包扎、灭菌、搁置斜面和无菌检查等操作均同于牛肉膏蛋白胨培养基的配制过程。

3. 察氏培养基的配制

(1) 称量和溶解。按配方（见表5-3）分别称取蔗糖、$NaNO_3$、K_2HPO_4、KCl、$MgSO_4$ 并逐一溶解，对微量成分 $FeSO_4$ 可预先配制100mL浓度为10g/L的储备液，然后按1L培养基加入1mL该储备液即可。若配制固体培养基时，其处置方法同上面牛肉膏蛋白胨培养基配制过程。

(2) 调pH值、分装和加塞、包扎、灭菌、搁置斜面和无菌检查等操作均同于牛肉膏蛋白胨培养基的配制过程。

五、实验结果

记录实验配制培养基的名称、分装容器数量及无菌检查情况。

六、思考题

1. 为什么培养基配制后必须立即灭菌？如何检查灭菌后的培养基是无菌的？若不能及时灭菌应如何处理？

2. 培养细菌、放线菌和霉菌一般常用哪种培养基？

双语词汇

细菌	bacteria
培养基	culture media
杀菌	sterilization
消毒	disinfection
营养	nutrition
基础培养基	chemically defined media
复合培养基	complex media
加富培养基	enrichment culture
选择培养基	selective media

实验四　微生物接种技术与无菌操作

一、实验目的

1. 认识微生物接种工具，掌握划线接种、稀释涂布接种及穿刺接种方法。

2. 了解无菌操作的重要性，掌握无菌操作技术。

二、实验原理

在无菌条件下，使用无菌器具将含菌样品移植于无菌的培养基上，此过程叫作无菌接种（操作）。因为将微生物移入新鲜培养基的过程中，极易被环境中的杂菌所污染，因此，要求接种环境（使用无菌室或无菌箱）、所用器具和培养基（高压灭菌的）、操作人员的手（酒精消毒的）及操作过程中必须是无菌的。由于实验目的、培养基种类及容器等不同，接种方法和接种工具也不同。实验室常用的接种方法有：固体接种（平板接种和斜面接种）、液体接种和半固体接种（穿刺接种）。接种工具有接种针、接种环、移液管和玻璃刮棒等。

三、实验器材

1. 菌种：大肠杆菌等细菌。

2. 培养基：固体的平板和斜面、液体的三角瓶和半固体的试管等细菌用培养基。

3. 器具：超净工作台、恒温培养箱、接种环、接种针、玻璃刮棒、酒精灯、移液管等。

四、实验步骤

1. 固体接种

（1）平板接种。以左手打开平皿并半开皿盖（不能完全打开），将要接种的斜面菌种管放于左手指间或皿盖上，以右手拿接种环进行火焰灭菌、划线接种，或拿无菌移液管取样倒入平皿表面，用玻璃刮棒稀释涂布接种。此法常用于分离纯化菌种。

① 划线接种。接种环取菌后在平板培养基表面轻轻划线。多采用四区划线法（见图5-2），也可以连续Z字形或不规则形画线，接种线间尽量互不交接以使细菌逐渐稀释形成单菌落。

② 涂布接种。将少量的（0.1mL或0.2mL）待接种菌液滴在平板培养基表面中央位置，右手拿无菌玻璃刮棒将菌液沿同心圆方向轻轻地向外扩展，均匀涂布，室温下静置5～10min使菌液浸入培养基，再恒温（32～35℃）倒置培养。

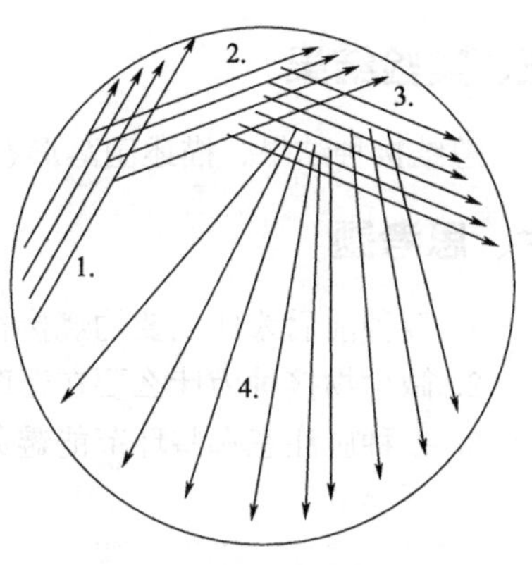

图5-2　平板划线法

（2）斜面接种。以接种环从平板或斜面培养基上挑取分离的单菌落，或蘸取纯培养物，接种到斜面培养基上。做好标记（在试管上贴标签，注明菌名，接种日期，接种人姓名等）后保温培养。

① 持管。将菌种管与接种管斜持在左手指间，斜面面向操作者，菌种管在前，接种管在后。右手在火焰旁转动两管棉塞（或塑料管盖）使其松动，以便接种时易于拔出。

② 接种环灭菌。右手拿接种环在火焰上将环端灼烧灭菌，伸入试管中的部分均需灭菌。重复灼烧1次。

③ 拔棉塞与试管口灭菌。用右手的小指和手掌之间或无名指和小指之间拨出试管棉塞，将试管口在火焰上缓缓过火灭菌（切勿烧得过烫）。

④ 环冷却与取菌种。将灼烧灭菌的接种环插入菌种管内，先接触无菌苔生长的培养基上，待冷却后再从斜面上刮取少许菌苔，移出接种环。注意：不要使环的部分碰到管壁，取出后不可使接种环通过火焰，应在火焰旁迅速插入接种管。

⑤ 接种。由试管斜面培养基底部往上做S形划线（不能划破培养基）。

⑥ 盖棉塞。取出接种环，灼烧试管口，棉塞在火焰旁烤一下迅速盖上。

⑦ 环灭菌。取出接种环后，将其烧红灭菌，放回原处。

2. 半固体接种（穿刺接种法）

此法是检查细菌运动能力的一种方法，也常用于菌种的保藏。手持试管有两种方法即水平法和垂直法。无论哪种方法，接种时应将接种针自培养基中心垂直地刺入培养基中，直插到接近管底，再沿原路抽出接种针，使穿刺线整齐，便于观察生长结果。穿刺时要做到手稳、快速，勿使接种针在培养基内左右移动。接种过的试管直立于试管架上于恒温箱内培养24h后观察结果。

3. 液体接种

操作方法与注意事项与斜面接种法基本相同。

（1）斜面菌种接种至液体培养基。如接种量小，可用接种环取少量菌体移入培养基容器（试管或三角瓶等）中，将接种环在液体表面振荡或在器壁上轻轻摩擦洗去菌苔，抽出接种环，塞好棉塞，摇动器具使菌体散开；如接种量大，可先在斜面菌种管中注入少量无菌水，用接种环把菌苔刮下，再把菌悬液倒入液体培养基中（倒前需将试管口在火焰上灭菌）。

（2）液体培养物接种至液体培养基。可用接种环或接种针蘸菌液移至新的液体培养基中，也可根据需要用吸管吸取培养液移至新的液体培养基中。

五、实验结果

总结接种结果，描述菌落形态特征。

六、思考题

1. 接种前后为什么要灼烧接种环？
2. 微生物接种为什么要在无菌条件下进行？
3. 接种应注意哪些环节能避免杂菌污染？

双语词汇

细菌接种	bacterial inoculation
接种环	inoculation loops
接种针	inoculation needles
培养皿	culture dish
平板	plate
洁净工作台	clean bench

实验五　卫生细菌的检验——总大肠菌群的测定

一、实验目的

1. 了解总大肠菌群的数量指标在环境领域的重要性。
2. 掌握多管发酵法测定水中总大肠菌群的技术。

二、实验原理

人的肠道中存在三大类细菌：大肠菌群（G^-菌）、肠球菌（G^+菌）、产气荚膜杆菌（G^+菌）。由于大肠菌群的数量大，在体外存活时间与肠道致病菌相近，且检验方法比较简便，故被定为检验肠道致病菌的指示菌。

大肠菌群包括四种细菌：大肠埃希氏菌属、柠檬酸细菌属、肠杆菌属及克雷伯氏菌属。这四种菌都是兼性厌氧、无芽孢的革兰氏阴性杆菌（G^-菌），有相似的生化反应，都能发酵葡萄糖产酸、产气，但发酵乳糖的能力不同。当将它们接种到含乳糖的远腾氏培养基上生长时，四种菌的反应不一样。肠埃希氏菌的菌落呈紫红色带金属光泽；柠檬酸细菌的菌落呈紫红或深红色；产气杆菌的菌落呈淡红色，中心色深；克雷氏菌副大肠杆菌的菌落无色透明（因不利用乳糖所致）。这样可把四种菌区别开来。

三、实验器材

1. 器具：超净工作台、培养箱、高压灭菌锅、显微镜、微波炉、三角瓶、载玻片、灭菌培养皿、灭菌吸管、试管、接种环、酒精灯、移液管、锥形瓶等。

2. 材料：自来水（或受污染的河、湖水）400mL。

3. 试剂：蛋白胨、乳糖、磷酸氢二钾、琼脂、无水亚硫酸钠、牛肉膏、氯化钠、含1.6%溴甲酚紫乙醇溶液、5%碱性品红乙醇溶液、2%伊红水溶液、0.5%美蓝水溶液、10%NaOH、10%HCl、革兰氏染色液一套、精密pH试纸6.4～8.4。

4. 实验前准备

(1) 培养基的准备

① 乳糖蛋白胨培养基（供多管发酵法的复发酵用）。配方：蛋白胨10g、牛肉膏3g、乳糖5g、氯化钠5g、1.6%溴甲酚紫乙醇溶液1mL、蒸馏水1000mL、pH=7.2～7.4。

制备：按配方分别称取蛋白胨、牛肉膏、乳糖及氯化钠加热溶解于1000mL蒸馏水，调整pH值为7.2～7.4。加入1.6%溴甲酚紫乙醇溶液1mL，充分混匀后分装于试管内，每管10mL，另取一小倒管装满培养基倒放入试管内。塞好棉塞、包扎。置于高压灭菌锅内以0.7kg/cm（115℃）灭菌20min，取出置于阴冷处备用。

② 三倍浓缩乳糖蛋白胨培养液（供多管法初发酵用）。按上述乳糖蛋白胨培养液浓缩3倍配制，分装于试管中，每管5mL。再分装大试管，每管装50mL，然后在每管内倒放装满培养基的小倒管。塞棉塞、包扎，置高压灭菌锅内以0.7kg/cm灭菌20min，取出置于阴冷处备用。

③ 品红亚硫酸钠培养基（即远腾氏培养基），供多管发酵法的平板划线用。配方：蛋白胨10g、乳糖10g、磷酸氢二钾3.5g、琼脂20～30g、蒸馏水1000mL、无水亚硫酸钠5g左右、5%碱性品红乙醇溶液。

制备：先将琼脂加入900mL蒸馏水中加热，然后加入磷酸氢二钾及蛋白胨，混匀使之溶解，加蒸馏水补足至1000mL，调整pH值为7.2～7.4，趁热用脱脂棉或绒布过滤，再加入乳糖，混匀后定量分装于锥形瓶内，置高压灭菌锅内以0.7kg/cm灭菌20min，取出置于阴冷处备用。现市场上有售配制好的乳糖发酵培养基，使用方便。

④ 伊红美蓝培养基。配方：蛋白胨10g、乳糖10g、磷酸氢二钾2g、琼脂20～30g、蒸馏水1000mL、2%伊红水溶液20mL、0.5%美兰水溶液13mL。

制备：按品红亚硫酸钠制备过程制备。市场上有售配制好的伊红美蓝培养基，使用方便。

(2) 水样的采集和保藏

采集水样的器具必须事先灭菌。

① 自来水水样的采集。先冲洗水龙头，用酒精灯灼烧龙头，放水5～10min，在酒精灯旁打开水样瓶盖（或棉花塞），取所需的水量后盖上瓶盖（或棉塞），迅速送回实验室。经氯化处理的水中含余氯，会减少水中细菌的数目，采样瓶在灭菌前加入硫代硫酸钠，以便取样时消除氯的作用。硫代硫酸钠的用量视采样瓶的大小而定。若是500mL的采样瓶，加入1.5%的硫代硫酸钠溶液1.5mL（可消除余氯含量为2mg/L的450mL水样中的全部余氯量）。

② 河、湖、井水、海水的采集。要用特制的采样器，采样器是一金属框，内装玻璃瓶，其底部装有重沉坠，可按需要坠入一定深度。瓶盖上系有绳索，拉起绳索，即可打开瓶盖，松开绳索瓶盖即自行塞好瓶口。水样采集后，将水样瓶取出，若是测定好氧微生物，应立即改换无菌棉花塞。

③ 水样的处理。水样采集后，迅速送回实验室立即检验，若来不及检验放在4℃冰

箱内保存。若缺乏低温保存条件，应在报告中注明水样采集与检验相隔的时间。较清洁的水可在12h以内检验，污水要在6h内结束检验。

四、实验步骤

总大肠菌群的测定：多管发酵法（MPN法）适用各种水样中大肠菌群的测定。按三个步骤进行，即初发酵、平板划线、复发酵。多管发酵法适用于饮用水、水源水、污（废）水等水体，特别是浑浊度高的水中的大肠菌群测定。

1. 生活饮用水检验方法

(1) 初发酵试验。在2支各装有50mL三倍浓缩乳糖蛋白胨培养液的大发酵管中，以无菌操作各加入100mL水样。在10支各装有5mL三倍浓缩乳糖蛋白胨培养液的发酵管中，以无菌操作各加入10mL水样，混匀后置于37℃恒温箱中培养24h，观察其产酸产气的情况。情况分析如下。

① 若培养基紫色不变为黄色，小倒管没有气体，即不产酸不产气，为阴性反应，表明无大肠菌群存在。

② 若培养基由紫色变为黄色，小倒管有气体产生，即产酸又产气，为阳性反应，说明有大肠菌群存在。

③ 培养基由紫色变为黄色说明产酸，但不产气，仍为阳性反应，表明有大肠菌群存在。结果为阳性者，说明水可能被粪便污染，需进一步检验。

④ 若小倒管有气体，培养基紫色不变，也不浑浊，是操作技术上有问题。应重作检验。

(2) 确定性试验——平板划线分离。将经培养24h后产酸（培养基呈黄色）、产气或只产酸不产气的发酵管取出，以无菌操作，用接种环挑取一环发酵液于品红亚硫酸钠培养基（或伊红美蓝培养基）平板上划线分离，共3个平板。置于37℃恒温箱内培养18～24h，观察菌落特征。如果平板上长有如下特征的菌落并经涂片和进行革兰氏染色，结果为革兰氏阴性的无芽孢杆菌，则表明有大肠菌群存在。

在品红亚硫酸钠培养基平板上的菌落特征：①紫红色，具有金属光泽的菌落；②深红色，不带或略带金属光泽的菌落；③ 淡红色，中心色较深的菌落。

在伊红、美蓝培养基平板上的菌落特征：①深紫黑色，具有金属光泽的菌落；②紫黑色，不带或略带金属光泽的菌落；③ 淡紫红色，中心色较深的菌落。

(3) 复发酵试验。以无菌操作，用接种环在具有上述菌落特征、革兰氏染色阴性的无芽孢杆菌的菌落上挑取一环于装有10mL普通浓度乳糖蛋白胨培养基的发酵管内，每管可接种同一平板上（即同一初发酵管）的1～3个典型菌落的细菌。盖上棉塞置于37℃恒温箱内培养24h，有产酸、产气者证实有大肠菌群存在。根据证实有大肠菌群存在的阳性菌（瓶）数查表5-4。得到1L水样中大肠菌群数。

2. 饮用水源水检验方法

(1) 将水样稀释10倍（1mL水样加入到9mL灭菌水中）。

(2) 在各装有5mL三倍浓缩乳糖蛋白胨培养基的5个试管（内有小倒管）中，各加入10mL水样；在各装有10mL普通浓度乳糖蛋白胨培养基的5个试管（内有小倒管）中，各加入1mL水样；在各装有10mL普通浓度乳糖蛋白胨培养基的5个试管（内有小倒管）中，各加入1mL稀释10倍（10^{-1}）水样。共计15管，3个稀释度，将各管充分混合均匀，置于37℃恒温培养箱培养24h。

表 5-4　大肠菌群检数表

（接种水样 100mL2 份，10mL10 份，总量 300mL）

10mL 水量阳性管数	100mL 水量的阳性瓶数		
	0	1	2
	1L 水样中大肠菌群数	1L 水样中大肠菌群数	1L 水样中大肠菌群数
0	<3	4	11
1	3	8	18
2	7	13	27
3	11	18	38
4	14	24	52
5	18	30	70
6	22	36	92
7	27	43	120
8	31	51	161
9	36	60	230
10	40	69	>230

（3）平板划线分离和复发酵的检验步骤同生活饮用水的检验步骤。

（4）根据证实总大肠菌群存在的阳性管数查表 5-5，即求得每 100mL 水样中存在的总大肠菌群数，最终报告 1L 水样总大肠菌群数。

表 5-5　最可能数（MPN）表

（接种 5 份 10mL 水样、5 份 1mL 水样、5 份 0.1mL 水样时，不同阳性及阴性情况下，100mL 水样中细菌总数的最可能数）

出现阳性份数			每 100mL 水样中细菌总数的最可能数	出现阳性份数			每 100mL 水样中细菌总数的最可能数
10mL 管	1mL 管	0.1mL 管		10mL 管	1mL 管	0.1mL 管	
0	0	0	<2	4	2	1	26
0	0	1	2	4	3	0	27
0	1	0	2	4	3	1	33
0	2	0	4	4	4	0	34
1	0	0	2	5	0	0	23
1	0	1	4	5	0	1	34
1	1	0	4	5	0	2	43
1	1	1	6	5	1	0	33
1	2	0	6	5	1	1	46
2	0	0	5	5	1	2	63
2	0	1	7	5	2	0	49
2	1	0	7	5	2	1	70
2	1	1	9	5	2	2	94

续表

出现阳性份数			每 100mL 水样中细菌总数的最可能数	出现阳性份数			每 100mL 水样中细菌总数的最可能数
10mL 管	1mL 管	0.1mL 管		10mL 管	1mL 管	0.1mL 管	
2	2	0	9	5	3	0	79
2	3	0	12	5	3	1	110
3	0	0	8	5	3	2	140
3	0	1	11	5	3	3	180
3	1	0	11	5	4	0	130
3	1	1	14	5	4	1	170
3	2	0	14	5	4	2	220
3	2	1	17	5	4	3	280
3	3	0	17	5	4	4	350
4	0	0	13	5	5	0	240
4	0	1	17	5	5	1	350
4	1	0	17	5	5	2	540
4	1	1	21	5	5	3	920
4	1	2	26	5	5	4	1600
4	2	0	22	5	5	5	≥2400

3. 地表水及污（废）水检验方法

（1）地表水中较清洁的地表水的初发酵实验步骤同饮用水源水检验方法。有严重污染的地表水和废（污）水根据污水情况，可对污水水样做 1∶10，1∶100，1∶1000 或更高的稀释。检验步骤同饮用水源水检验方法。

（2）如果接种的水样量不是 10mL、1mL 和 0.1mL，而是较低的三个浓度的水样量，也可查表 5-5，换算和报告 1L 水样的 MPN 值。

五、实验结果

依水样不同，根据证实有大肠菌群存在的阳性管数查表 5-4 或表 5-5，最终报告 1L 水样中的大肠菌群数。

六、思考题

1. 测定总大肠菌群有何意义？
2. 比较多管发酵法、滤膜法和酶底物法检验总大肠菌群的优缺点。

双语词汇

总大肠菌群	total coliform
粪大肠菌群	fecal coliform
地表水	surface water
水源水	source water
污（废）水	waste water

知识拓展

总大肠菌群检测方法

多管发酵法是总大肠菌群检测的经典方法，滤膜法也是采用广泛的方法之一。数十年来，滤膜法以检测结果的高度再现性，精密性广泛应用在水质细菌学检测上。考虑到多管发酵法和滤膜法检测周期长、程序繁琐的缺点，难以适应目前快速评价水体卫生需要。我国又发展出纸片法和酶底物法。纸片法测定总大肠菌群的原理按MPN法，将一定量的水样以无菌操作的方式接种到吸附有适量指示剂（溴甲酚紫和2,3,5-氯化三苯基四氮唑即TTC）以及乳糖等成分的无菌滤纸上，37℃培养24h，细菌生长繁殖产酸使pH值降低，溴甲酚紫指示剂由紫色变黄色。同时，产气过程相应的脱氢酶在适宜的pH值范围内，催化底物脱氢还原TTC形成红色的不溶性三苯甲臜（TTF），可在产酸后的黄色背景下显示出红色斑点。通过指示剂颜色变化对是否产酸产气做出判断，从而确定是否有总大肠菌群存在，再通过查MPN表就可得出相应总大肠菌群的浓度值。该方法快速、便捷、廉价，适用于乡村及边远地区饮用水、地表水等水样的快速检测。酶底物法测定总大肠菌群等的原理是在特定温度下培养一定时间，总大肠菌群能产生β-半乳糖苷酶，将选择性培养基中的无色底物邻硝基苯-*β*-D-吡喃半乳糖苷（ONPG）分解为黄色的邻硝基苯酚（ONP）；大肠埃希氏菌同时又能产生*β*-葡萄糖醛酸酶，将选择性培养基中的4-甲基伞形酮-*β*-D-葡萄糖醛酸苷（MUG）分解为4-甲基伞形酮，在紫外灯照射下产生荧光。统计阳性反应出现数量，查MPN表，分别计算样品中总大肠菌群等的浓度值。

实验六 空气微生物数量监测

一、实验目的

1. 掌握空气微生物监测和计数方法。
2. 学习对室内空气进行初步的微生物学评价。

二、实验原理

大气中由于气流、尘埃、水雾的流动，人与动物的活动以及植物体表的脱落物的影响等使空气常被微生物污染。被微生物污染的空气是人类和动物呼吸道传染病及某些植物病害的可能传播途径。因此，了解并检测空气微生物的数量，对人、畜保健，防治农作物病害等十分必要。检测空气中微生物常用方法有滤过法和自然沉降法两种。前者虽繁琐但准确度相对较高，后者方法简便，而准确度低。滤过法是使一定体积的空气通过一定体积的某种无菌吸附剂（常为无菌水）后，用平板计数法测定该环境中空气受污染的微生物数量。自然沉降法是将盛有营养琼脂的平皿置于检测的空气中，暴露一定时间后，经培养计数菌落而算出微生物的数量。

三、实验器材

1. 培养基：固体牛肉膏蛋白胨培养基、高氏Ⅰ号培养基、察氏培养基（配方及配制详见本章实验三）。

2. 器具：超净工作台、高压灭菌锅、恒温培养箱、抽滤装置（或如图5-3、图5-4简易装置替代）、培养皿、三角瓶、接种环、接种针、玻璃刮棒、酒精灯、移液管。

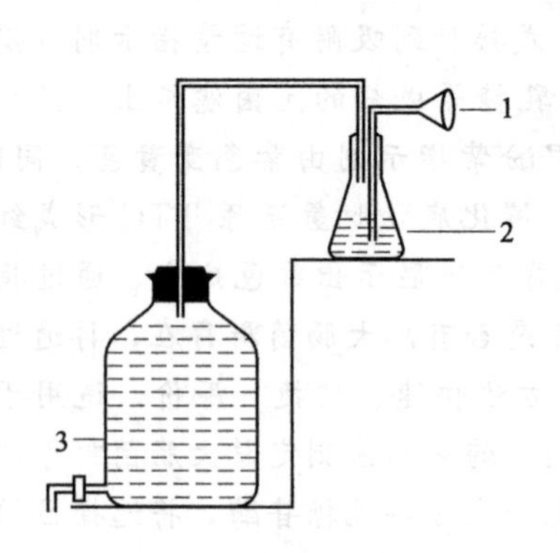

图5-3　滤过法装置

1—空气入口；2—无菌水瓶；3—抽滤瓶

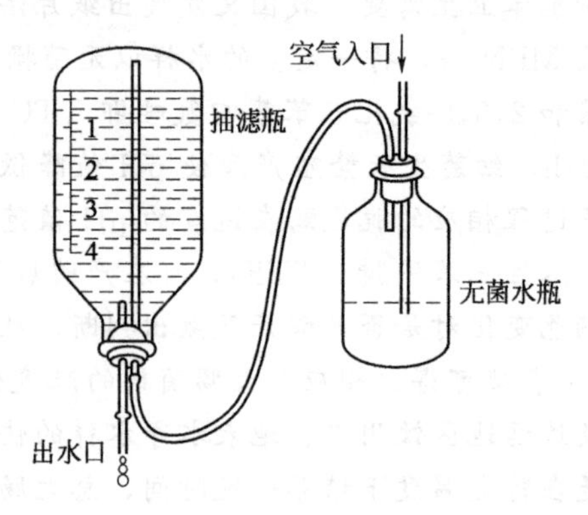

图5-4　便携式空气采样器装置示意图

四、实验步骤

1. 滤过法

(1) 仪器准备。按图5-3和图5-4安装滤过装置。

① 按图5-3安装好滤过系统，在放水瓶中准确放入4L自来水。

② 按图5-4安装好便携式空气采样器。此装置适于野外多点采样用。其制作方法如下所述。

用500mL生理盐水空瓶一个，装入定量自来水，于胶塞上分别插入医用16号采血针头和12号穿刺针头（外端连接带有调节水夹的直径0.5cm乳胶管，长约20cm）各1枚，此即作为空气抽滤瓶用；另用250mL生理盐水瓶1个，同法于胶塞上插入医用14号采血针头和12号穿刺针头各1枚，瓶内装水50mL，包扎灭菌备用，此即为空气接收瓶。临用时，将两瓶用直径0.5cm乳胶管（长40～50cm）相连，打开流水调节夹使水流出。即可准确无误地进行定量空气的采样。

(2) 菌悬液制备。开启滤过系统放水瓶下端活塞使自来水均匀缓慢地流出，以产生负压，使空气通过无菌漏斗口进入无菌水三角瓶。当放水瓶中自来水流净后立即关闭活塞。也可用抽气泵以10L/min的速度抽滤，使空气微生物细胞和孢子进入无菌水成菌悬液。

(3) 制平板。取已融化的三种待测菌培养基（牛肉膏蛋白胨琼脂培养基、高氏Ⅰ号培养基、察氏培养基，临用前按0.3%加入灭菌乳酸），在超净工作台上分别制成平板(每种重复2皿)，加对照平板1个。待其冷凝，并编号。

(4) 接种培养。在超净工作台上，用1支无菌吸管，吸取菌悬液于平板中，滴加

0.05mL，对照皿（CK）用无菌水接种，无菌刮铲涂匀后倒置培养。一般细菌于 37℃下培养 2d，放线菌于 28℃下培养 5～7d，霉菌于 28℃下培养 3～4d，之后记录计数结果，并计算。

2. 自然沉降法

（1）制平板。取已融化的三种待测菌培养基（同前），分别制成平板（每种重复 5 皿），并编号。

（2）自然接种。取已编号的各皿，分别暴露于待测空气中 5min、10min；设空白对照皿。

（3）培养。将细菌、真菌、放线菌培养基平板分别在 37℃（细菌）和 28℃（真菌、放线菌）下，按各类菌所需培养时间进行培养后记录结果，并计算。

五、实验结果及数据处理

1. 滤过法结果的数据处理

培养完毕，计出各皿菌落数

$$菌数(个/L)=20NV_s/V_a$$

式中 V_s——吸收液体量，mL；

V_a——滤过空气量，L；

N——每皿平均菌落数。

2. 自然沉降法结果的数据处理

测数与计算：计出各皿菌落数，再进行计算。前苏联土壤微生物学者奥梅梁斯基曾认为，如面积为 $100cm^2$ 的平板培养基，在空气中暴露 5min，经 37℃培养 24h 后所生长的菌落数，相当于 10L 空气中的细菌数，据此可按下式计算空气被菌污染的情况：

$$X=10N/(\pi r^2)$$

式中 X——每升空气中菌数；

N——平板中的菌落数；

r——平皿底半径，cm。

六、思考题

1. 比较两种方法的优缺点。
2. 试对测定的结果进行简单的评价并分析。
3. 试分析影响空气微生物监测的环境因素有哪些？

双语词汇

飞沫喷溅	spray
空气微生物	air microorganisms
清洁空气	clean air
过滤器	filter
空气质量标准	air quality standards

知识拓展

空气微生物研究

空气生物学是一门涉及多种学科，与工、农、医药各个领域关系密切的科学，近年来国内外对空气污染十分重视，已成为环境科学不可缺少的研究课题。空气生物学的研究内容涉及植物空气生物学、动物空气生物学、医学空气生物学、工业空气生物学、军事空气生物学等。空气生物学研究可分为理论、技术和应用研究三个方面。理论研究主要是对微生物气溶胶的发生（包括来源）、传播、作用规律的研究以及系统生态学与控制生态系统的研究。空气微生物对生态平衡的作用目前研究不多，还有待探索。技术研究主要是对微生物气溶胶的发生、浓度及粒径的测量、存活力和感染力测定方法的研究。上述理论和技术研究成果必然要转化为生产力应用到各个领域，这种应用具有广阔的前途和实际效益。

实验七　苯酚降解菌的分离筛选和降解能力的测定

一、实验目的

1. 掌握污染物降解细菌的分离、筛选的基本方法。
2. 掌握有机污染物生物降解能力的测定方法。

二、实验原理

环境有机污染的微生物修复具有其他方法不可比拟的优势，研究表明微生物修复的效果首先取决于所选菌株的降解能力，所以筛选能够有效降解有机污染物的微生物、研究其对污染物的降解机制并开发利用其降解能力已成为当前环境学科的一项重要研究课题。苯酚是造纸、炼焦、炼油、塑料、农药、医药合成等行业生产的原料或中间体。随着经济的发展，未经处理的含酚废水对人类的生存环境已经造成了严重的威胁。利用微生物降解的方法处理含酚废水是一种经济有效且无二次污染的方法。本实验为苯酚降解菌的分离筛选及其降解苯酚的能力测定。4-氨基安替比林和酚类化合物在碱性溶液中和氧化剂铁氰化钾作用，生成红色的安替比林染料，生成的色度在水中能稳定约 30min，可在波长 510nm 处测定。本法最低检出浓度为 0.1mg/L。

三、实验器材

1. 活性污泥
2. 培养基及试剂

(1) 富集培养基

① 富集培养基。牛肉膏 5g，蛋白胨 10g，琼脂 20g，NaCl 5g，定容到 1L 的锥形瓶中。再在 121℃温度下灭菌 30min，灭菌后放入苯酚 0.4g（苯酚易挥发）。

② 选择培养基。KH_2PO_4 0.4g、$MgSO_4$ 0.2g、NaCl 0.2g、NH_4Cl 0.8g、$FeSO_4$ ·

7H_2O 0.01g、$MnSO_4 \cdot H_2O$ 0.01g、琼脂20g，定容到1L的锥型瓶中，再在121℃温度下灭菌30min，灭菌后加入苯酚0.4g。

（2）试剂及溶液

① 精制苯酚。取苯酚（C_6H_5OH）于具有空气冷凝管的蒸馏瓶中，加热蒸馏，收集182～184℃的馏出部分，馏分冷却后应为无色晶体，贮于棕色瓶中，于冷暗处密闭保存。

② 无酚水制备。于每升水中加入0.2g经200℃活化30min的活性炭粉末，充分振摇后，放置过夜，用双层中速滤纸过滤。

③ 甲基橙指示液。ρ(甲基橙)=0.5g/L。称取0.1g甲基橙溶于水，溶解后移入200mL容量瓶中，用水稀释至标线。

④ 磷酸溶液。1+9。

⑤ 缓冲溶液。pH=10.7。称取20g氯化铵（NH_4Cl）溶于100mL氨水[$\rho(NH_3 \cdot H_2O)$=0.9g/mL]中，密塞，置冰箱中保存。为避免氨的挥发所引起pH值的改变，应注意在低温下保存，且取用后立即加塞盖严，并根据使用情况适量配制。

⑥ 酚标准贮备液。$\rho(C_6H_5OH)\approx$1.00g/L。称取1.00g精制苯酚，溶解于无酚水，移入1000mL容量瓶中，用无酚水稀释至标线。按国标进行标定。置冰箱内冷藏，可稳定保存1个月。

⑦ 酚标准中间液。$\rho(C_6H_5OH)$=10.0mg/L。取适量酚标准贮备液用无酚水稀释至100mL容量瓶中，使用时当天配制。

⑧ 4-氨基安替比林溶液。称取2g 4-氨基安替比林溶于水中，溶解后移入100mL容量瓶中，用水稀释至标线，收集滤液后置冰箱中冷藏，可保存7d。

⑨ 铁氰化钾溶液。$\rho(K_3[Fe(CN)_6])$=80(g/L)。称取8g铁氰化钾溶于水，溶解后移入100mL容量瓶中，用水稀释至标线。置冰箱内冷藏，可保存7d。

3. 器具

高压灭菌锅、超净工作台、恒温培养箱、分光光度计、比色皿、培养皿、接种环、玻璃刮棒、酒精灯、消解装置、25mL或50mL移液管、容量瓶等。

四、实验步骤

1. 苯酚降解菌的分离、筛选

（1）驯化。采用逐步提高苯酚浓度的方法，在一定容积的5L污泥中，除基础培养基外，逐渐提高苯酚的量。1000mg/L的苯酚的投加量由100mL增加到400mL，驯化1个月。

（2）富集培养。将富集培养基，培养皿以及接种用具高压灭菌后放在超静工作台上备用。取沉淀后含有目标菌的上清液进行稀释（10^{-1}，10^{-2}，10^{-3}）。在已灭菌的固体培养基的培养皿上进行平板涂布或无菌划线分离。把接种完毕的培养基倒放入生化培养箱中，在37℃下恒温培养，每天观察菌落的生长情况。菌落有黄色和白色两种。

（3）选择培养。在固体选择培养基上的接种方式：①将富集培养基上长出的白色菌落通过划平板接种在选择培养基上（苯酚的浓度为400mg/L)；②将富集培养基上的混合菌涂布在选择培养基上。把接种的培养基放入恒温生化培养箱中37℃下培养数天，培养基有菌落长出，说明该菌可降解苯酚。可进一步以同样的方式再次接种划线，达到纯化。

取灭菌后的多个500mL锥形瓶在其中分别到入250mL的液体选择培养基，然后分别向每个瓶中加入苯酚降解菌放入37℃，120r/min的恒温摇床振荡，每天通过在600nm波长下测定OD_{600}值，观察菌落的生长状况。

(4) 苯酚降解能力测定。离心收获苯酚降解菌后，取定量的不同菌落来源的苯酚降解菌接种到液体选择培养基（含苯酚）中，分别测定0、3d、5d的OD_{600}值和苯酚浓度，判断苯酚降解菌的生长状况和降解能力。

2. 苯酚浓度测定

(1) 蒸馏。离心获取水样，取250mL样品移入500mL全玻璃蒸馏器中，加25mL无酚水，加数粒玻璃珠以防暴沸，再加数滴甲基橙指示液，若试样未显橙红色，则需继续补加磷酸溶液。连接冷凝器，加热蒸馏，收集馏出液250mL至容量瓶中。蒸馏过程中，若发现甲基橙红色褪去，应在蒸馏结束后，放冷，再加1滴甲基橙指示液。若发现蒸馏后残液不呈酸性，则应重新取样，增加磷酸溶液加入量，进行蒸馏。

(2) 显色。分取馏出液经适当稀释后，取50mL加入50mL比色管中，加0.5mL缓冲溶液，混匀，此时pH值为10.0±0.2，加1.0mL 4-氨基安替比林溶液，混匀，再加1.0mL铁氰化钾溶液，充分混匀后，密塞，放置10min。

(3) 吸光度测定。于510nm波长，用光程为20mm的比色皿，以无酚水为参比，于30min内测定溶液的吸光度值。

(4) 标准曲线的配制。于一组8支50mL比色管中，分别加入0.00、0.50mL、1.00mL、3.00mL、5.00mL、7.00mL、10.00mL和12.50mL酚标准中间液，加无酚水至标线。然后按上述显色步骤和吸光度测定步骤进行，绘制标准曲线，获得相关方程。

五、实验结果及数据处理

1. 计算

(1) 样品中酚浓度计算公式

$$酚(mg/L)=[从标准曲线上查得的酚(mg)\times 1000]/V$$

式中　V——取测定样体积，mL。

(2) 细菌对苯酚的去除计算公式

苯酚去除率＝[(培养前酚浓度－培养后酚浓度)/培养前酚浓度]×100%－酚挥发率(%)

2. 结果与报告

根据处理前后样品中浓度差值计算苯酚去除率。分析苯酚降解菌的富集、选择培养成效和所筛选的苯酚降解菌的苯酚降解能力。

六、思考题

如何从环境中分离典型有机物降解菌？

双语词汇

活性污泥	activated sludge
离心分离	centrifugal separations
酚	hydroxybenzene
生物降解	biodegradation
去除率	removal efficiency

知识拓展

功能微生物

功能微生物可以通过直接降解转化或共代谢等途径实现水环境污染的治理，但大量研究表明微生物对水环境污染的修复效果不仅取决于其降解能力，还与其趋化性能密切相关。微生物趋化性是微生物从环境中竞争获取碳源和能源物质以维持其生长发育的重要特性。越来越多的证据表明，微生物的趋化性与污染物的生物可利用性及其降解效率之间存在密切关系。研究人员从河流水体沉积物中分离鉴定了1株赖氨酸芽胞杆菌新种 *Lysinibacillus varians* GY32 具有硝酸盐趋化蛋白，对硝酸盐表现出强的趋向性，可以利用硝酸盐为厌氧呼吸的电子受体进行生长。Adadevoh 等在实验室模拟条件下研究有机污染物萘对水体中 *Pseudomonas putida* G7 趋化运动能力的影响，发现萘的存在可以显著加速其趋化运动从而促进萘的去除。金属离子的趋化吸附作用主要体现在胞内的化学基团与金属离子的结合。微生物具有快速适应与进化性，可以在群落间形成自适应氧化还原体系，实现对多种较高浓度重金属离子的共转化。

实验八　酶的特性

一、实验目的

1. 加深对酶的性质的认识。
2. 了解唾液淀粉酶的收集与预处理。

二、实验原理

酶的催化作用受温度的影响，在最适温度下，酶的反应速率最高。大多数动物酶的最适温度为37～40℃，植物酶的最适温度为50～60℃。酶对温度的稳定性与其存在形式有关。有些酶的干燥制剂，虽加热到100℃，其活性并无明显改变，但在100℃的溶液中却很快地完全失去活性。低温能降低或抑制酶的活性，但不能使酶失活。酶具有高度专一性，一种酶只能催化一种或一类底物发生反应，如淀粉酶只能水解淀粉，不能水解蔗糖。当淀粉被淀粉酶彻底水解为还原性麦芽糖和葡萄糖时，能使班氏试剂的 Cu^{2+} 还原成 Cu^{+}，生成砖红色 Cu_2O 沉淀。淀粉酶的活性受温度、pH 值、激动剂及抑制剂、酶浓度以及作用时间等多种因素影响，因而水解淀粉生成一系列分子大小不同的糊精。不同程度的水解糊精可与碘反应生成紫色、棕色或红色络合物，通过上述特征性反应，验证淀粉酶的特性。

三、实验器材

1. 器材：试管及试管夹、恒温水浴、冰浴、沸水浴。

2. 试剂和材料

(1) 0.2%淀粉的0.3%氯化钠溶液，需新鲜配制；0.1%淀粉溶液；0.5%淀粉溶液；1%淀粉溶液溶于0.3%氯化钠的1%淀粉溶液。

(2) 稀释唾液。

(3) 碘化钾-碘溶液。将碘化钾20g及碘10g溶于100mL水中，使用前稀释10倍。

(4) 0.2mol/L磷酸氢二钠溶液。

(5) 0.1mol/L柠檬酸溶液。

(6) pH试纸：pH=5、pH=5.8、pH=6.8、pH=8四种。

(7) 1%氯化钠溶液。

(8) 1%硫酸铜溶液。

(9) 1%硫酸钠溶液。

(10) 2%蔗糖溶液。

(11) 蔗糖酶溶液。

(12) Benedict试剂。

无水硫酸铜1.74g溶于100mL热水中，冷却后稀释至150mL。取柠檬酸钠173g，无水碳酸钠100g和600mL水共热，溶解后冷却并加水至850mL。再将冷却的150mL硫酸铜溶液倾入。本试剂可长久保存。

四、实验步骤

1. 唾液淀粉酶的收集与处理

(1) 制备唾液。实验者用自来水漱口，以清除口腔内食物残渣，再在口腔内含蒸馏水约15mL，3min后吐入垫有两层经润湿处理的脱脂纱布的漏斗内，过滤于小烧杯中备用，为与稀释唾液相区别，此称制备唾液。

(2) 煮沸唾液。取上述唾液约2mL，盛入1中号试管中，置沸水浴煮沸5min备用。

(3) 稀释唾液。用50mL蒸馏水漱口，以清除食物残渣，再含一口蒸馏水，0.5min后使其流入量筒并稀释200倍（稀释倍数可根据各人唾液淀粉酶活性调整），混匀备用。

2. 酶的特性

(1) 温度对酶活力影响。影响酶促反应的实验观察淀粉和可溶性淀粉遇碘呈蓝色。糊精按其分子的大小，遇碘可呈蓝色、紫色、暗褐色或红色。最简单的糊精遇碘不呈颜色，麦芽糖遇碘也不呈色。在不同温度下，淀粉被唾液淀粉酶水解的程度，可由水解混合物遇碘呈现的颜色来判断。

取3支试管，编号后按表5-6加入试剂。

表5-6 温度对酶活力影响实验操作表

管号	1	2	3
淀粉溶液体积/mL	1.5	1.5	1.5
稀释唾液体积/mL	1	1	—
煮沸过的稀释唾液体积/mL	—	—	1

摇匀后，将1号、3号两试管放入37℃恒温水浴中，2号试管放入冰水中。10min后取出（将2号管内液体分为两半），用碘化钾溶液来检验1、2、3管内淀粉被唾液淀粉酶水解的程度。记录并解释结果，将2号管剩下的一半溶液放入37℃水浴中继续保温10min后，再用碘液实验，记录结果。

（2）pH值对酶活力影响。取4个标有号码的50mL锥形瓶。用吸管按表5-7添加0.2mol/L磷酸氢二钠溶液和0.1mol/L柠檬溶液以制备pH 5.0～8.0的四种缓冲液。

表5-7　pH对酶活力影响实验操作表

锥形瓶编号	0.2mol/L磷酸氢二钠/mL	0.1mol/L柠檬酸钠/mL	pH值
1	5.15	4.85	5.0
2	6.05	3.95	5.8
3	7.72	2.28	6.8
4	9.72	0.28	8.0

从4个锥形瓶中取缓冲液3mL，分别注入4支带有号码的试管中，随后于每个试管中添加0.5%淀粉溶液2mL和稀释200倍的唾液2mL。向各试管中加入稀释唾液的时间间隔各为1min。将各试管内容物混匀，并依次置于37℃恒温水浴中保温。

第4管加入唾液2min后，每隔1min由第3管取出1滴混合液，置于白瓷板上，加1小滴碘化钾-碘溶液，检验淀粉的水解程度。待混合液变为棕黄色时，向所有试管依次添加1～2滴碘化钾-碘溶液。添加碘化钾-碘溶液的时间间隔，从第一管起，亦均为1min。

观察各试管内容物呈现的颜色，分析pH值对唾液淀粉酶活性的影响。

（3）唾液淀粉酶的活化和抑制

操作方法见表5-8。

表5-8　唾液淀粉酶的活化和抑制实验操作表

管号	1	2	3	4
1%淀粉溶液/mL	1.5	1.5	1.5	1.5
稀释唾液/mL	0.5	0.5	0.5	0.5
1%硫酸铜溶液/mL	0.5	—	—	—
1%氯化钠溶液/mL	—	0.5	—	—
1%硫酸钠溶液/mL	—	—	0.5	—
蒸馏水/mL	—	—	—	0.5
37℃恒温水浴、保温10min				
碘化钾-碘溶液/滴	2～3	2～3	2～3	2～3
现象				

注：保温时间可根据各人唾液淀粉酶活力调整。

解释结果，说明本实验第3管的意义。

（4）淀粉酶的专一性

操作方法见表5-9，观察实验现象，解释实验结果（提示：唾液除含淀粉酶外还含有少量麦芽糖酶）。

表 5-9 淀粉酶的专一性实验操作表

管号	1	2	3	4	5	6
1%淀粉溶液/滴	4	—	4	—	4	—
2%蔗糖溶液/滴	—	4	—	4	—	4
稀释唾液/mL	—	—	1	1	—	—
煮沸过的稀释唾液/mL	—	—	—	—	1	1
蒸馏水/mL	1	1	—	—	—	—
37℃恒温水浴、保温 15min						
Benedict 试剂/mL	1	1	1	1	1	1
沸水浴 2～3min						
现象						

五、实验结果

记录各实验现象并分析。

六、思考题

1. 简述唾液淀粉酶的专一性。
2. 简述温度、pH 值、激活剂及抑制剂、酶浓度等因素对酶活力的影响。

双语词汇

酶	enzyme
催化剂	catalyst
反应速率	the rate of the reaction
蛋白质	protein
(酶作用) 底物	substrate
酶活力调节	regulating the activity of enzymes

知识拓展

量热生物传感器和体外多酶分子机器

量热生物传感器工作原理是酶作用于底物后释放热量，运用酶柱以及热导体及量热元件来测量酶催化化学反应生成的热，通过计算生成热量和底物浓度之间的关系得到底物的量。有报道水中 2,4-二氯酚可以利用量热生物传感器来检测，其原理是将酶组装在多孔玻璃珠上形成酶柱，其检测结果与高效液相色谱结果一致性较高。谢斌等结合了量热和电化学生物传感器，设计了用于检测儿茶酚的杂合型系统，使用的酶柱既用作酶反应器、导热元件，又可以作为电传感器。如何更有效地集成传感原件，获得具有特异性、高效性、灵敏性的传感器是未来研究的方向。而体外多酶分子机器遵循多酶催化路径，将若干种纯化或部分纯化的酶元件进行合理的优化与适配，高效地在体外将特定的底物转化为目标化合物。纳米材料是提升体外多酶分子机器运行效率和系统稳定性的潜在工具。以固定二氧化碳的体外多酶分子机器为例，该分子机器包含甲酸脱氢酶、甲醛脱氢酶和醇脱氢酶，将二氧化碳经由甲酸和甲醛最终还原为甲醇。体外分子机器应用于环境领域具有良好的发展前景。

第六章

生态学实验

实验一　生物气候图的绘制

一、实验目的

1. 掌握生物气候图的绘制方法。

2. 加深理解植被分布与气候之间的相互关系，并预测研究区域的地带性植被类型及其特点。

二、实验原理

植被是指覆盖一个地区的植物群落。某一地区植被的类型，主要取决于该地区的气候和土壤条件，其中的气候条件的影响更为重要。因此，每种气候下都有它特有的植被类型，特别是水热组合状况在决定植被类型中起着重要的作用。Walter 生物气候图解能较好地反映水、热二者综合的气候特点，是目前解释植被分布规律的一种比较理想的方法。

Walter 生物气候图解主要是用月平均气温和月平均降水量的匹配关系来表示生物气候类型。通常以月平均气温和月平均降水量为两个纵坐标（右边为降水量，左边为温度），两者之间的匹配关系为 $P=2T$（其中 P 为月平均降水量，T 为月平均温度），而用一年中的 12 个月份作为横坐标，如图 6-1 所示。

绝对最低温度，又称“极端最低温度”，指历年中给定时段（如某年，月，日）内可能出现的最低温度的最低值。如月及年极端最低温度是从全月或全年各日最低温度值中挑选取出来的极值：长年某月及年极端最低温度是从历年某月和各年最低温度值中挑选出的极值。绝对最低温度是在整个观测时期内的极端最低温度，它表征一个地区温度的极限。要得到比较可靠的绝对最低温度，需要相当长的观测年限（30 年以上）。

绝对最高温度是在整个观测时期内极端最高温度，它表征一个地区温度的极限。要得到比较可靠的绝对最高温度，需要相当长的观测年限（30 年以上）。

三、实验设备及材料

1. 实验设备

坐标纸、直尺、铅笔、橡皮。

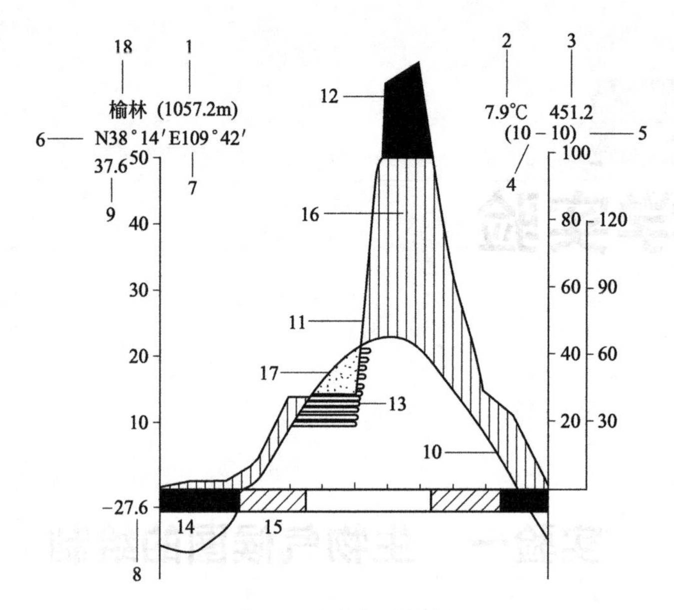

图 6-1 生物气候图解

1—海拔高度；2—年平均气温，℃；3—年平均降水量，mm；4—温度的观测年数；
5—降水的观测年数；6—北纬；7—东经；8—绝对最低温度，℃；9—绝对最高温度，℃；
10—月平均温度曲线；11—月平均降水量曲线；12—月平均降水量超过 100mm（黑色区域）；
13—降水量曲线，刻度降到 1 刻度（10℃）=30mm，水平线区域，半干旱期；
14—最低月均温度低于 0 的月份（黑色区域）；15—绝对温度低于 0 的月份（斜线条区域）；
16—温润期（直线条区域）；17—干旱期（小黑点区域）；18—站名

2. 气象资料

我国主要省、自治区近几十年来气象台站的逐月年平均降水量和年平均温度资料，或者能够收集到的世界其他地区与我国其他地区多年的逐月年平均降水量和年平均温度资料以及最低、最高温度等气象数据。

四、实验方法和步骤

1. 气象数据的整理

根据收集到的多年气象数据，计算出实验用数据的气象站点的逐月年平均降水量和年平均温度；统计出最低日均温度低于 0℃的月份和绝对最低温度低于 0℃的月份。

2. 坐标轴刻度的确定

(1) 按 $P=2T$ 分别建立两条纵轴（降水与温度）的坐标刻度值，每个刻度的大小视站点逐月平均温度和平均降水量的具体数值大小而定，如月平均温度曲线 1 刻度（即 1 格）等于 10℃，则月平均降水刻度 1 格等于 20mm。若月平均降水量超过 100mm，则刻度单位缩小 1/10。

(2) 以 2 条均分为 12 段（代表 12 个月）的平行直线作为横坐标，并从左至右依次标出 1 月、2 月、3 月、…、12 月。

3. 生物气候图的绘制

根据上述确定的坐标体系以及计算出来的逐月年平均降水量和逐月年平均温度，在坐标纸上绘制年平均降水量曲线和年平均温度曲线，并标定图示。

（1）将降水曲线与温度曲线相交的区域填充不同的标示符。如果温度曲线在上，降水曲线在下，两者间的区域表示干旱期，将此区域用小黑点填充。

（2）如果温度曲线在下，降水曲线在上，两者间的区域表示湿润期，将此区域用细黑竖线填充。

（3）月平均降水量超过 100mm 的区域用黑色填充。

（4）在降水轴的上方，标明该站点的年平均温度和年均降水量。

（5）在温度轴的上方标明该站点的海拔高度和经纬度，并在温度轴上方的外侧，标出绝对最高温度；在温度轴与横轴相交处的外侧，标出绝对最低温度。

（6）在双线横轴上将最低日均温度低于 0℃的月份用黑色填充；将绝对最低温度低于 0℃的月份用斜线条填充。

（7）在气候图解的左上方注明站点的名称。

五、实验数据记录与处理

利用气象站观测到温度和降水的日值进行数据统计处理与绘图。

六、思考题

1. 低纬度地区与高纬度地区、沿海地区与内陆地区相比，生物气候图有什么不同？

2. 在降水量与年平均温度基本一致而一年中春、夏、秋、冬四季降水量分布不同时，生物气候图有什么不同？

双语词汇

地带性	zonality
植被	vegetation
年均温	mean annual temperature
极端温度	extreme temperature
年降水量	annual precipitation
生物气候图	bioclimograph

知识拓展

气候变化与植被类型关系

在全球气候变化背景下，过去几十年中，全国平均而言，各季节气温在 1998 年以前升温较快，其后升温减缓，冬季甚至出现降温；秋季降水量在 1998 年以前明显减少，其后明显增加，这与夏季降水量的变化相反；春季升温最快，冬季升温最慢，各季节降水量均无明显变化。我国大部分植物在春季物候期（萌芽、开花、展叶期等）总体呈提前趋势，而秋季物候期（枯黄期、落叶期、叶变色期等）总体呈推迟趋势。暖温带落叶阔叶林区展叶始期和开花始期提前幅度明显高于其他植被区，亚热带常绿阔叶林区叶始变色期推迟幅度明显高于其他植被区，温带草原区叶全变色期推迟幅度最大，温带针阔叶混交林区生长季延长趋势最为显著。我国植被的面积、物种多样性指数和物种分布范围等均发生变化，植被面积和物种多样性指数的变化受植被类型、海拔和物种等诸多因素影响。气候变暖，更多物种的垂直分布向高海拔地区扩展。

实验二　鱼类对温度、盐度耐受性的观测

一、实验目的

1. 认识并练习判断生物对生态因子耐受范围的方法。

2. 认识不同鱼类对温度、盐度的耐受限度和范围不同，这种不同的耐受性与其分布生境和生活习性密切相关，加深对谢尔福德耐受性定律的理解。

3. 认识影响鱼类耐受能力的因素。

二、实验原理

每种生物对每一个生态因子都有一个耐受范围，即有一个最低耐受值和一个最高耐受值（或称耐受上限和耐受下限），它们之间的范围称生态幅。美国生态学家 Shelford 早在 1913 年就发现，一种生物能够生长与繁殖，要依赖综合环境中全部因子的存在，其中一种因子在数量或质量上的不足或过多，超过了生物的耐受限度，该物种就会衰退或不能生存，这就是 Shelford 的耐受性法则（law of tolerance）。不同的生物对温度、盐度等生态因子有不同的耐受上限和下限，上、下限之间的耐受范围有宽有窄，且生物对不同生态因子的耐受能力随生物种类、个体差异、年龄、驯化背景等因素而变化。当多种生态因子共同作用于生物时，生物对各因子的耐受性之间密切相关。

三、实验仪器设备、试剂及材料

1. 实验仪器设备

水族箱、温度计、恒温水浴锅、电子天平、纱布、玻璃棒、烧杯等。

2. 实验试剂

氯化钠、冰等。

3. 实验材料

金鱼、热带鱼（金鱼和热带鱼预养在 25℃水温条件下），有条件的地方还可因地制宜地选择冷水性鱼如虹鳟或小型海水鱼作为实验动物。

四、实验方法和步骤

1. 观察动物对高温和低温地耐受能力

(1) 建立环境温度梯度（0℃，10℃，25℃，35℃，40℃）。

(2) 对实验动物称重，并记录其种类、驯化背景等。

(3) 将不同种类的实验鱼每 4 条或 6 条分成一组，分别暴露在不同温度下 30min。观察其行为，如果不正常，则停止观察；如有异常，则观察在该温度条件下动物死亡数达到 50%所需的时间。动物明显麻痹不动，即可认定死亡。

注意：将动物放入低温（高温）环境中后，如果动物马上出现死亡，说明温度过低（或过高），应适当提高（降低）2～3℃再观测。

(4) 将鱼类在高温和低温出现死亡的温度条件下死亡率随时间的变化记录在表 6-1 中。

表 6-1　极端温度下不同鱼类死亡率随时间的变化

动物种	体重/g	驯化背景	随时间的死亡率/%						随时间的死亡率/%					
			0℃			10℃			35℃			40℃		
			30	60	90	30	60	90	30	60	90	30	60	90
金鱼														
热带鱼														

2. 观察不同淡水鱼类对盐度的耐受能力

(1) 建立盐度梯度（2%，4%）。

(2) 对实验动物称重。

(3) 将不同种实验鱼分成 10 条一组，分别放入 2%和 4%的高盐度环境中，同上观察其行为 30min，如有异常，则继续观察在该条件下动物死亡数达到 50%所需的时间，将观测结果记录在表 6-2 中，并记录动物随盐度升高的行为反应。

表 6-2　鱼类对盐度的耐受力观测结果记录表

动物名称	体重/g	驯化背景	2%下随时间的死亡率/%				4%下随时间的死亡率/%			
			30	60	90	120	30	60	90	120

五、实验数据记录与处理

1. 依据表中记录结果，以时间为横坐标、死亡率为纵坐标作图。

2. 各组报告实验结果，结合谢尔福德耐受性定律等对结果进行讨论，分析各组间结果的异同，评估不同鱼类对温度、盐度耐受性的差异及其影响因素。

六、思考题

1. 所观测到的鱼类对温度、盐度的不同耐受性与该种鱼类的生境和分布有何关系？

2. 如果在 2%的盐度条件下对淡水鱼重复上述温度梯度实验，结果会有变化吗？如何变化？

A中 双语词汇

耐受性	tolerance
生态幅	ecological amplitude
生态梯度	ecological gradient
驯化	domestication
限制因子	limiting factor

知识拓展

耐性定律的完善

E. P. Odum（1973）等对耐性定律做了如下补充：

1. 同一种生物对各种生态因子的耐性范围不同，对一个因子耐性范围很广，而对另一因子的耐性范围可能很窄。

2. 不同种生物对同一生态因子的耐性范围不同。对主要生态因子耐性范围广的生物种，其分布也广。仅对个别生态因子耐性范围广的生物，可能受其他生态因子的制约，其分布不一定广。

3. 同一生物在不同的生长发育阶段对生态因子的耐性范围不同，通常在生殖生长期对生态条件的要求最严格，繁殖的个体、种子、卵、胚胎、种苗和幼体的耐性范围一般都要比非繁殖期的要窄。例如，在光周期感应期内对光周期要求很严格，在其他发育阶段对光周期没有严格要求。

4. 由于生态因子的相互作用，当某个生态因子不是处在适宜状态时，则生物对其他一些生态因子的耐性范围将会缩小。

5. 同一生物种内的不同品种，长期生活在不同的生态环境条件下，对多个生态因子会形成有差异的耐性范围，即产生生态型的分化。

实验三　种子萌发对温度的响应及其检测

一、实验目的

1. 认识环境温度对种子萌发和幼苗生长的影响。
2. 掌握测定和计算种子发芽率、发芽势、发芽指数等生态指标。
3. 学习科学设计实验来检测环境生态因子对植物的影响。

二、实验原理

在植物的生活史中，萌发期是最关键的时期之一。温度对种子萌发的影响存在“三基点”，即最高点、最低点和最适点。了解不同种子萌发的最适温度对于农作物种植期的确定有着重要的参考价值。

种子萌发的过程是一个复杂的生理生化反应过程，主要包括种子吸水、物质分解和合成以及胚根、胚芽出现等。温度对种子萌发的影响机制可理解为：在适宜种子萌发的温度范围内，膜脂的流动性和酶的活性随温度的升高达到最佳，因而种子萌发率不仅高，而且萌发速度也快。但温度高于这一范围，会导致生物膜由凝脂态变为液态，透性增大，膜内外的物质无选择性地自由进出；膜相的改变会导致膜上酶的位置发生改变，种子内部的一些酶会由于失去最佳温度环境而使活性逐渐降低甚至失活，致使整个种子的代谢活动减弱甚至停止，种子萌发率降低甚至不能萌发。温度低于这一范围，会导致生物膜由凝脂态变为固态，膜流动性减小，膜内外的物质交换困难；种子内部一些酶的活性逐渐降低甚至失活，种子的代谢活动减弱甚至停止，种子萌发率也会降低甚至不能萌发。

种子质量衡量指标包括发芽率、发芽势、发芽指数和活力指数等。

1. 发芽率（G_r）

指发芽实验终期（规定日期）全部正常发芽的种子粒数占供试种子粒数的百分比，发芽率是检测种子质量的重要指标之一。

$$G_r(\%)=(\sum G_t/N)\times 100\% \qquad (6\text{-}1)$$

式中　G_t——第 t 天的萌发数；

N——供试种子总数。

发芽率高说明有生活力的种子多，播种后出苗率高。

2. 发芽势（G_p）

指发芽实验初期（规定日期）正常发芽的种子粒数占供试种子粒数的百分比：

$$G_p=(\text{规定天数内萌发种子的累积数}/N)\times 100\% \qquad (6\text{-}2)$$

其中，规定天数视不同植物种子而变化。发芽势是判别种子质量优势、出苗整齐与否的重要标志。

3. 发芽指数（G_i）

指种子发芽实验期间，每日发芽数（G_t）与相应发芽日数（D_t）之比的和。

$$G_i=\sum(G_t/D_t) \qquad (6\text{-}3)$$

发芽指数反映了种子萌发的快慢和整齐程度。发芽指数越高，种子萌发越快且整齐。

4. 活力指数（V_i）

为幼苗生长势（S，以萌发后幼苗或幼苗根的干重或鲜重、幼苗高度等指标来衡量）与发芽指数（G_i）的乘积：

$$V_i=G_iS \qquad (6\text{-}4)$$

活力指数不仅可以体现种子发芽速度的快慢，而且还能体现幼苗生长的强弱。

三、实验仪器设备及材料

1. 实验仪器设备

分样筛，光照培养箱（无光照时 5～50℃，有光照时 10～50℃，温度波动：±1.5℃，光照度＞3000lx），分析天平（精确到 0.0001g），培养皿（直径 9cm），500mL 烧杯，10mL 移液管，滤纸（直径 9cm），镊子，刻度尺（mm）。

2. 实验材料

玉米、绿豆、小麦、棉花种子等，也可以根据各地环境和实验室的实验条件来选择适当的种子。

四、实验方法和步骤

1. 种子预处理

(1) 选种。用分样筛将种子分为直径 $d>0.5$mm、0.4mm$<d<$0.5mm、$d<$0.4mm 3 个级别，选择 0.4mm$<d<$0.5mm 的种子为实验用。

(2) 千粒重测定。随机取 100 粒种子，用分析天平（0.0001g）称重。共称取 3 或 4 次，取平均值乘以 10 即为种子的千粒重。

(3) 消毒。为保证种子萌发的整齐性和提高种子萌发率，一般采用 10% 的 NaClO 消毒 10min，再用 30% H_2O_2 消毒 5min，冲洗干净，置于滤纸上吸干。

2. 种子培养

(1) 分组。将 48 只培养皿分为两大组，分别标明恒温 5℃、10℃、15℃、20℃、25℃、30℃、35℃和变温 5～15℃、10～20℃、15～25℃、20～30℃、25～35℃。每个温度处理 4 个重复。若考虑到整个实验一次进行需要的光照培养箱数量大，则可将学生按 1 个小组做 1 个变温和对应的 1 个恒温轮流进行，最后一个小组只做恒温（5℃和 35℃），仅需 2 个光照培养箱。

(2) 准备。将培养皿底部平铺一片滤纸，放种子 100 粒，然后用移液管分别加入蒸馏水 5mL（加入量视种子大小而定，原则是水分至少要淹没种子直径的一半，如果种子较大，还得在种子的上面加盖一层滤纸，以防种子吸水不均），加水时注意移液管要紧靠培养皿壁（思考：为什么），分别记录去培养皿（包括培养皿、滤纸、种子和水）的总重。

(3) 培养。将光照培养箱调节到实验要求的温度和光照时间（10h 光照和 14h 黑暗），将培养皿放入光照培养箱。每隔 24h 将培养箱中的培养皿位置互换一次（思考：为什么），并检查培养皿的水分状况。如果发现水分散失较多，按照前述记录的培养皿总重，对每个培养皿称重补水，在培养皿上盖盖回以前，一定要将上盖的冷凝水用吸水纸擦干净。

3. 种子萌发生理指标的测定

种子萌发以胚根达到种子直径的 1/2 为标准，每隔 24h 记录种子萌发数（G_t），统计到第 8 天结束（视不同植物种子萌发时间而定）。统计结束后，每个培养皿随机抽取 10 株幼苗，测量并记录主根长和株高（上胚轴长）及鲜重（见表 6-3 和表 6-4）。

表 6-3 变温下种子萌发率、株高、根长和鲜重的统计表

变温/℃	重复	总重/g	种子萌发数/粒									株高/cm	根长/cm	鲜重/g
			1	2	3	4	5	6	7	8	总数			
5～15	1													
	2													
	3													
	4													

续表

变温/℃	重复	总重/g	种子萌发数/粒									株高/cm	根长/cm	鲜重/g
			1	2	3	4	5	6	7	8	总数			
10～20	1													
	2													
	3													
	4													

表 6-4　恒温下种子萌发率、株高、根长和鲜重的统计表

恒温/℃	重复	总重/g	种子萌发数/粒									株高/cm	根长/cm	鲜重/g
			1	2	3	4	5	6	7	8	总数			
5	1													
	2													
	3													
	4													
10	1													
	2													
	3													
	4													

五、实验数据记录与处理

根据公式(6-1)～式(6-4) 计算不同温度处理种子的萌发率、发芽率、发芽指数和活力指数，将计算结果计入表 6-5 和表 6-6。统计分析这些指标与温度之间的关系，并做出统计图形。比较分析温度对种子萌发的影响，总结影响规律。

表 6-5　变温下种子萌发率、发芽指数和活力指数计算结果

指标	温度/℃				
	5～15	10～20	15～25	20～30	25～35
发芽率/%					
发芽势					
发芽指数					
活力指数					

表 6-6　恒温下种子萌发率、发芽指数和活力指数计算结果

指标	温度/℃						
	5	10	15	20	25	30	35
发芽率/%							
发芽势							
发芽指数							
活力指数							

六、思考题

1. 影响植物种子萌发的因素有哪些？

2. 本实验的测定结果能够反映自然界种子萌发的真实情况吗？试说明。

双语词汇

种子质量	seed quality
发芽率	germination rate
发芽势	germination potential
发芽指数	germination index
活力指数	vigor index
胚根	radicle
吸湿回干	hygroscopy-dehydration

知识拓展

促进种子萌发的方法

1. 浸种

干燥的种子含水率通常在15%以下，生理活动非常微弱，处于休眠状态。种子吸收水分后，种皮膨胀软化，溶解在水中的氧气随着水分进入细胞，种子中的酶也开始活化。由于酶的作用，胚的呼吸作用增强，胚乳贮藏的不溶性物质也逐渐转变为可溶性物质，并随着水分输送到胚部。种胚获得了水分、能量和营养物质，在适宜的温度和氧气条件下，细胞才开始分裂、伸长，突破颖壳（发芽）。

2. 高温催芽

根据一些种子萌发需要高温的特点，在萌发期提高种子的环境温度，提高发芽率和整齐度。

3. 渗透调节

播种前将种子放入渗透势较高的溶液中，降低种子的吸水速率，有利于种子内部充分进行早期活化和修复等生理活动的准备；由于渗透势较高，处于溶液中的种子暂不会突破种皮萌动。渗透调节后的种子再播种，其发芽速率、整齐度均显著提高，在低温逆境条件下的发芽成苗得到明显改善。

4. 吸湿回干处理

干湿交替处理，有利于种子活化，经湿干交替处理的种子内部生理过程受到促进，包括大分子的活化、线粒体活性的提高等得到改善，因此加速种子发芽。

5. 化学物质处理

许多化学物质如生长调节剂、营养物质、双氧水等能够改善种子发芽生理，特别是种子在不良田间条件下种子的发芽和成苗。

实验四　植物组织中可溶性糖含量的测定

一、实验目的

1. 熟悉可溶性碳水化合物的测定方法。
2. 了解可溶性糖与蒽酮的反应原理。
3. 熟悉使用可见分光光度计测定溶液浓度的方法。

二、实验原理

在植物的碳素营养中，作为营养物质主要是指可溶性糖和淀粉。它们在营养中的作用主要有：合成纤维素组成细胞壁；转化并组成其他有机物如核苷酸、核酸等；分解产物是其他许多有机物合成的原料；糖类作为呼吸基质，为作物的各种合成过程和各种生命活动提供了所需的能量。由于碳水化合物具有这些重要的作用，所以是营养中最基本的物质，也是需要量最多的一类。

糖在浓硫酸作用下，可经脱水反应生成糠醛或羟甲基糠醛，生成的糠醛或羟甲基糠醛可与蒽酮反应生成蓝绿色糠醛衍生物，在一定范围内，颜色的深浅与糖的含量成正比，故可用于糖的定量测定。该法的特点是几乎可以测定所有的碳水化合物，不但可以测定戊糖与己糖含量，而且可以测所有寡糖类和多糖类，其中包括淀粉、纤维素等（因为反应液中的浓硫酸可以把多糖水解成单糖而发生反应），所以用蒽酮法测出的碳水化合物含量，实际上是溶液中全部可溶性碳水化合物总量。在没有必要细致划分各种碳水化合物的情况下，用蒽酮法可以一次测出总量，省去许多麻烦，因此，有特殊的应用价值。但在测定水溶性碳水化合物时，则应注意切勿将样品的未溶解残渣加入反应液中，不然会因为细胞壁中的纤维素、半纤维素等与蒽酮试剂发生反应而增加了测定误差。此外，不同的糖类与蒽酮试剂的显色深度不同，果糖显色最深，葡萄糖次之，半乳糖、甘露糖较浅，五碳糖显色更浅，故测定糖的混合物时，常因不同糖类的比例不同造成误差，但测定单一糖类时，则可避免此种误差。

糖类与蒽酮反应生成的有色物质在可见光区的吸收峰为620nm，故在此波长下进行比色。

三、实验仪器设备、试剂及材料

1. 实验仪器设备

分光光度计，分析天平，离心管，离心机，恒温水浴，大试管，三角瓶，10mL容量瓶，移液管（0.5mL、1mL、5mL），剪刀，瓷盘，玻棒，水浴锅，电炉，漏斗，滤纸。

2. 实验试剂

（1）80%乙醇。

（2）葡萄糖标准溶液（100μg/mL）：准确称取100mg分析纯无水葡萄糖，溶于蒸馏水并定容至100mL，使用时再稀释10倍即为100μg/mL。

（3）蒽酮试剂：称取1.0g蒽酮，溶于1000mL 80%硫酸（将98%浓硫酸稀释：把

760mL 浓硫酸缓缓加入到 300mL 蒸馏水）中，冷却至室温，贮于具塞棕色瓶内，冰箱保存，可使用 2～3 周。

3. 实验材料

植物鲜样或干样。

四、实验方法和步骤

1. 样品中可溶性糖的提取

称取剪碎混匀的新鲜样品 0.5～1.0g（或干样粉末 5～100mg），放入大试管中，加入 15mL 蒸馏水，在沸水浴中煮沸 20min，取出冷却，过滤入 100mL 容量瓶中，用蒸馏水冲洗残渣数次，定容。

2. 标准曲线的绘制

取 6 支大试管，从 0～5 分别编号，按表 6-7 加入各试剂。

表 6-7 蒽酮法测可溶性糖制作标准曲线的试剂量

试剂	管号					
	0	1	2	3	4	5
100μg/mL 葡萄糖溶液/mL	0	0.2	0.4	0.6	0.8	1.0
蒸馏水/mL	1.0	0.8	0.6	0.4	0.2	0
蒽酮试剂/mL	5.0	5.0	5.0	5.0	5.0	5.0
葡萄糖量/(μg/mL)	0	20	40	60	80	100

将各管快速摇动混匀后，在沸水浴中煮 10min，取出冷却，在 620nm 波长下，用空白调零测定光密度，以光密度为纵坐标，含葡萄糖量（μg）为横坐标绘制标准曲线。

3. 样品测定

取待测样品提取液 1.0mL 加蒽酮试剂 5mL，同以上操作显色测定光密度。重复 3 次。

注意：用比色法测定碳水化合物时，需使提取液中的色素不干扰测定，可用少量的活性炭进行脱色，但处理往往会影响结果，故活性炭用量应尽可能少。

五、实验数据记录与处理

$$\text{可溶性糖含量}(\%)=\frac{CV}{W\times10^6}\times100\% \qquad (6\text{-}5)$$

式中 C——提取液的含糖量，μg/mL；

V——植物样品稀释后的体积，mL；

W——植物组织鲜重，g。

计算所测植物组织中可溶性糖的含量。分析比较不同处理下可溶性糖含量的变化，并进行显著性检验。

六、思考题

1. 应用蒽酮法测得的糖包括哪些类型的碳水化合物？测定可溶性糖含量还有哪些方法？

2. 影响蒽酮法测定可溶性糖结果的因素有哪些？

双语词汇

可溶性糖	soluble sugar
可溶性碳水化合物	water soluble carbohydrate（WSC）
淀粉	starch
分光光度计	spectrophotometer
吸光度	absorbance

知识拓展

植物生长发育与可溶性糖调控作用

可溶性糖如葡萄糖、蔗糖，在植物的生命周期中具有重要作用，不仅为植物的生长发育提供能量和代谢中间产物，而且具有信号功能。可溶性糖也是植物生长发育和基因表达的重要调节因子，在对植物进行调控时，又与其他信号如植物激素组成复杂的信号网络体系。葡萄糖在有脱落酸（ABA）存在的情况下，可以促进种子萌发且高浓度的蔗糖、葡萄糖和低浓度的甘露糖能够抑制子叶的延伸。糖对种子萌发和幼苗的发育的调节作用也是复杂的，不同浓度的糖有不同的调节作用；不同糖行使相同调节作用所需要的浓度也不相同；并且糖的调节作用不是通过一条转导途径完成的。研究表明糖对结节发育的调节作用与氮素密切联系，糖及其代谢物对植物的开花有调节作用。

实验五　植物组织中粗纤维含量的测定

一、实验目的

了解与掌握植物组织中粗纤维含量的测定方法与原理。

二、实验原理

粗纤维是植物细胞壁的主要组成成分，也是牧草中最难被消化的营养物质，主要包括纤维素、半纤维素、木质素、热损蛋白、硅质等成分。

测定粗纤维使用硫酸、碱相继处理样品，溶解粗纤维之外的其他物质。硫酸水解某些不溶解的碳水化合物，碱能使蛋白质变成可溶态并除去。从烘干残渣计算样品的粗纤维含量。

三、实验仪器设备、试剂及材料

1. 实验仪器设备：分析天平，容量瓶，称量瓶，三角瓶，烧瓶，漏斗，烘箱。

2. 实验试剂：70%～80%酒精；1.25%硫酸溶液：取相对密度为1.84的浓硫酸13mL加水稀释至1L；1.25%氢氧化钠溶液。

3. 实验材料：植物叶片或果实。

四、实验方法和步骤

1. 将磨碎的样品 1～3g（m），装入已知质量的称量瓶中，在分析天平上准确称量，无损失地倒入三角烧瓶里。于另一已知质量的称量瓶中烘干滤纸并称重（m_1）。

2. 在烧瓶外壁上，在相当于 200mL 容量处用记号笔做记号。将 200mL1.25%的硫酸倒入瓶中，加热至沸腾再继续 30min，加热时为防止激烈沸腾，应经常搅拌。每 5min 要向瓶内倒入沸水，使其内容物达到记号处，以保持酸浓度不变。

3. 煮沸之后，用带有已知质量的滤纸漏斗过滤，并用热蒸馏水冲洗烧杯及漏斗，直至滤液用石蕊试纸测试成中性反应为止。

4. 用 1.25%氢氧化钠溶液将滤纸上的沉淀物完全洗入瓶内，将其加热至沸腾再继续 30min，操作同上。

5. 煮沸后冷却，用原来所用已知质量的滤纸过滤，用蒸馏水冲洗 2～3 次，再用酒精冲洗 2～3 次直至滤液无色。

6. 将滤纸和沉淀放入以前称过这张滤纸的称量瓶中，在 100～105℃的烘箱中烘至恒重并称重（m_2）。

五、实验数据记录与处理

1. 计算公式

$$粗纤维(\%)=\frac{m_2-m_1}{m}\times 100\% \tag{6-6}$$

式中 m_2——滤纸及纤维质量为，g；

m_1——滤纸质量为，g；

m——样品质量，g。

2. 重复性

每个试样取两平行样进行测定，以其算术平均值为结果。

粗纤维含量在 10%以下，允许相差（绝对值）为 0.4。

粗纤维含量在 10%以上，允许相对偏差为 4%。

六、思考题

1. 除重量法外还能用别的方法测定纤维素吗？都有什么方法？

2. 近红外光谱测定植物中粗纤维含量的优缺点？

双语词汇

粗纤维	crude fiber
纤维素	cellulose
木质素	lignin
粗脂肪	crude fat
单宁	tannin

实验六　植物组织中过氧化物酶活性的测定

一、实验目的

掌握测定植物组织中过氧化物酶活性的方法。

二、实验原理

过氧化物酶是广泛存在于植物体内的一种氧化还原酶，活性较高。它与呼吸作用、光合作用及生长素的氧化等都有关系，具有多种功能。在植物生长发育过程中它的活性不断发生变化，对环境因子敏感。一般老化组织中活性较高，幼嫩组织中活性较弱，所以过氧化物酶可作为组织老化的一种生理指标。

过氧化物酶含铁，广泛存在于植物组织中，可催化过氧化氢氧化酚类，产物为醌类化合物，此化合物进一步缩合或与其他分子缩合，产生颜色较深的化合物。本实验以邻甲氧基苯酚（即愈创木酚）为过氧化物酶的底物，当有 H_2O_2 存在时，过氧化物酶可将邻甲氧基苯酚氧化成红棕色的 4-邻甲氧基苯酚，其在 470nm 处有最大吸收峰，故可用分光光度计在 470nm 处测定其吸光值，即可求出该酶的活性。

三、实验仪器设备、试剂及材料

1. 实验仪器设备

分光光度计、离心机、秒表、研钵、磁力搅拌器、移液管、电子天平、冰箱、100mL 容量瓶、试管、胶头滴管、试管架、烧杯、吸水纸、比色皿、剪刀等。

2. 实验试剂

愈创木酚、30%过氧化氢、100mmol/L 磷酸缓冲液（pH 值 6.0）。

反应混合液：取 100mmol/L 磷酸缓冲液（pH 值 6.0）50mL 于烧杯中，加入愈创木酚 28μL，于磁力搅拌器上加热搅拌，直至愈创木酚溶解，待溶液冷却后，加入 30%过氧化氢 19μL，混合均匀，保存于冰箱中备用。

3. 实验材料

小麦幼苗。

四、实验方法和步骤

1. 称取植物材料 0.5g，剪碎，放入研钵中，加入适量的磷酸缓冲液研磨成匀浆，残渣再用 5mL 磷酸缓冲液提取一次，以 4000r/min 低温离心 15min，上清液即为粗酶液，定容至 10mL 刻度，贮于低温下备用。

2. 取 2 支试管，于 1 只中加入反应混合液 3mL 和磷酸缓冲液 1mL，作为对照，另 1 支中加入反应混合液 3mL 和上述酶液 1mL（如酶活性过高可稀释之）。迅速将两支试管中溶液混匀后，倒入比色杯，置于分光光度计样品室内，立即开启秒表记录时间，于 470nm 处测定吸光度（OD）值，每隔 30s 读数一次。

五、实验数据记录与处理

以每分钟 OD 变化值 $[\Delta A_{470}/(\text{gFW}\cdot\text{min})]$ 表示酶活性大小。也可以用每分钟 OD 值变化 0.01 作为 1 个过氧化物酶活性单位（U）表示。

$$\text{过氧化物酶活性}[\text{U}/(\text{gFW}\cdot\text{min})]=\Delta A_{470}\times V_{\text{T}}/(W\times V_{\text{s}}\times 0.01\times t) \tag{6-7}$$

式中 ΔA_{470}——反应时间内 OD 变化值；

V_{T}——提取酶液总体积，mL；

W——植物鲜重，g；

V_{s}——测定时取用酶液体积，mL；

t——反应时间，min。

记录每个波长下的吸光度，计算过氧化物酶活性。利用 Excel 作图，展示实验结果。比较不同处理间的差异性，分析其原因。

六、思考题

1. 过氧化物酶的测定是否有其他方法可以代替该方法？
2. 实验过程中有哪些必须注意的环节？

双语词汇

过氧化物酶	peroxidase
呼吸作用	respiration
酶活性	enzyme activity

知识拓展

过氧化物酶与植物抗病性

过氧化物酶催化 H_2O_2 与多种有机、无机氢供体发生氧化还原反应。由于该酶有多种基因编码，其种类和数目（同工酶）非常多。目前对过氧化物酶的分类还没有统一的方法，Welinder 将过氧化物酶分成Ⅰ、Ⅱ和Ⅲ3 类。第Ⅰ类过氧化物酶存在于线粒体、叶绿体及细菌中；第Ⅱ类过氧化物酶存在于真菌中；第Ⅲ类过氧化物酶为典型的植物过氧化物酶，并指出这 3 类过氧化物酶组成了过氧化物酶的超级家族。根据 Welinder 的分类方法，很显然在植物中只有第Ⅰ和第Ⅲ类过氧化物酶。病原物的侵染诱导导致植物过氧化物酶活性升高和过氧化物酶同工酶种类发生改变。这些高活性的过氧化物酶或特异性的同工酶，或由于催化合成了杀菌物质，或由于提高了木质素、木栓质的生物合成而形成物理屏障，或者由于参与乳突形成和颗粒状沉积物的积累，从而构成了植物的一般抗病性和非专化抗病性。各种过氧化物酶的专化性有所不同，它们在植物抗病性中的作用也不尽一样。

实验七　植物叶片中叶绿素含量的测定

一、实验目的

1. 环境胁迫（污染）对生物的影响是多方面的，它可以直接影响生物的生理生化过程，进而对生物的生态过程和生态后果产生重要的影响。

2. 环境胁迫（污染）对生物的影响可以从生物形态结构、生理生态过程、种群动态变化、群落的结构组成、生态系统的功能、景观格局的变化等多个方面进行反映。本实验主要是从生理生态学的角度认识和分析环境胁迫（污染）对生物的影响。

二、实验原理

叶片是植物光合作用的主要器官，叶绿素是植物光合作用最重要的色素。本试验通过模拟不同环境胁迫（污染）对植物叶片叶绿素 a、叶绿素 b 含量及其比率变化影响，使同学们认识胁迫（污染）对植物作用的剂量效应和毒害过程。

叶绿素是脂溶性色素，不溶于水，可溶于丙酮、乙醇和石油醚等有机溶剂。根据郎伯-比尔（Lambert-Beer）定律，某有色溶液的吸光度 A 值与其中溶质浓度 C 以及光径 L 成正比，即：$A=aCL$（a 为该物质的吸光系数）。各种有色物质溶液在不同波长下的吸光值可通过测定已知浓度的纯物质在不同波长下的吸光度求得。且吸光度具有加和性，即如果溶液中有数种吸光物质，则此混合液在某一波长下的总吸光度等于个组分在相应波长下的吸光度总和。叶绿素 a、叶绿素 b 通过测定特定波长下的吸光度值，并根据叶绿素 a 和叶绿素 b 在该波长下的吸光系数即可计算出各自浓度。

三、实验仪器设备、试剂及材料

1. 实验仪器

研钵、分光光度计（如国产 UV-751 或 755 型紫外可见分光光度计）、滤纸、玻璃棒等。

2. 实验试剂

80％丙酮溶液、石英砂。

3. 实验材料

小麦幼苗。

四、实验方法和步骤

1. 实验材料准备

将大小比较均匀的种子用蒸馏水浸泡、吸胀后，移入铺有滤纸的 20cm 培养皿中，置入光照培养箱中培养。

2. 胁迫处理

在小麦长出 2 片真叶后，标记花盆，分别用 3～5 个不同梯度的胁迫处理。每组作 3 个平行处理。各种材料培养 1 周后，即可进行叶绿素提取分析。

3. 叶片叶绿素的提取

称取植物叶片 0.1～0.2g，剪碎放入研钵中，加入少量细石英砂研成糊状，用 80% 丙酮水溶液分批提取叶绿素，直到残渣无色为止。将丙酮提取液过滤后定容至 15mL。

4. 叶绿素的测定

在波长分别为 663nm、645nm 条件下测定提取液的吸光度。如果浓度较高，经适当稀释后比色定量。

五、实验数据记录与处理

记录每个波长下的吸光度，叶绿素 a 和叶绿素 b 及总叶绿素的浓度（mg/L）分别为 C_a、C_b、C_T，可根据下式求算：

$$C_a = 12.7A_{663} - 2.69A_{645} \tag{6-8}$$

$$C_b = 22.9A_{645} - 4.68A_{663} \tag{6-9}$$

$$C_T = 8.02A_{663} + 20.21A_{645} \tag{6-10}$$

式中 A_{663}，A_{645}——提取液在波长 663nm、645nm 下的吸光度。

植物组织中叶绿素的含量：

叶绿素的含量(mg/g)=(叶绿素的浓度×提取液体积×稀释倍数)/样品鲜重或干重

每个处理的平行测定结果用平均数±标准误差表示，并用 F 检验分析不同处理间的差异性。利用 Excel 作图，展示实验结果。

六、思考题

1. 在本实验中，哪些是影响叶绿素测定的关键环节？
2. 如何提高实验的准确性？

双语词汇

叶绿素	chlorophyll
光合作用	photosynthesis
环境胁迫	environmental stress
生态过程	ecological process

知识拓展

中国森林叶绿素含量变化规律

叶绿素（Chl）是植物重要的光合色素，对于收获光能以驱动光合作用至关重要。Chl 在很大程度上决定了光合能力，进而决定了植物的生长。从中国东部南北样带中（热带到寒温带）9 类典型森林的 823 种植物叶片 Chla、Chlb 和 Cha/b 值分别在 0.87～15.92mg/g（平均值：4.18mg/g）、0.32～6.42mg/g（平均值 1.72mg/g）和 1.43～7.07mg/g（平均值：2.47mg/g）。Chl 在植物功能群之间有显著差异，表现为：乔木＜灌木＜草本，针叶乔木＜阔叶乔木，常绿乔木＜落叶乔木。而且，Chla、Chlb 和 Cha+b 随着纬度的增加而略有增加。物种间的差异对 Chl 的影响大于气候，土壤和系统发育对天然林中 Chl 变化影响。在群落水平上，Chl 与植物叶片氮和磷含量呈正相关关系，而且与 9 个森林群落的净初级生产力呈正相关关系。Chl 从热带森林到温带森林的变化，以及 Chl 与生态系统功能的联系，增强了人们对植被模型进行参数化的能力。

实验八　种群生命表的编制与存活曲线

一、实验目的

1. 通过实验操作及利用已有的资料，学习和掌握生命表和生存曲线的编制方法。
2. 学习如何分析生命表。

二、实验原理

生命表是描述种群死亡过程及存活情况的一种有用工具。它可以反映出各年龄或各年龄组的实际死亡数、死亡率、存活数目和群内个体未来预期余年（即平均期望年龄）；生命表中的数据可用来描述存活曲线图，从生存曲线可以说明种群各年龄组在生命过程中的数据，说明不同年龄的生存个体随年龄的死亡和生存率的变化情况。由于动物和植物在年龄的区分上有所不同，因此，在编制生命表时也会有所差别。本实验以动物的生命表为例，来说明生命表的编制原理和方法。

生命表可以较准确地反映种群动态、估算个体寿命，以及了解种群生活过程的关键时期与关键影响因子，在生态学中有广泛应用。静态生命表较动态生命表和综合生命表更容易调查和建立，应用的也最多。生命表是根据调查某一特定时刻种群内不同年龄个体的数量，大致了解种群的生态状态即可能的发展趋势。静态生命表适用于寿命较长的生物个体。

三、实验设备及材料

绘图纸、记录纸、计算器等。

四、实验方法和步骤

（1）划分年龄阶段。划分的方法依动物类别的不同而不同。人通常采用 5 年为一年龄组；鹿科动物等以 1 年为一年龄组；鼠类以 1 个月为一年龄组。

（2）调查数据。按年龄阶段分别记入表中。如“n_x”表示实际观察值或实际调查数，只有一列数值，就可以算出生命表中其他各栏的值。许多生命表习惯采用数量为 10 的倍数的个体为基础计算。

（3）生命表中各栏数据的关系和计算方法如下：

$$n_{x+1}=n_x-d_x \tag{6-11}$$

$$q_x = d_x / n_x \tag{6-12}$$

$$L_x = (n_x + n_{x+1})/2 \tag{6-13}$$

$$T_x = L_x + L_{x+1} + \cdots + L_{最大} \tag{6-14}$$

$$e_x = T_x / n_x \tag{6-15}$$

式中　x——年龄段；

n_x——在 x 期开始时的存活数目；

d_x——从 x 到 $x+1$ 期的死亡数目；

q_x——从 x 到 $x+1$ 期的死亡率；

e_x——x 期开始时的平均生命期望或平均余年；

L_x——从 x 到 $x+1$ 期的平均存活数；

T_x——超过 x 年龄的总个体数。

调查或利用已有的资料，如利用调查某地区斑羚种群的年龄数据编制生命表，原始数据见表 6-8。

表 6-8　某地区斑羚年龄数据生命表

年龄 (x)	开始存活数 (n_x)	死亡数 (d_x)	从 x 到 $x+1$ 期的平均存活数(L_x)	期望或平均余年 (e_x)	死亡率 ($1000q_x$)
0	1000				
1	945				
2	880				
3	865				
4	800				
5	735				
6	415				
7	249				
8	132				
9	99				
10	66				
11	33				
12	0				

利用调查某地区人口年龄结构数据编制生命表，见表 6-9。

表 6-9　某地区人口年龄结构数据生命表

x	n_x(男性)	d_x	L_x	e_x	n_x(女性)	d_x	L_x	e_x
0	100000				100000			
1	97708				97937			
5	96100				96246			
10	95662				95930			

续表

x	n_x(男性)	d_x	L_x	e_x	n_x(女性)	d_x	L_x	e_x
15	95331				95683			
20	94722				95227			
25	93764				94621			
30	92694				93981			
35	91519				93102			
40	89958				92002			
45	87773				90416			
50	84584				88423			
55	80138				85445			
60	73346				81107			
65	63313				73993			
70	50048				63810			
75	34943				49850			
80	20165				33492			
85	8566				17708			

五、实验数据记录与处理

1. 生命表数据来源

(1) 死亡年龄数据的调查。收集野外自然生物动物的残留头骨，可根据角上的年龄确定死亡年龄。也可以根据牙齿切片，观察生长确定年龄。牙齿的磨损程度是确定草食性动物年龄的常用方法。通过鱼类鳞片上的年龄，可推算鱼类的年龄和生长速率。对于鸟类可从羽毛的特征、头盖的骨化情况等确定年龄。调查的数据可以制定静态生命表。

(2) 直接观察存活动物数据。观察同一时期出生，同一大群动物的生存情况，根据调查的数据可以制定动态生命表。

(3) 直接观察种群年龄数据。根据数据确定种群中每一年龄期有多少个体存活，假定种群的年龄组成在调查期间不变。如直接用人口普查数据编制生命表，属相对静态生命表。

2. 生命存活曲线

生命表是研究种群数量动态的一种方法，一份完整的生命表反映了种群数量动态的特征，如种群某个发育阶段的死亡原因、死亡数量和表示种群时间特征的存活率等。

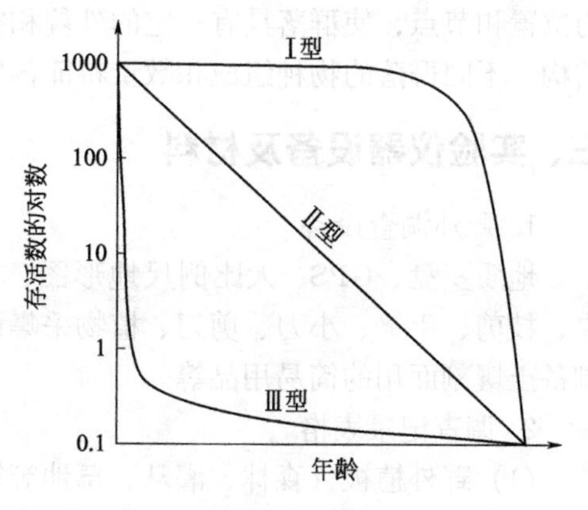

图 6-2 存活曲线的三种类型

生命存活曲线是以生命表中 x 年龄为横轴标，x 龄的存活数 n_x 的常用对数值为纵轴标。因此，在某一特定时刻，种群同龄个体随时间移动而减少，可以用一条曲线表示，这条曲线称存活曲线。存活曲线大致可分为三类，存活曲线的三种类型如图 6-2

所示。

Ⅰ型——凸型存活曲线，表示种群在接近于生理寿命之前，只有个别死亡，即几乎所有个体都能达到生理寿命。

Ⅱ型——呈对角线的存活曲线，表示各年龄期的死亡率是相等的。

Ⅲ型——凹型存活曲线，表示幼体死亡率很高，以后的死亡率低而稳定。

六、思考题

1. 分析生命存活曲线的类型及特点。
2. 动态生命表和静态生命表的区别?

双语词汇

种群	population
生命表	life table
存活曲线	survivorship curve
死亡率	mortality

实验九　植物群落学的野外观测与调查

一、实验目的

1. 掌握植物群落结构调查的基本方法和群落结构数量特征的计算方法。
2. 熟悉测量植物群落地上生物量的常用方法。

二、实验原理

群落生态学是研究群落的结构与功能，群落演替动态，群落的物种多样性特征，生产力与稳定性等规律的生态学分支学科。野外调查是植物群落生态学研究的基本方法。在生物群落中，受环境因子的影响，不同种群出现生态位的分化，各个种群占据了不同的位置和节点，使群落具有一定的外貌和空间结构。其中空间结构包括垂直结构和水平结构。不同群落的物种组成和数量特征各异。

三、实验仪器设备及材料

1. 野外调查设备

地质罗盘、GPS、大比例尺地形图、望远镜、照相机、测绳、钢卷尺、植物标本夹、枝剪、手铲、小刀、剪刀、植物采集记录本、标签、供样方记录用的一套表格纸、制备土壤剖面用的简易用品等。

2. 调查记录表格

(1) 野外植被（森林、灌丛、草地等等）调查的样地（样方记录总表）。该总表是根据法瑞学派的方法而设计的，也可用于英美学派。目的在于对所调查的群落生境和群落特点有一个总的记录，植物群落野外样地记录总表见表 6-10。

表 6-10 植物群落野外样地记录总表

群落名称						野外编号			
记录者			日期			室内编号			
样地面积			地点						
海拔高度		坡向		坡度		群落高		总盖度	
主要层优势种									
群落外貌特点									
小地形及样地周围环境									
分层及各层特点				层	高度		层盖度		
				层	高度		层盖度		
				层	高度		层盖度		
				层	高度		层盖度		
				层	高度		层盖度		
突出的生态现象									
地被物情况									
此群落还分布于何处									
人为影响方式与程度									
群落动态									

（2）法瑞学派的野外样地记录。对于样地中的乔木层、乔木亚层、灌木层、草本层、藤本和附生等均通用。即通用于各类森林群落，也通用于灌丛和草地以及水生植物群落等，植物群落野外样地记录表见表 6-11。

表 6-11 植物群落野外样地记录表

群落名称________；面积________；野外编号________；第____页；
层次名称________；层高度________；层盖度________；调查时间________；
记录者________

编号	植物名称	多优度、群集度	高度/m		粗度/cm		物候期	生活力	生活型	附记
			一般	最高	一般	最大				

（3）样地记录表。因为英美学派对森林的不同层次有不同调查项目和不同的样方面积，故可分乔木层、灌木层、草本层等不同的表格，见表 6-12～表 6-14。

表 6-12　乔木层野外样方记录表

群落名称________；面积________；野外编号________；第____页；
层次名称________；层高度________；层盖度________；调查时间________；
记录者________

编号	植物名称	高度/m	胸径/cm	株数	盖度/%	物候期	生活力	附记

表 6-13　灌木层野外样方记录表

群落名称________；面积________；野外编号________；第____页；
层次名称________；层高度________；层盖度________；调查时间________；
记录者________

编号	植物名称	高度/m		冠径/m		丛径/m		株丛数	盖度/%	物候期	生活力	附记
		一般	最高	一般	最大	一般	最大					

表 6-14　草本层野外样方记录表

群落名称________；面积________；野外编号________；第____页；
层次名称________；层高度________；层盖度________；调查时间________；
记录者________

编号	植物名称	花序高/m		叶层高/cm		冠径/cm		丛径/cm		株丛数	盖度/%	物候期	生活力	附记
		一般	最高	一般	最高	一般	最高	一般	最高					

四、实验方法和步骤

1. 种-面积曲线的绘制

样方调查是野外生态学最常用的研究手段。首先要确定样方面积。样方面积应一般不小于群落的最小面积。最小面积就是只有这样大的空间，才能包涵组成群落的大多数植物种类。最小面积通常是根据种-面积曲线来确定的。

（1）样方面积的确定。在研究群落中选择植物生长比较均匀的地方，用绳子圈定一块小的面积。对于草本群落最初的面积为 10cm×10cm；对于森林群落则至少为 5m×5m。登记这一面积中所有植物的种类。开始，植物种类随着面积的扩大而迅速增加，尔后随着面积增加的种类数目降低，直到面积扩大时植物种类很少增加或不再增加。

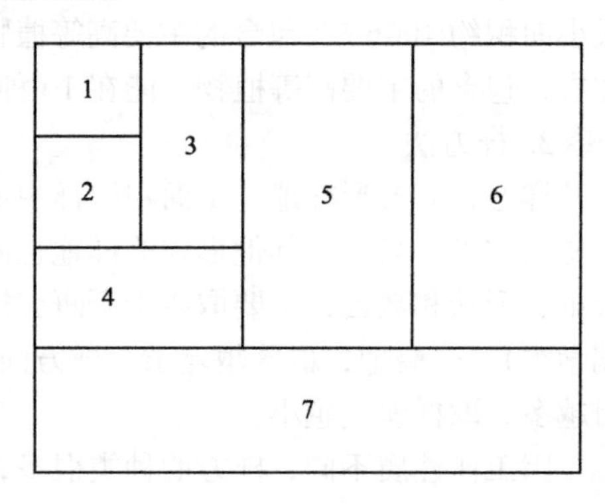

图 6-3 巢式样方示意图

（2）样方面积扩大的方式。法国的生态学工作者提出巢式样方法（见图 6-3）。即在研究草本植被类型的植物种类特征时，所用样方面积最初为 (1/64)m^2，之后依次为 (1/32)m^2，(1/16)m^2，(1/8)m^2，(1/4)m^2，(1/2)m^2，1m^2，2m^2，4m^2，8m^2，16m^2，32m^2，64m^2，128m^2，256m^2，512m^2，依次记录相应面积中物种的数量。把含样地总和数 84%的面积作为群落最小面积。

针对不同的群落类型，巢式样方起始面积和面积扩大的级数有所不同，但可参考表 6-15的形式进行设计。

表 6-15 巢式样方法记录表

顺序	面积/m^2	种类
1	1/64	
2	1/32	
3	1/16	
4	1/8	
5	1/4	
6	1/2	
7	1	
8	2	
9	4	
10	8	
11	16	
12	32	
13	64	
14	128	
15	256	

将以上获得的结果，在坐标纸上以面积作为横坐标、种类数目为纵坐标作图，可以获得群落的最小面积。

（3）群落类型与最小面积。一般环境条件越优越，群落的结构越复杂，组成群落的植物种类越多，相应地最小面积就越大。例如在我国西双版纳热带雨林群落，最小面积至少为 2500m^2，其中包括的主要高等植物高达 130 种；在东北小兴安岭红松林群落中，最小面积约 400m^2，包含的主要高等植物有 40 余种；在荒漠草原，最小面积只要 1m^2 左右，包含的主要高等植物可能在 10 种以内。

2. 样方法

样方，即方形样地，是面积取样中最常见的形式，也是植被调查中使用最普遍的一种使用技术。当然，其他形式的样地也同样有效，有时甚至效率更高，如样圆。样方的大小、形状和数目，主要取决于所研究群落的性质，采用的学术思路（如英美学派和法瑞学派）。一般地，群落越复杂，样方面积越大，取样的数目一般不少于 3 个。取样数目越多，取样误差越小。

因工作性质不同，样方的种类很多，可以分为以下几种：

(1) 记名样方。主要用来计算一定面积中植物的多度、个体数等。比较一定面积中各种植物的多少，就是精确地测定多度。

(2) 面积样方。主要是测定植物群落所占生境面积的大小，或者各种植物所占整个群落面积的大小。这主要是用在比较稀疏的群落里。一般是按照比例把样方中植物分类标记到坐标纸上，然后再用求积仪计算。有时根据需要，分别测定整个样方中全部植物所占的面积（样方面积），以及植物基部所占的面积（基面样方）。这些在认识群落的盖度、显著度中是不可缺少的。

(3) 重量样方。主要是测定一定面积样方内群落的生物量。将样方中地上和地下部分进行收获称重，研究其中各类植物的地下和地上生物量。该方法适应于草本植物群落，对于森林群落，多采用体积测定法。

(4) 永久样方。为了进行追踪研究，可以将样方外围明显的标记进行固定，从而便于以后再在该样方中进行调查。一般多采用较大的铁片或铁柱在样方的左上方和右下方打进土中深层位置，以防位置移动。

3. 样带法

为了研究环境变化较大的地方，以长方形作为样地面积，而且每个样地面积固定，宽度固定，几个样地按照一定的走向连接起来，就形成了样带。样带的宽度在不同的群落中是不同的，草原地区为 10～20cm，灌木林为 1～5m，森林为 10～30m。有时，在调查一个环境异质性比较突出，群落也比较复杂多变的群落时，为了提高研究效率，或沿一个方向、中间间隔一定的距离布设若干平等的样带，再在与此相垂直的方向，同样布设若干平等的样带。在样带纵横交错的地方设立样方，并进行深入的调查分析。

4. 样线法

用一条线绳置于所要调查的群落中，调查线绳一边或两边的植物种类和个体数。样线法获取的数据在计算群落数量特征时，有其特有的计算方法。它往往根据被样线所截的植物个体数目、面积等进行估算。

5. 无样地取样法

无样地法是不设立样方，而是建立中心轴线，标定距离，进行定点随机抽样。无样地法有很多方法，比较常见的是中点象限法。

在一片森林地上设若干定距垂直线（借助地质罗盘用测绳拉好）。在此垂直线上定距（比如 15m 或 30m）设点。各点再设短平行线形成四个象限。在各象限范围测 1 株距离中心点最近的，胸径大于 11.5cm 的乔木，要记下此树的植物学名，量其胸径和圆周，用皮尺测量此树到中心点的距离。同时在此象限内再测 1 株距中心点最近的幼树（胸径 2.5～11.5cm），同样量胸径和圆周，量此幼树到中心点的距离。有时不测幼树，每个中心点都要做 4 个象限，在中心点（或其附近）选做 1 个 $1m^2$ 或 $4m^2$ 的小样方，记录小样方内灌木、草本及幼苗的种名、数量及高度。

在我国亚热带常绿阔叶林及其次生林中采用这个方法，20 个中心点的数据中可以与 2 个 $500m^2$ 样方的精确度相当。该方法也可用于草地群落，只是相关的距离是根据实际情况进行调整。

五、实验数据记录与处理

1. 多优度-群聚度的估测用其准则

多优度与群聚度相结合的打分法和记分法是法瑞学派传统的野外工作方法，是一种主观观测的方法，要有一定的野外经验。该法包括两个等级，即多优度等级和群聚度等级，具体内容如下。

(1) 多优势度等级（即盖度-多度级，共 6 级，以盖度为主结合多度）

5：样地内某种植物的盖度在 75%以上的（即 3/4 以上者）；

4：样地内某种植物的盖度在 50%～75%以上的（即 1/2～3/4）；

3：样地内某种植物的盖度在 25%～50%以上的（即 1/4～1/2）；

2：样地内某种植物的盖度在 5%～25%以上的（即 3/20～1/4）；

1：样地内某种植物的盖度在 5%以下，或数量尚多者；

＋：样地内某种植物的盖度很小，数量也少。

(2) 单株群聚度等级（5 级，聚生状态与盖度相结合）

5：集成大片，背景化；

4：小群或大块；

3：小片或小块；

2：小丛或小簇；

1：个别散生或单生。

因为群聚度等级也有盖度的概念，在中、高级的等级中，多优度与群聚度常常是一致的，故常出现 5.5、4.4、3.3 等记号情况，当然也有 4.5、3.4 等情况，中级以下因个体数量和盖度常有差异，故常出现 2.1、2.2、2.3、1.1、1.2、＋、＋.1，＋.2 的记号。

2. 物候期的记录

这是全年连续定时观测的指标，群落物候反映季相和外貌，故在一次性调查中记录群落中各种植物的物候期仍有意义。在草本群落调查中，则更显得重要。

物候期的划分和记录方法各种各样，有分 5 个物候期的，如营养期、花蕾期、开花期、结实期、休眠期。经过多年实践，发现分为 6 个物候期记录为好。

营养期：—(或者不记)；

花蕾期或抽穗期：V；

开花期或孢子期：O（可再分为初花⊃、盛花 O、末花⊂)；

结果期与结实期：＋（可再分为初果┕、盛果＋、末果┳)；

落果期、落叶期或枯黄期：～～（常绿落果≈≈)；

休眠期或枯死期：∧（一年生枯死者可记为 X）。

如果某植物同时处于花蕾期、开花期、结实期，则选取一定面积，估计其一物候期达到 50%以上者记之，其他物候期记在括号中，例如开花期达 50%以上者，则记 O（V，+）。

3. 生活力的记录

生活力又称生活强度或茂盛度。这也是全年连续定时记录的指标。一次性调查中只记录该种植物当时的生活力强弱，主要反映生态上的适应和竞争能力，不包括因物候原因生活力变化者。生活力一般分为 3 级。

强（或盛）：●（营养生长良好，繁殖能力强，在群落中生长势良好）；

中：不记（生活力中等或正常，即具有营养和繁殖能力，生长势一般）；

弱（或衰）：○（营养生长不良，繁殖很差或不能繁殖，生长势很不好）。

4. Raunklaer 生活型类别及识别准则

（1）高位芽植物（Ph）。地上部分大于 0.25m 的植物，分大、中、小 3 类。

① 大高位芽植物（Meg. Ph）。高 30m 以上的常绿大高位芽植物（E. Meg. Ph），落叶大高位芽植物（D. Meg. Ph）。

② 中高位芽植物（Mes. Ph）。高 7.5～30m 的常绿中高位芽植物（E. Mes. Ph），落叶中高位芽植物（D. Mes. Ph）。

③ 小高位芽植物（Mic. Ph）。高 2～8m 常绿小高位芽植物（E. Mic. Ph），落叶小高位芽植物（D. Mic. Ph）。

④ 矮高位芽植物（N. Ph）。高 0.25～2m 处，常绿矮高位芽植物（E. N. Ph），落叶矮高位芽植物（D. N. Ph）。

（2）地上芽植物（Ch）。过冬芽位于地上 0～25cm 处，例如高山的矮小垫状植物，干旱地区的矮小灌木及半灌木。

（3）地面芽植物（H）。过冬芽处于地面，地上部分一直枯死到土壤表面，地下部分都活着，芽常由枯叶所保护。例如，大部分多年生草本植物、多数蕨类植物、冬季的草本藤本植物等。

（4）地下芽植物（G）。过冬芽处于地下或水中。例如，多年生的根茎、块茎、块根、鲜茎等地下芽植物，部分根茎有蕨类植物，绝大部分的水生植物，个别草质藤本植物等。

（5）一年生植物（T）。种子过冬植物。例如，一年生植物，包括个别的两年生植物。

还有一些附加的编写代号：阔叶（B）、针叶（N）、藤本（L）、木质藤本（WL）、草质藤本（H. L）、附生（E. P）、寄生（P）等。

法瑞学派在 Raunklaer 基础上修改后的生活型系统比较复杂。

5. 树高和干高的测量

树高指一棵树从平地到树梢的自然高度（弯曲的树干不能沿曲线测量）。通常在做样方的时候，先用简易的测高仪（例如魏氏测高仪）实测群落中的一颗标准树木，其他各树则估测。估测时均与此标准相比较。

目测树高的两种简易办法，可任选一种。其一为积累法，即树下站一人，举手为 2m，然后 2m、4m、6m、8m 往上积累到树梢；其二为分割法，即测者站在距树远处，把树分割成 1/2，1/4，1/8，1/16，如果分割到 1/16 处为 1.5m，则 1.5m×16＝24m，即为此树高度。

干高即为枝下高，是指此树干上最大分枝处的高度。这一高度大致与树冠的下缘接近，干高的估测与树高相同。

6. 胸径与基径的测量

胸径指树木的胸高直径，大约为距地面 1.3m 处的树干直径。严格的测量要用特别的轮尺（即大卡尺），在树干上交叉测两个树。在地植物学调查中，一般采用钢卷尺测量。如果碰到扁树干，测后估一个平均数就可以了，但必须要株株实地测量，不能仅在望远镜一望，任意估计一个数值。

如果碰到一株从根边萌发的大树，一个基干有 3 个萌干，则必须测量 3 个胸径，在记录时用括号划在一个植株上。胸径 2.5cm 以下的小乔木，一般在乔木层调查中都不必测量，应在灌木层中调查。

基径是指树干基部的直径，是计算显著度时必须要用的数据，测量时，也要用轮尺或钢尺测两个数值后取其平均值。一般树干直径的测定位置是距地面 30cm 处。同样必须实测，不要任意估计。

7. 冠幅、冠径和丛径的测定

冠幅指树冠的幅度，专用于乔木调查时树木的测量。用皮尺通过树干在树下量树冠投影的长度，然后再量树下与长度垂直投影的宽度。例如长度为 4m，宽度为 2m，则记录下此株树的冠幅为 4m×2m。然而在地植物学调查中多用目测估计，估测时必须在树冠下来回走动，用手臂或脚步帮忙测量。特别是那些树冠垂直的树，更要小心估测。

冠径和丛径均用于灌木层和草本层的调查，因为调查样方面积不大，所以进行起来不会太困难。测量冠径和丛径的目的在于了解群落中各种灌木和草本植物的固化面积。冠径指植冠的直径，用于不成丛单株散生的植物种类，测量时以植物种为单位，选择一个平均大小（即中等大小）的植冠直径，记一个数字即可，然后再选一株植冠最大的植株测量直径记下数字。从径指植物成丛生长的植冠直径，在矮小灌木和草本植物中各种丛生的情况较常见，故可以丛为单位，测量共同种各丛的一般丛径和最大丛径。

8. 盖度（总盖度、层盖度、种盖度）的测量

群落总盖度是指一定样地面积内原有生活着的植物覆盖面的百分率。这包括乔木层、灌木层、草本层、苔藓层的各层植物。所以相互层之重叠的现象是普遍的，总盖度不管重叠部分。如果全部覆盖地面，其总盖度为 100%，如果林内有一个小林窗，地表正好都为裸地，太阳光直射时，光斑约占盖度的 10%，其他地面或为树冠覆盖，或为草本覆盖，故此样地的总盖度为 90%。总盖度的估测对于一些比较稀疏的植被来说，是具有较大意义的。草地植被的总盖度可以采用缩放尺实绘于方格纸上，再按方格面积确定盖度的百分数。

层盖度指各分层的盖度，实测时可用方格纸在林地内勾绘，比估计要准确得多。然而有经验的植物学工作者都善于目测估计各种盖度。

种盖度指各层中每个植物种所有个体的盖度，一般也可目测估计。盖度很小的种，可略而不计，或计小于 1%。

个体盖度即指上述的冠幅、冠径，是以个体为单位可以直接测量。

由于植物的重叠现象，故个体盖度之和不小于种盖度，种盖度之和不小于层盖度，

各层盖度之和不小于总盖度。

9. 多度与聚生多度

(1) 多度。英美学派的多度是指多度百分数，又称相对多度，是植被研究中经常用的一个指标。多度要以株数为研究基础，即为某种植物在单位面积内的百分数。

计算公式如下：

多度=(样方内某种植物的株数/样方内各种植物的总株数)×100　　(6-16)

必须在同一层次内或者相同的生长型内进行多度的计算，否则没有太大的意义。

(2) 聚生多度。聚生多度又称德式多度，是 Drude 首先应用而得名。这一多度概念源于欧洲，以后为前苏联学派所采用。我国自前苏联引入，现已不多用。该法与法瑞学派的多度等级制基本上相似，是一种用代号表示的相对等级。

聚生多度共有 6 个多度级和 2 个聚生度级，均以植物种为单位，乔、灌、草分别估测。

① 多度级。cop3 为很多；cop2 为多；cop1 为尚多；sp 为不多而分散；sol 为少而个别；un 为单株。

② 聚生度级。soc 为个体相互靠拢成大片或背景化；gr 为丛生成小团块或小块聚生。

多度和聚生度可以联用；如 cop3. soc 为很多且聚成大片；sp. gr 为不多但小块聚生。

10. 频度和相对频度

法瑞学派和英美学派对频度这一指标的概念和应用稍有不同。法瑞学派把频度和存在度的概念严格地分开，它的频度限于群丛个体范围内某种植物在各样地中的出现率。而英美学派的频度概念是广义的，它包括了法瑞学派的频度和存在度，是指某种植物在样方中出现的百分率。不论样方设在群丛个体之内或之间。英美学派频度的计算公式如下：

频度=(某种植物出现的样方数/样方总数)×100　　(6-17)

英美学派的相对频度是指一个群落中在已算好的各个种的频度基础上，再进一步求算各个种的频度相对值。其计算公式如下：

相对频度=(某种植物的频度/全部植物的频度之和)×100　　(6-18)

11. 重要值指数 (DFD 和 IVI) 的求算

重要值是一种植被研究的指标。DFD 和 IVI 都表示重要值，但二者在求算技术上稍有不同。

(1) DFD 指数。或叫“密度、频度、优势度指数”，其计算公式：

DFD 指数=相对密度+频度+相对显著度　　(6-19)

在上式中，由于直接采用“频度”，而不是“相对频度”，故其理论上最大值可以等于 300。

(2) IVI 指数。即重要值指数 (important value index) 其计算公式：

IVI=相对密度+相对频度+相对显著度　　(6-20)

在上式中，由于采用相对频度，其和不超过 100。故理论上的最大重要值为 100。

以上两种计算公式的相对密度均可用相对多度代替，因为相对多度是由一定样方面积中的株数求得，其重要性是相对的。当然相对显著度也就是相对优势度。

12. 木材蓄积量的求算

首先，把林木划分为以下 5 个等级：

Ⅰ级苗木——乔木幼苗，高 33cm 以下；

Ⅱ级苗木——乔木高 33cm 以上，干粗 2.5cm 以下；

Ⅲ级立木——乔木胸径 2.5～7.5cm；

Ⅳ级立木——乔木胸径 7.5～22.5cm；

Ⅴ级大树——乔木胸径在 22.5cm 以上。

木材蓄积量（即木材积）是指单位面积内的现有产量，可以按树种分别计算蓄积量，然后求其单位面积的总蓄积量，也可以直接按各树种个体的平均高度和胸径断面积之和计算一定面积内林地的总蓄积量。

植被生态学中最好按树种选其Ⅳ、Ⅴ级树木进行蓄积量的计算，即单位面积内某树种的材积之和即为单位面积内的总蓄积量（也称林地蓄积量）。然后按比例换算成 $1hm^2$ 面积内的蓄积量。

如果不分树种计算，就简单多了。但仍要计算单位面积内林木平均高度×林木胸高面积的总和×形数。

形数是树木干形指标之一，这里指的是树干材积与一想象的圆柱体体积之比的系数。形数可查阅有关的资料，一般在 0.5 左右。随树种、树龄、胸径可查出一株树的材积，逐株相加求其总和，即得林地的蓄积量。

13. 物种多样性分析

常用的物种多样性指数有以下几种：丰富度指数、香农-维纳（Shannon-Wiener）多样性指数、辛普森（Simpson）多样性指数、Pielou 均匀度指数。

（1）丰富度指数：群落中的物种数 S。

（2）香农-维纳（Shannon-Wiener）多样性指数

$$H=-\sum_{i=1}^{S} P_i \ln P_i \tag{6-21}$$

式中　H——群落的多样性指数；

S——物种数；

P_i——群落中属于第 i 种的个体的比例，如群落总个体数为 N，第 i 种个体数为 n_i，则 $P_i=n_i/N$。

（3）辛普森（Simpson）多样性指数

$$D=1-\sum_{i=1}^{S} P_i^2 \tag{6-22}$$

式中　D——群落的多样性指数；

S——种数；

P_i——群落中属于第 i 种的个体的比例，如群落总个体数为 N，第 i 种个体数为 n_i，则 $P_i=n_i/N$。

（4）Pielou 均匀度指数

$$E=H/\ln S \tag{6-23}$$

式中　H——香农-维纳（Shannon-Wiener）多样性指数；

S——群落中的总物种数。

六、思考题

1. 分析生物量、初级生产力、净初级生产力的关系。
2. 物种多样性与群落生产力的关系。

双语词汇

群落	community
优势种	dominant species
多度	abundance
盖度	coverage
重要值	important value
生活型	life form
生态位	niche
生物多样性	biodiversity
生物量	biomass

第七章 水污染控制工程实验

实验一　混凝实验

一、实验目的

1. 观察混凝现象及过程，加深对混凝理论的理解。
2. 掌握确定混凝剂的最佳投加量、pH 值和速度梯度 G 的实验方法。
3. 了解影响混凝过程（或效率）的相关因素。

二、实验原理

混凝工艺处理的对象主要是水中的悬浮物和胶体杂质。通过向水中添加化学药剂使胶体颗粒“脱稳”并聚集成较大的颗粒，在后续的沉淀或过滤过程中被分离去除。胶体颗粒“脱稳”、聚集的效果不仅受混凝剂的类型、添加量的影响，还与胶体颗粒的浓度、水流速度梯度 G、水温和 pH 值有关。其中 pH 值是一个重要的影响因素，pH 值过低，混凝剂的水解受到限制，絮凝效果较差；pH 值过高，混凝剂溶解生成带负电荷的络合离子，影响絮凝效果。速度梯度 G 是另一个重要的影响因素。从混凝剂与水混合到形成絮体的全过程，分为混合和反应两个阶段。混合阶段，要使化学药剂快速均匀地分布到水中以便于水解、脱稳和聚合，此阶段要求大的速度梯度 G，快速和剧烈搅拌；反应阶段，以促使颗粒碰撞絮凝为主，要求小的速度梯度 G，不宜进行剧烈搅拌。

三、实验设备及试剂

1. 六联搅拌器。
2. 浊度仪。
3. pH 计。
4. 温度计。
5. 烧杯：1000mL、250mL。
6. 量筒：1000mL。

7. 移液管：1mL、2mL、5mL。

8. 注射针管：50mL。

9. 硫酸铝［$Al_2(SO_4)_3 \cdot 18H_2O$］：10g/L。

10. 三氯化铁（$FeCl_3 \cdot 6H_2O$）：10g/L。

11. 聚丙烯酰胺（PAM）：1mg/L。

12. 氢氧化钠（NaOH）：10%（质量比）。

13. 盐酸（HCl）：10%（体积比）。

四、实验步骤

实验内容分为最佳混凝剂选择、确定最佳投药量、最佳 pH 值和最佳水流速度梯度 G 四部分。进行最佳混凝剂选择实验时，先选定搅拌速度变化方式和 pH 值，确定最佳混凝剂；按照最佳混凝剂，确定最佳投药量；根据最佳投加量，确定最佳 pH 值；最后根据最佳混凝剂、最佳投药量和最佳 pH 值，确定最佳水流速度梯度 G。

1. 实验Ⅰ——最佳混凝剂选择

（1）测定原水的浊度、pH 值、温度。

（2）3 只 1000mL 的烧杯，分别加入原水 800mL，置于混凝仪上。

（3）分别向 3 只烧杯中加入硫酸铝、三氯化铁和聚丙烯酰胺。每次投加量为 0.5mL，同时进行搅拌（转速 150r/min），直到出现“矾花”，这时的混凝剂投加量为混凝剂最小投加量。

（4）停止搅拌，静置 10min。用 50mL 的注射针管分别抽取 3 只烧杯中的上清液，测定剩余浊度。

（5）根据剩余浊度及最小混凝剂投加量，确定最佳混凝剂。

2. 实验Ⅱ——确定最佳投加量

（1）6 个 1000mL 的烧杯，分别加入原水 800mL，置于混凝仪上。

（2）根据实验Ⅰ确定的最佳混凝剂的最小投加量，采用均分法分别投加最小投加量的 25%、50%、100%、125%、150%、200%于 6 个烧杯中。

（3）开始搅拌，快速搅拌 0.5min（300r/min），中速搅拌 5min（150r/min），慢速搅拌 10min（70r/min）。

（4）搅拌过程中，注意观察“矾花”的形成过程。

（5）停止搅拌后，静置 10min，用 50mL 的注射针管分别抽取 6 只烧杯中的上清液，测定剩余浊度。

（6）根据剩余浊度，确定最佳混凝剂的最佳投加量。

3. 实验Ⅲ——确定最佳 pH 值

（1）6 个 1000mL 的烧杯，编号为 1#、2#、3#、4#、5#、6#，分别加入 800mL 原水。

（2）1#、2#、3#烧杯中加入 10%的盐酸；4#、5#、6#烧杯中加入 10%的氢氧化钠，调节 pH 值分别为 2、4、6、8、10、12。

（3）将 6 个烧杯置于混凝仪上，分别加入最佳混凝剂的最佳投加量。

（4）快速搅拌 0.5min（300r/min），中速搅拌 10min（150r/min），慢速搅拌 10min（70r/min）后停止。

(5) 静置 10min，用 50mL 的注射针管分别抽取 6 只烧杯中的上清液，测定剩余浊度。

(6) 根据剩余浊度，确定最佳 pH 值。

4. 实验Ⅳ——确定最佳水流速度梯度 G

(1) 根据实验Ⅰ、Ⅱ、Ⅲ的结果，向 6 个装有 800mL 原水的 1000mL 烧杯中，加入盐酸（或氢氧化钠）及混凝剂后，置于混凝仪上。

(2) 快速搅拌 1min（300r/min）后，变化转速后继续搅拌 20min，搅拌转速分别为 200r/min、150r/min、125r/min、100r/min、50r/min、20r/min。

(3) 停止搅拌后，静置 10min，用 50mL 的注射针管分别抽取 6 个烧杯中的上清液，测定剩余浊度。

(4) 根据剩余浊度，确定最佳水流速度梯度 G。

注：分析剩余浊度时，每个水样测定 3 次。

五、实验数据及数据整理

1. 原水特性及最佳混凝剂选择实验数据记录（见表 7-1）。

表 7-1　原水特性及最佳混凝剂选择实验记录

项目	原水浊度/NTU		原水温度/℃		原水 pH 值	
混凝剂	硫酸铝		三氯化铁		聚丙烯酰胺	
“矾花”形成时混凝剂投加量/mL						
剩余浊度/NTU	1		1		1	
	2		2		2	
	3		3		3	
	平均		平均		平均	

2. 确定最佳投加量实验数据记录（见表 7-2）。

表 7-2　确定最佳投加量实验记录

烧杯编号		$1^{\#}$	$2^{\#}$	$3^{\#}$	$4^{\#}$	$5^{\#}$	$6^{\#}$
混凝剂加入量/mL							
剩余浊度/NTU	1						
	2						
	3						
	平均						

3. 确定最佳 pH 值实验数据记录（见表 7-3）。

表 7-3　确定最佳 pH 值实验记录

烧杯编号	$1^{\#}$	$2^{\#}$	$3^{\#}$	$4^{\#}$	$5^{\#}$	$6^{\#}$
pH 值	2	4	6	8	10	12
HCl 加入量/mL				—	—	—

续表

NaOH 加入量/mL		—	—	—			
混凝剂加入量/mL							
剩余浊度/NTU	1						
	2						
	3						
	平均						

4. 确定最佳 pH 值水流速度梯度实验数据记录（见表 7-4)。

表 7-4 确定最佳 pH 值水流速度梯度实验记录

烧杯编号		1#	2#	3#	4#	5#	6#
混凝剂投加量/(mg/L)							
pH 值							
"矾花"形成时间/min							
运行参数	转速/(r/min)	300	300	300	300	300	300
	时间/min	1	1	1	1	1	1
	转速/(r/min)	200	150	125	100	50	20
	时间/min	20	20	20	20	20	20
上清液浊度/NTU	1						
	2						
	3						
	平均						

六、思考题

1. 根据混凝实验结果及实验中观察到的现象，简述影响混凝效果的主要因素。

2. 试分析混凝剂投加量对混凝效果的影响，在最大投加量时，混凝效果不一定最好的原因。

3. pH 值对混凝效果有何影响？

4. 水流速度梯度 G 对混凝效果有何影响？

双语词汇

混凝	coagulation
脱稳	destabilization
胶体	colloid
混凝剂	coagulant
水解	hydrolyze
浊度	turbidity

知识拓展

改性淀粉

淀粉是由葡萄糖缩聚而成的一种多糖类天然高分子物质，是自然界来源最丰富的一种可再生物质，可降解，不会对环境造成污染。其分子链中存在着大量可反应的羟基，从而为淀粉改性提供了可能。改性淀粉是在天然淀粉的基础上，为改善淀粉的性能、扩大其应用范围，通过物理、化学或酶法等处理，在淀粉分子上引入新的官能团或改变淀粉分子大小和颗粒性质，使其更适合于一定应用的要求。淀粉改性的方法有许多，主要有物理改性、化学改性、生物改性、复合改性等。自 19 世纪中叶开始，改性淀粉的发展已有 160 多年的历史，在近 30 年中，改性淀粉种类不断增加，应用范围也不断扩大，主要用于食品工业、医药、水处理、造纸等领域。改性淀粉因其来源广，价格便宜，对环境安全等优点成为污水处理中的新型絮凝剂。

实验二　过滤与反冲实验

一、实验目的

1. 掌握反冲洗强度与滤层膨胀度之间的关系。
2. 了解清洁砂层过滤时水头损失变化规律、水头损失增长对过滤周期的影响。
3. 观察过滤与反冲洗现象，加深对过滤及反冲洗原理的理解。

二、实验原理

1. 过滤原理

过滤是指以石英砂等颗粒状滤料层截留水中悬浮杂质的工艺过程，是水中悬浮颗粒与滤料颗粒间黏附作用的结果。黏附作用的强弱主要取决于滤料和水中颗粒表面的物理化学性质。当水中颗粒迁移到滤料表面时，在范德华引力、静电引力、化学吸附以及某些化学键的作用下，颗粒从水中去除。另外，某些絮凝颗粒的架桥作用也影响过滤效果。

2. 过滤影响因素

过滤过程中，随着过滤时间的增加，滤料层中截留的杂质量也不断增加，必然导致过滤过程水力条件的改变。当滤料粒径、级配和厚度及水位已确定时，如果孔隙率减小，在水头损失不变的情况下，滤速将减小；在滤速保持不变时，水头损失将增加。从滤料层整体看，上层滤料截留杂质量越多，越往下层截留量越小，水头损失也由上而下逐渐减小。影响过滤的因素有很多，如水质、水温、滤速、滤料尺寸、滤料形状、滤料级配，以及悬浮物的表面性质、尺寸和强度等。

3. 反冲洗

过滤时随着滤料层截留杂质的增加，水头损失也不断增大，达到一定程度时，会出现过滤出水量急剧减少或过滤出水水质恶化的现象。这时过滤装置需停止工作，进行反冲洗，去除滤料层中的杂质，恢复过滤装置的过滤性能。反冲洗时，滤料层会膨胀起来，在水流剪切力以及滤料颗粒相互碰撞摩擦的作用下，截留在滤料层中的杂质，会从滤料表面脱落下来，被反冲洗水带出过滤装置。反冲洗效果主要受滤料层中的水流剪切力影响。剪切力的大小与反冲洗水的流速、滤料层的膨胀率有关。反冲洗水流速小，水流剪切力小；增大反冲洗水流速时，滤料层膨胀度也增大，水流剪切力会降低。因此，反冲洗流速应控制在一定范围内。反冲洗效果通常由滤床膨胀率 e 来控制，即

$$e=\frac{L-L_0}{L}\times 100\% \tag{7-1}$$

式中 L——滤料层膨胀后的厚度，cm；

L_0——滤料层膨胀前的厚度，cm。

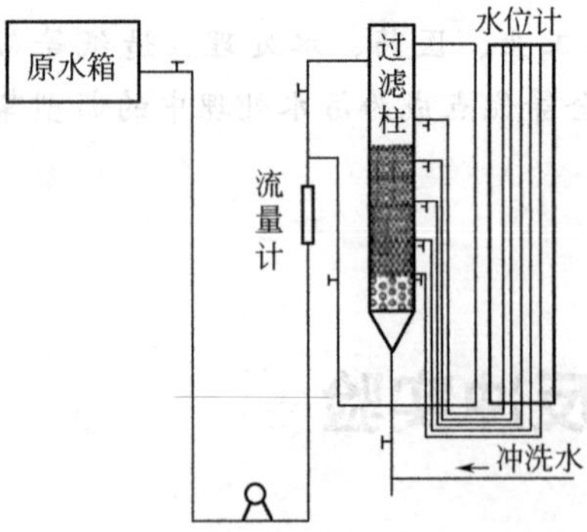

图 7-1 过滤及反冲洗实验装置

三、实验设备及试剂

1. 过滤及反冲洗实验装置（见图 7-1）。
2. 光电浊度仪。
3. 秒表、卷尺。
4. 量筒：1000mL。
5. 烧杯：200mL。
6. 硫酸铝 [$Al_2(SO_4)_3 \cdot 18H_2O$]：10g/L。

四、实验步骤

1. 滤料层冲洗强度与膨胀率的关系

(1) 了解实验装置的结构及操作方法。

(2) 测量并记录原始数据填入表 7-5 中。

(3) 计算出滤料层膨胀度依次 5%、15%、25%、35%、45%时对应的高度。

(4) 用自来水对滤料层进行反冲洗：缓慢开启反冲洗水进水阀门，将滤料层膨胀度调节至 5%～10%（保持冲洗 5min），膨胀沙面稳定后，测量膨胀后滤料层高度 L；从流量计读取反冲洗水流量，重复 3 次。

(5) 重复实验步骤 (4)，分别将膨胀度调节至 10%～20%、20%～30%、30%～40%、40%～50%。

(6) 关闭反冲洗水，打开滤池排水阀，水面降至滤料层上 10～20cm 处时，关闭排水阀。

2. 过滤时滤料层水力损失

(1) 配制原水，将硫酸铝投加到原水箱中，进行搅拌，使其浊度在 40～50NTU。

(2) 开启原水进水阀，原水由上而下流经滤料层。当水位达到溢流高度时，记录测压管水位高度，开启滤池排水阀，用秒表、量筒测量滤柱底部出水口的流量，计算滤速。

(3) 分别在 5min、10min、20min、30min、45min、60min、75min、90min 时取样分析进、出水的浊度、温度并记录各测压管的水位。填入表 7-7 中。

3. 观察杂质绒粒进入滤料层深度的情况。

4. 对滤池进行反冲洗，观察冲洗水浊度变化情况。

五、实验数据及结果整理

1. 实验数据

实验装置参数记录见表 7-5，反冲洗实验数据记录见表 7-6，过滤实验数据记录见表 7-7。

表 7-5 实验装置参数记录表

滤柱直径(D)/mm	滤柱截面积(F)/m^2	滤柱高度(H)/m	滤料名称	滤料厚度(h)/cm

表 7-6 反冲洗实验记录表

序号	L/cm	$(L-L_0)$/cm	e/%	Q/(L/min)	$q=(Q/F)$ /(L/min)	T/℃	e 平均	q 平均
1								
2								
3								
4								
5								

表 7-7 过滤实验记录表

工作时间/min		5	10	20	30	45	60	75	90
流量/(mL/min)									
流速/(m/h)									
浊度/NTU	进水								
	出水								

续表

水位/cm	滤池水面								
	滤层 A 点								
	滤层 B 点								
	滤层 C 点								
	滤层 D 点								

2. 实验数据处理

(1) 以反冲洗强度（q）为横坐标，膨胀率（e）为纵坐标，绘制反冲洗强度与膨胀率的关系曲线，比较不同反冲洗强度下，膨胀率的变化。

(2) 以滤速为横坐标，滤料层水头损失为纵坐标，绘制滤速与水头损失的关系曲线，理解滤速与水头损失之间的关系。

(3) 绘制出水剩余浊度与工作时间的关系曲线。

六、注意事项

1. 在过滤实验开始前，滤层上面要保持一定的水位，防止过滤实验时测压管中积有气泡。

2. 反冲洗时，应缓慢开启进水阀，防止滤料冲出。

3. 反冲洗测量滤料层厚度时，要在滤料面稳定后再测量，要连续测量 3 次，取其平均值。

双语词汇

颗粒	particles
过滤	filtration
滤料	filter material
范德华引力	Van de Waals force
静电引力	electrostatic force
化学吸附	chemisorption
化学键	chemical bonds
水头损失	head loss
滤速	filtration rate
反冲洗	backwash
膨胀率	expansion ratio
压缩沉淀	compression settling

知识拓展

人工快渗系统

人工快渗系统（constructed rapid infiltration，CRI）兼具了污水快渗土地处理

系统和人工构造湿地系统的优点，基建投资少、工艺操作简便、运营成本低，特别适合中小城镇生活污水、受污染地表水、分散污水及市政管网尚未覆盖的边远地区污水的处理。该工艺是中国地质大学（北京）水资源与环境学院于20世纪90年代开发的，既能应用于生活污水处理，也能应用于受污染河流水水质的净化改善。CRI系统采用干湿交替的运转方式，即在各渗池里淹水和落干相互交替。可采用自动控制和人工管理相结合的方式，并定期进行翻耕。CRI系统净化机理包括过滤、生物膜作用以及吸附三个过程。有机污染物的去除主要由过滤截留、吸附和生物降解作用共同完成；SS通过预处理和过滤作用去除；氨氮通过硝化（落干）和反硝化作用（淹水）脱氮；磷则与渗滤池内的特殊填料形成磷酸钙沉淀而去除。

实验三 自由沉淀

一、实验目的

1. 了解污水中颗粒的沉降特性，加深对污水中非絮凝性颗粒的沉降机理、特点及规律的认识。

2. 通过沉降实验，求出沉降曲线，即悬浮颗粒的去除率（η）-沉淀时间（t）和去除率（η）-沉降速度（u）关系曲线，以此获得沉淀池的设计参数。

二、实验原理

沉淀是指借助重力作用从液体中去除固体颗粒物的一种分离过程。根据液体中悬浮物的密度、浓度及凝聚性，沉淀可分为自由沉淀、絮凝沉淀、成层沉淀和压缩沉淀。本实验的目的是探讨非絮凝性固体颗粒物的自由沉淀规律。

自由沉淀实验装置如图7-2所示，有效水深为H，某一颗粒在t时间内从水面沉到池底，颗粒的沉淀速度为$u=H/t$，对于某给定的沉淀时间t_0，可求得颗粒的最小沉淀速度u_0。对于沉速等于或大于u_0（$u \geqslant u_0$）的颗粒，在t_0时可全部去除。在悬浮物的总量中，这部分颗粒所占的比率为（$1-x_0$）。x_0代表沉速$u<u_0$的颗粒物占全部悬浮颗粒物的百分数。

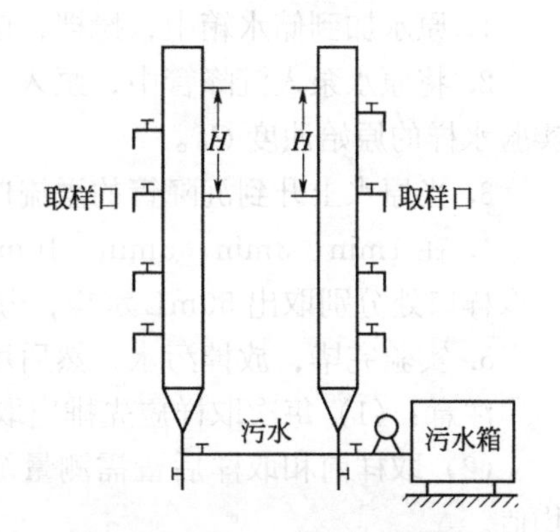

图7-2 自由沉淀实验装置

对于沉速$u<u_0$颗粒，如果从沉淀区顶端进入则不能沉淀到池底，会随水流排出；当其从位于水面以下某一位置进入沉淀区时，有可能沉淀到池底而被去除。

因此，沉淀池去除的颗粒中，包括了$u \geqslant u_0$和$u < u_0$的一部分颗粒。所以沉淀池对悬浮颗粒的去除率（E）为：

$$E=(1-x_0)+\frac{1}{u_0}\int_0^{x_0} u\,\mathrm{d}x \tag{7-2}$$

设原水中悬浮物浓度为C_0(mg/L)，经过t时间沉淀后，总沉淀率（η）为

$$\eta=\frac{C_t-C_0}{C_t}\times 100\% \tag{7-3}$$

在时间t时能沉淀到H深度的颗粒沉淀速度（u）为

$$u=\frac{H_i}{t_i} \tag{7-4}$$

式中 C_0——原水中悬浮物浓度，mg/L；

C_t——经t时间后污水中残存的悬浮物浓度，mg/L；

H_i——取样口高度，cm；

t_i——取样时间，min。

三、实验设备及材料

1. 自由沉淀实验装置（见图 7-2）。
2. 卷尺。
3. 玻璃漏斗。
4. 滤纸（中速定量）。
5. 称量瓶（或表面皿）。
6. 分析天平。
7. 恒温干燥箱。
8. 烧杯（100mL）。

四、实验步骤

1. 原水加到储水箱中，搅拌，使水中悬浮物分布均匀。

2. 将原水泵入沉降管中，泵入过程从沉淀管中取样三次，测定悬浮物浓度，作为实验水样的原始浊度C_0。

3. 当原水上升到沉降管的溢流口处后，关闭进水阀，停泵，记录沉淀开始时间。

4. 在 1min、3min、5min、10min、15min、20min、40min、60min、90min，在同一取样口处分别取出 50mL 水样，分析悬浮物浊度（C_t），结果记入表 7-8 中。

5. 实验完毕，放掉污水，然后用清水冲洗沉降柱及原水箱。

注意：(1) 每次取样应先排出取样口中的积水，以减少误差。

(2) 取样前和取样后皆需测量沉淀管中液面至取样口的高度，计算时取二者的平均值。

五、实验数据与结果整理

1. 实验数据

自由沉淀实验数据记录见表 7-8。

表 7-8　自由沉淀实验记录表

沉淀时间/min	C_0/(mg/L)	C_t/(mg/L)	沉淀高度 H_i/cm
0			
1			
3			
5			
10			
15			
20			
40			
60			
90			

2. 实验数据处理

(1) 计算悬浮物总去除率（η）、悬浮物剩余率（P）以及沉淀速度（u），记入表 7-9中。

表 7-9　悬浮物去除率、剩余率及沉淀速度数据

沉淀时间(t)/min	悬浮物总去除率(η)/%	悬浮物剩余率(P)/%	沉淀速度(u)/(mm/s)
1			
3			
5			
10			
15			
20			
40			
60			
90			

(2) 制 E-t、E-u、P-u 关系曲线。

六、思考题

1. 自由沉淀中颗粒沉速与混凝沉淀中颗粒的沉降速度有何区别？

2. 自由沉淀的实验方法及意义。

双语词汇

沉淀	settle
自由沉淀	discrete particle settling
絮凝沉淀	flocculent settling
成层沉淀	hindered settling

知识拓展

黑臭水体底泥沉积处理技术

黑臭水体底泥主要由黏土、泥沙、有机物等矿物质组成，经过长时间水体传输、物理、化学、生物等作用沉积于水体底部，导致水体黑臭的原因是有机污泥的沉积和微生物厌氧发酵。目前底泥处理相关技术与工艺有：疏浚清淤、淤泥干化、底泥分解氧化技术（原位生物修复）。①疏浚清淤。利用人力或机械进行水下开挖，清除底泥。②淤泥干化。去除淤泥中大部分含水量。③底泥分解技术。对受污染的底泥不做搬运或运输，向底泥中直接投加底泥净化剂，在基本不破坏水体底泥自然环境条件下在水体底部进行降解和修复。包括微生物修复技术和植物修复技术。底泥分解氧化技术具有见效快、提高水体中的溶解氧、消除水体内源（淤泥）污染、治理成本相对清淤非常低等优点。

实验四　双向流斜板沉淀实验

一、实验目的

1. 加深理解斜板沉淀池的结构和工作原理。
2. 观察水和泥的运动情况，加深对浅层沉淀原理和特点的理解。
3. 了解影响斜板沉淀效率的因素。

二、实验原理

根据浅层理论，在沉淀池有效容积一定的条件下，增加沉淀面积，可以提高沉淀效率。斜板沉淀池实际上就是将多层沉淀池底板做成一定的坡度，有利于排泥。斜板通常与水平成60°角，放置于沉淀池中，水在斜板上流动的过程中，颗粒沉降于斜板上。当颗粒积累到一定程度时，便自动滑下。根据斜板间水流与污泥的相对运动分为异向流(双向流)、同向流和侧向流。

本实验采用双向流斜板沉淀池模型。首先开启水泵，原水流入进水管，进入在斜板沉淀池顶部中间的穿孔配水管，然后向下流穿过一组斜板到达沉淀池底部的连通空间，随后向上流流经中间的斜板沉淀区，污泥在斜板上沉积，最后滑下池底，定期排出。清水在沉淀池顶部的穿孔集水槽汇集，由出水管排出。

三、实验设备及试剂

1. 双向流斜板沉淀池模型。
2. 水泵。
3. 光电浊度仪。
4. 温度计。

5. 烧杯（200mL）。

6. 硫酸铝［$Al_2(SO_4)_3 \cdot 18H_2O$］。

四、实验步骤

1. 用清水注满双向流斜板沉淀池，检查是否漏水，阀门等是否正常。

2. 分析原水的温度、浊度。

3. 原水中加入混凝剂硫酸铝后，搅拌使之出现“矾花”。

4. 将混凝后的原水泵入双向流斜板沉淀池中，先将流速控制在400L/h左右，分析出水的浊度。

5. 根据400L/h的出水浊度，增加或减少进水的流速，考察不同负荷下，出水浊度的变化情况，并计算去除率。

6. 也可以改变混凝剂或混凝剂的投加量，来考察浊度的去除情况。

五、实验数据及结果整理

1. 实验数据

双向流斜板沉淀实验数据记录见表7-10。

表7-10　双向流斜板沉淀实验记录表　　混凝剂：

序号	原水		浊度/NTU		
	水温/℃	流量/(L/h)	进水	出水	去除率/%

2. 计算浊度去除率。

六、思考题

1. 斜板沉淀池与其他沉淀池比较有什么优点？

2. 双向流斜板沉淀池的运行方式有什么特点？

双语词汇

浅层理论	shallow theory
斜板沉淀池	inclined plate settling
异向流（双向流）	counter flow
同向流	co-current flow
侧向流	side flow

知识拓展

新型同向流斜板沉淀装置

新型同向流斜板沉淀装置包括两个同心圆筒环隙间的斜板和集水装置。内外筒之间的环隙为沉淀区，同向流斜板在沉淀区以一定的倾斜角度切割沉淀区内壁和外壁，一定数量的单片斜板围绕圆筒一周便形成空间利用率达100%的斜板区。采用环形槽集水，两斜板之间下端内圆筒壁上设有小孔与集水装置连通，沉淀后的清水通过出水小孔进入沿内筒布置一圈的环形集水槽。待处理水通过进水孔从上部进入斜板沉淀区，经斜板沉淀后，清水通过出水小孔进入集水区，泥渣则沿斜板滑下并被收集。斜板的倾角为45°，有效沉淀面积大，沉淀效果好。泥水同时向下流动过程中，沉淀在斜板上的泥受到重力、水流拖曳力、惯性力以及挡板的支持力作用，不断地向斜板外侧汇集，最终在斜板下端沿着外侧边滑落；斜板下端内侧的清水沿着设在内圆筒壁上的小孔进入集水装置，集水小孔不易堵塞。新型同向流斜板沉淀装置解决了传统同向流斜板沉淀装置存在的构造复杂、布水不均匀、集水困难、池体存在死水区等问题。

实验五　活性炭吸附实验

一、实验目的

1. 加深理解吸附的基本原理。
2. 通过实验取得必要的数据，绘制和拟合吸附等温线。
3. 利用绘制的吸附等温线确定吸附等温线参数。
4. 掌握连续流法确定活性炭动态吸附处理污水设计参数的方法。

二、实验原理

活性炭吸附是利用活性炭固体表面对物质的吸附作用，达到净化水质的目的。由于活性炭对水中大部分污染物都有较好的吸附作用，用于水处理时往往具有出水水质稳定，适用于多种污水的优点，是目前国内外应用较多的一种水处理方法。活性炭吸附包括物理吸附和化学吸附。由活性炭与被吸附物质间的分子作用力引起的吸附称为物理吸附；由活性炭与被吸附物质间的化学作用而发生的吸附，称为化学吸附。

吸附过程一般是可逆的，一方面吸附质被吸附剂吸附；另一方面一部分已被吸附的吸附质，由于分子的热运动，能够脱离吸附剂表面又回到液相中去。前者为吸附过程，后者为解吸过程。当吸附速度和解吸速度相等时，吸附达到了动态平衡，此时的动态平衡称为吸附平衡，吸附质在溶液中的浓度称为平衡浓度 c_e。活性炭的吸附能力用吸附量 q 表示。

$$q=\frac{V(c_0-c)}{m}=\frac{X}{m} \tag{7-5}$$

式中 q——活性炭吸附量，即单位质量的活性炭所吸附的物质量，g/g；

V——溶液体积，L；

c_0，c——分别为吸附前和达到吸附平衡时溶液中被吸附物质的浓度，mg/L；

m——活性炭投加量，g；

X——吸附质的量，g。

在一定温度下，活性炭吸附量 q 与吸附平衡浓度 c_e 之间的关系曲线，称为吸附等温线。常用的吸附等温线有 Freundlich 吸附等温线和 Langmuir 吸附等温线等。

1. Freundlich 吸附等温线

$$q=k_F c^{\frac{1}{n}} \tag{7-6}$$

$$\lg q=\lg k_F+\frac{1}{n}\lg c \tag{7-7}$$

式中 k_F——与吸附剂比表面积、温度和吸附质等有关的系数；

n——与温度、pH 值、吸附剂及被吸附物质性质有关的常数；

q，c——同前。

k_F、n 可以通过间歇式活性炭吸附实验求出。

2. Langmuir 吸附等温线

$$q=\frac{k_L c q_{max}}{1+k_L c} \tag{7-8}$$

$$\frac{1}{q}=\frac{1}{k_L q_{max}}\frac{1}{c}+\frac{1}{q_{max}} \tag{7-9}$$

式中 k_L——Langmuir 平衡常数，与吸附剂和吸附质的性质及温度有关，其值越大，吸附剂的吸附能力越强；

q_{max}——最大吸附量，g/g；

q，c——同前。

k_L、q_{max} 可以通过间歇式活性炭吸附实验求出。

活性炭作为吸附剂的吸附操作分为间歇式和连续式。由于间歇式静态吸附法处理能力低、设备多，故工程上多采用连续式，即活性炭动态吸附法。

连续流活性炭性能可用博哈特（Bohart）和亚当斯（Adams）关系式表达，即

$$\ln\left(\frac{c_0}{c_B}-1\right)=\ln\left[\exp\left(\frac{kq_e H}{v}\right)-1\right]-kc_0 t \tag{7-10}$$

因为 $\exp\left(\frac{kq_e H}{v}\right)$ 远远大于1，所以上式变为

$$\ln\left(\frac{c_0}{c_B}-1\right)=\ln\left[\exp\left(\frac{kq_e H}{v}\right)\right]-kc_0 t \tag{7-11}$$

工作时间 t 为

$$t=\frac{q_e}{c_0 v}\left[H-\frac{v\ln(c_0/c_B-1)}{kq_e}\right] \tag{7-12}$$

式中 t——工作时间，h；

v——流速，即空塔速度，m/h；

H——活性炭层高，m；

k——速度常数，$m^3/(mg \cdot h)$ 或 $L/(mg \cdot h)$；

q_e——吸附量，即达到饱和时的吸附量，g/g；

c_0——入流溶质浓度，mg/L；

c_B——允许流出溶质浓度，mg/L。

在工作时间为零时，能够保持流出溶质浓度不超过 c_B 的活性炭层理论高度称为临界高度 H_0。其值可根据式(7-12) 在 $t=0$ 的条件下求出。

$$H_0=\frac{v}{kq_e}\ln\left(\frac{c_0}{c_B}-1\right) \tag{7-13}$$

实验时，如果工作时间为 t，原水中吸附质浓度为 c_{01}，3 个活性炭柱串联，第 1 个柱出水中吸附质的浓度为 c_{B1}，即为第 2 个柱的进水浓度 c_{02}，第 2 个柱出水浓度 c_{B2}，即为第 3 个柱进水浓度 c_{03}，由各柱不同的进出水浓度可求得流速常数 k 和吸附容量 q。

三、实验设备及材料

1. 间歇式活性炭吸附实验

(1) 粉末状活性炭。

(2) 具塞锥形瓶 (250mL)。

(3) 恒温振荡器。

(4) 分光光度计 (带 1cm 比色皿)。

(5) 玻璃漏斗。

(6) 0.45μm 的滤膜。

(7) pH 计。

(8) 分析天平。

(9) 温度计。

(10) 100mL 容量瓶。

(11) 100mg/L 的亚甲基蓝溶液。

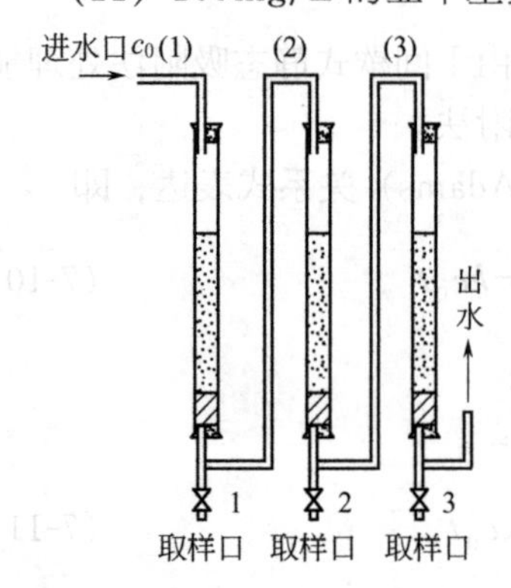

图 7-3　连续式活性炭吸附装置

2. 连续流动态活性炭吸附实验

(1) 3 根 D 40mm×1000mm 有机玻璃柱串联 (见图 7-3)。

(2) 配水与投配系统。

四、实验步骤

1. 实验Ⅰ——间歇式活性炭吸附实验

(1) 取一定体积的 100mg/L 的亚甲基蓝溶液于 100mL 容量瓶中，加入去离子水，配制成 15mg/L 的亚甲基蓝溶液，全波长扫描，确定最大吸收波长。

(2) 分别取一定体积的 100mg/L 的亚甲基蓝溶液于 100mL 容量瓶中，加入去离子水，配制 0、5.00mg/L、10.00mg/L、15.00mg/L、20.00mg/L、25.00mg/L、30.00mg/L 的标准系列，以水为

参比，用1cm比色皿测其吸光度，绘制标准曲线。

（3）在5个250mL的具塞锥形瓶中分别加入100mg、200mg、300mg、400mg、500mg的活性炭。

（4）向每个具塞锥形瓶中加入60mL的亚甲基蓝溶液（100mg/L），搅拌。

（5）将具塞锥形瓶放进振荡器中进行振荡，达到吸附平衡时停止振荡（振荡时间一般为30min以上）。

（6）过滤各具塞锥形瓶中的溶液，测定吸光度，根据标准曲线求取浓度值，记入表7-11中。

2. 实验Ⅱ——连续流活性炭吸附实验

（1）配制10mg/L的亚甲基蓝溶液，测定其吸光度。

（2）在有机玻璃柱中装入水洗烘干的活性炭。

（3）打开进水阀，使100mg/L的亚甲基蓝溶液进入活性炭柱，调节流量计流量进行实验（流量建议取5mg/L、10mg/L、15mg/L、20mg/L）。

（4）在每个流量运行稳定5min后，分析各活性炭柱出水的亚甲基蓝浓度。

（5）连续运行，每30min取样分析亚甲基蓝浓度，直至出水吸光度为进水吸光度的0.9～0.95为止。

五、实验数据及结果整理

1. 实验数据

间歇式吸附实验数据记录见表7-11，连续式吸附实验数据记录见表7-12。

表7-11 间歇式吸附实验记录表

编号	原水					出水			活性炭量(m)/g	吸附量(q)/(g/g)
	水样体积/mL	吸光度	c_0/(mg/L)	水温/℃	pH值	吸光度	c_i/(mg/L)	pH值		

表7-12 连续式吸附实验记录表

原水吸光度：　原水亚甲基蓝浓度/(mg/L)：　允许出水亚甲基蓝浓度/(mg/L)：
原水pH：　水温T/℃
活性炭柱H_1：　cm；　H_2：　cm；　H_3：　cm

工作时间t/min	出水c_B/(mg/L)								
	流量Q_1			流量Q_2			流量Q_3		
	柱1	柱2	柱3	柱1	柱2	柱3	柱1	柱2	柱3

2. 实验数据处理

(1) 根据表7-11的实验数据，分别绘制并拟合Freundlich吸附等温线和Langmuir吸附等温线，写出Freundlich吸附等温线和Langmuir吸附等温线的表达式，根据R^2值判断吸附过程符合的等温线。

(2) 根据表7-12中的t-c关系，确定当出水中吸附质浓度等于c_B时，各柱的工作时间t_1、t_2、t_3。

(3) 根据式(7-12)，绘制t-H的关系图（t为纵坐标，H为横坐标），直线截距为$\frac{1}{kc_0\ln[(c_0/c_B)-1]}$，斜率为$\frac{q_e}{c_0v}$，求出$k$、$q_e$值。

(4) 根据式(7-13)，求出每个流量下活性炭层的临界高度H_0。

六、注意事项

连续流实验中，如果第一个活性炭柱出水的亚甲基蓝浓度小于10mg/L，可增大流量或停止吸附柱进水。反之，如果第一个吸附柱出水的浓度与原水相差较小，要减小进水流量。

七、思考题

1. 吸附等温线有什么现实意义？
2. 求吸附等温线为什么要用粉状活性炭？
3. 间歇式吸附与连续式吸附的吸附容量是否一样？为什么？

双语词汇

活性炭	activated carbon
吸附	adsorption
物理吸附	physical absorption
吸附质	adsorbate
吸附剂	adsorbent
解吸	desorption
吸附平衡	absorption equilibrium
吸附等温线	adsorption isotherm
间歇式	batch
连续式	continuous

知识拓展

改性污泥基吸附剂

污泥是污水处理过程中产生的固体废物，含有大量的有机物、不可溶解的无机物及各种微生物形成的菌胶团等。随着污水处理行业的快速发展，产生的污泥量也在不断增加，污泥处理成本高，占污水处理成本的50%甚至更多。未经处置的污泥进入环境会对环境造成极大的危害。近年来，充分利用污泥中的含碳有机物，用污泥制备吸附剂的研究得到关注。污泥基吸附剂是污泥通过高温热解制备成的吸附剂，化学性质稳定，耐强酸强碱。相比传统的吸附材料，污泥基吸附剂具有来源广泛、价格低廉，可实现污泥减量化、稳定化和资源化的优点。但污泥基吸附剂比表面积较低，吸附效果较差。因此，需要通过改性提高其比表面积从而提高吸附性能。改性方法主要有物理改性法、化学改性法、物理化学复合改性法、催化改性法等。

实验六　加压溶气气浮实验

一、实验目的

1. 掌握压力溶气气浮装置的工作原理及其构造特征。
2. 了解压力溶气气浮工艺在污水处理中的操作方法。

二、实验原理

浮上法（气浮法）常用于密度接近或小于水的细小颗粒的分离。以向水中释放的高度分散的微小气泡作为载体，黏附废水中的污染物质，使其密度小于水而上浮到水面，实现固-液或液-液分离。按微细气泡的产生方法，浮上法分为：电解浮上法、分散空气浮上法、溶解空气浮上法。

加压溶气浮上法是目前常用的浮上法。在一定压力下使空气溶解于水，然后将压力降至常压使过饱和的空气以细微气泡释放到水中。疏水性强的物质（如植物纤维、油珠等），不投加化学药剂即可获得满意的固-液分离效果。一般的疏水性或亲水性物质，需投加化学试剂，改变颗粒的表面性质，增加气泡与颗粒的黏附。

影响加压气浮效果的因素有很多，如空气在水中的溶解量、气泡直径的大小、气浮时间的长短、原水水质、混凝剂的种类及投加量等。采用气浮法进行水处理时，常需要通过气浮实验确定有关的设计参数。

三、实验设备及试剂

1. 加压溶气气浮实验装置（见图7-4）。
2. 硫酸铝 $[Al_2(SO_4)_3 \cdot 18H_2O]$。
3. 人工配制废水或工业废水。
4. SS分析仪器设备。
5. COD_{Cr}分析仪器设备。

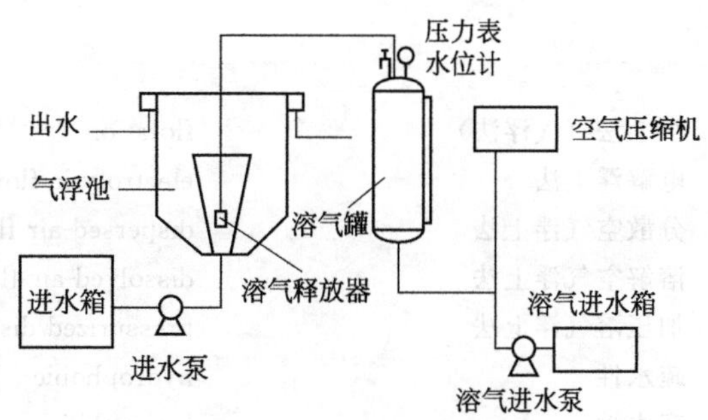

图7-4　加压溶气气浮装置

四、实验步骤

1. 检查气浮设备是否正常。
2. 分析废水的 SS、COD_{Cr}。
3. 将废水投加到废水箱中，并加入混凝剂硫酸铝，投加量为 50～60mg/L，进行搅拌。
4. 将清水和废水加入到加压水水箱及气浮池中。
5. 启动空压机，将压缩空气输入到溶气罐中。
6. 当溶气罐的压力达到 2～3kg/cm^2时，启动水泵，缓缓打开进水阀，将清水输入到溶气罐中进行溶气，同时注意观察液面计；调节进水量和压力使之保持恒定。
7. 当溶气罐液面计的水位达到 1/3 时，打开释放阀，将溶气水输入到气浮池中；观察气浮过程、气泡释放及气浮效果。
8. 浮渣经排渣管排出，处理水回流至加压水水箱。
9. 分析处理水的 SS、COD_{Cr}。

五、实验数据及结果整理

1. 实验数据

加压溶气气浮实验数据记录见表 7-13。

表 7-13　加压溶气气浮实验数据记录表

项目	SS/(mg/L)	COD_{Cr}/(mg/L)
进水		
出水		

2. 实验数据处理

计算 COD_{Cr}、SS 去除率。

六、注意事项

在实验前先做好安全检查及确保实验过程中的安全操作。

七、思考题

1. 简述气浮法的含义及原理。
2. 加压溶气气浮法有何特点？
3. 简述加压溶气气浮装置的组成及各部分的作用。

双语词汇

浮上法（气浮法）　flotation
电解浮上法　electrolytic flotation
分散空气浮上法　dispersed-air flotation
溶解空气浮上法　dissolved-air flotation
加压溶气浮上法　pressurized dissolved air floatation
疏水性　hydrophobic
亲水性　hydrophilic

知识拓展

微纳米气泡气浮

微纳米气泡气浮是一种高效的气-液相分离技术。目前对微纳米气泡的尺寸没有统一定义，通常指直径为1～10μm的气泡。与传统气浮工艺中的气泡相比，微纳米气泡比表面积远大于毫米气泡，可为絮体提供更多的附着位置；微纳米气泡强化了气泡悬浮层的稳定性，降低了气泡上升速度，在水中存在时间长，从而增加了颗粒物和微气泡的接触时间，为去除难上浮颗粒物提供了有利条件；微纳米气泡的界面电位高于普通气泡，在水中发生收缩时，其表面电荷会在瞬间发生聚集，离子浓度升高，并在破裂时达到最高值。应用微纳米气泡技术能够减少气浮工艺的投药量、缩小设施规模、缩短运行时间并降低水处理厂的运行和维护成本，同时提高污染物的去除效率。通过预处理可使微纳米气泡正向改性，为实现无混凝前处理的气浮工艺提供了新的可能。

实验七 曝气设备充氧能力测定实验

一、实验目的

1. 掌握曝气装置的充氧机理。
2. 学会测定曝气装置的氧总转移数 K_La。
3. 进一步了解曝气充氧机理和影响因素。

二、实验原理

氧向水中转移，通常用双膜理论来描述。当气水两相作相对运动时，气水两相接触面（界面）的两侧分别存在着气膜和水膜。氧在气相主体内以对流扩散方式到达气膜，以分子扩散方式通过气膜，最后以对流扩散方式转移到水相主体中。氧的传递速率受溶解氧的饱和浓度、温度、污水性质和紊乱程度等因素的影响。

单位体积内氧转速度率为：

$$\frac{dc}{dt}=K_La(c_s-c) \tag{7-14}$$

式中 dc/dt——氧转移速率，mg/(L·h)；

K_La——氧的总传递系数，1/h；

c_s——实验室的温度和压力下，自来水溶解氧的饱和浓度，mg/L；

c——某一时刻 t 的溶解氧浓度，mg/L。

对式(7-14) 积分：

$$\ln\frac{c_s-c_0}{c_s-c_t}=-K_Lat \tag{7-15}$$

曝气是人为通过设备加速向水中传递氧的过程，常用的曝气设备分为机械曝气与鼓风曝气两大类。本实验分别采用鼓风曝气和机械曝气两种方式。向曝气筒中注满所需水量后，以亚硫酸钠为脱氧剂、氧化钴为催化剂将待曝气水脱氧至零后开始曝气，水中溶解氧逐渐增加，溶解氧是时间 t 的函数，曝气后取样测定溶解氧浓度，计算两种曝气方式的 K_{La} 值。

根据式(7-15)，以 $\ln[(c_s-c_0)/(c_s-c_t)]$-t 作图，所得直线的斜率即为 K_La。

三、实验设备以及试剂

1. 圆形曝气设备（见图 7-5）。
2. 溶解氧测定仪。
3. 充氧泵或表曝机。
4. 分析天平。
5. 烧杯。
6. 秒表。
7. 亚硫酸钠（$Na_2SO_3 \cdot 7H_2O$）。
8. 氯化钴（$CoCl_2 \cdot 6H_2O$）。

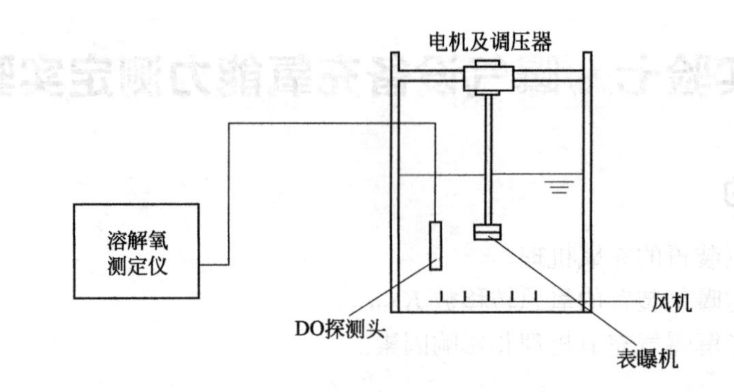

图 7-5　圆形曝气设备

四、实验步骤

1. 向曝气筒中注入自来水，测定水的体积、温度及溶解氧。
2. 计算水中溶解氧量，计算公式如下

$$G=cV \tag{7-16}$$

式中　G——水中含氧量，mg；

c——水中溶解氧浓度，mg/L；

V——曝气筒中水的体积，L。

3. 计算脱氧剂无水亚硫酸钠用量

$$2Na_2SO_3+O_2 \longrightarrow 2Na_2SO_4$$

由反应方程式得亚硫酸钠用量为

$$g=(1.1 \sim 1.5)G \times 8 \tag{7-17}$$

式中　1.1～1.5——安全系数，通常取 1.5；

G——水中氧含量，mg。

4. 计算催化剂用量，催化剂投加浓度为0.1mg/L，催化剂投加量为0.1V(mg)。

5. 按照计算量称取所需脱氧剂和催化剂，溶解后投加到曝气筒中，充分混合后，反应10min左右，测定溶解氧。

6. 当水样脱氧至零后，接通调压器电源，从零开始渐渐增加到100~120V后，开始计时，按照1min、3min、5min、7min、9min、11min、13min、15min、17min、19min、21min、23min、25min…分别取样测定溶解氧，直至溶解氧达到饱和为止，并确定饱和溶解氧浓度c_s。

7. 重复实验步骤6，将表面曝气改为鼓风曝气，记录曝气强度和风量。

五、实验数据及结果整理

1. 实验数据

表面曝气设备充氧能力测定实验数据记录见表7-14，鼓风曝气设备充氧能力测定实验数据记录见表7-15。

表7-14 表面曝气设备充氧能力测定实验记录表

扩散器形式：	亚硫酸钠： g	氯化钴： g	有效水深： mm
曝气筒直径： mm	水温： ℃	c_s(实测)： mg/L	c_s(理论)： mg/L

编号	时间/min	溶解氧浓度c_t/(mg/L)

表7-15 鼓风曝气设备充氧能力测定实验记录表

亚硫酸钠： g	氯化钴： g	有效水深： mm	曝气筒直径： mm	水温： ℃
c_s(实测)： mg/L	c_s(理论)： mg/L	风量： m^3/h	曝气强度/[$m^3/(m^2 \cdot h)$]：	

编号	时间/min	溶解氧浓度c_t/(mg/L)

2. 实验数据处理

计算不同时间的 $\ln[(c_s-c_0)/(c_s-c_t)]$，以 $\ln[(c_s-c_0)/(c_s-c_t)]$-t 作图，通过图解法求直线的斜率来确定 K_La。

六、思考题

1. 简述曝气充氧原理及影响氧转移的因素。
2. 氧总转移系数 K_La 的意义是什么？如何计算？
3. 曝气设备充氧性能指标为什么均是清水？

双语词汇

双膜理论	double film theory
氧的传递速率	oxygen transfer rate
曝气	aeration
机械曝气	mechanical aeration
鼓风曝气	air aeration
溶解氧	dissolved oxygen

知识拓展

富氧曝气

好氧生物处理是最经济、最有效、最实用的污水处理技术，但好氧生物处理技术能耗大，主要用于曝气供氧。曝气是污水好氧生物处理的一个重要工艺环节，其作用是保障微生物生化所需溶解氧（DO），保证反应器内微生物、底物和 DO 三者得到充分混合，为微生物降解有机物提供有利的生化反应条件。传统的空气曝气技术的氧利用率最高不超过 20%，一般为 6%～10%。空气中氧的含量只有 21%左右，能被污水中好氧微生物利用的氧仅有 4%，剩余的氧在曝气过程中又释放到空气中。为减少污水处理过程中不必要的能耗，提高氧的利用率，用纯氧替代空气对活性污泥进行曝气的研究始于 1940 年，并在 1970 年投入商业使用，即富氧曝气技术。富氧曝气技术在国外已经得到广泛使用。富氧曝气技术常用的曝气方式主要有：密闭式表面曝气、密闭水下曝气（联合曝气式氧曝池）、微气泡曝气（敞开式微气泡氧曝池）等。

实验八　好氧活性污泥性能测定

一、实验目的

1. 了解评价活性污泥的四项指标（MLSS、MLVSS、SV、SVI）及其相互关系。

2. 加深对活性污泥活性及性能的理解。

3. 熟悉和了解活性污泥法处理系统的控制、污泥负荷、污泥龄、溶解氧等控制参数以及在实际运行中的作用和意义。

4. 掌握 MLSS、MLVSS、SV 及 SVI 的测定方法。

二、实验原理

活性污泥法是应用最广泛的污水生物处理技术之一，了解和掌握活性污泥性能测定方法十分重要。活性污泥是人工培养的生物絮体，由好氧微生物及其吸附的有机物组成。活性污泥具有吸附和分解废水中有机物（也可利用部分无机物）的能力，显示出生物活性。好氧活性污泥性能的评价指标有混合液悬浮固体浓度（MLSS）、混合液挥发性固体浓度（MLVSS）、污泥沉降比（SV）、污泥容积指数（SVI）和生物相。

（1）MLSS。1L 污泥混合液中悬浮固体的质量，即污泥浓度，mg/L。

（2）MLVSS。1L 污泥混合液中挥发性固体的质量，表示混合液悬浮固体中有机物的含量，mg/L。

（3）SV。一定量的污泥混合液静置 30min 后，沉淀污泥的体积与原混合液的体积比（用百分数表示）。

（4）SVI。污泥混合液经 30min 沉淀后，1g 干污泥所占的沉淀污泥的容积（以 mL 计），mL/g。

SV 和 SVI 均是污泥的沉降性能指标。SV 测定简单易行，但不能确切反映污泥的沉降性能；相比于 SV，SVI 更能反映污泥的絮凝、沉降性能。

活性污泥的降解能力与活性污泥中微生物的组成和结构密切相关。组成活性污泥的菌胶团中除了细菌以外，还有各种真菌、原生动物和后生动物等多种微生物群体。当运行条件和环境因素发生变化时，原生动物种类和形态也随之发生变化。如果游泳型或固着型的纤毛虫类（钟虫、盖纤虫等）大量出现时，说明处理系统运行正常。所以，原生动物在某种意义上可以用来指示活性污泥系统的运行状况和处理效果。原生动物通过普通的光学显微镜就可以观察。通过观察菌胶团的形状、颜色、密度以及是否有丝状菌存在，可以判断是否有污泥膨胀倾向等。因此，通过显微镜观察菌胶团是监测处理系统运行状况的一个重要的手段。

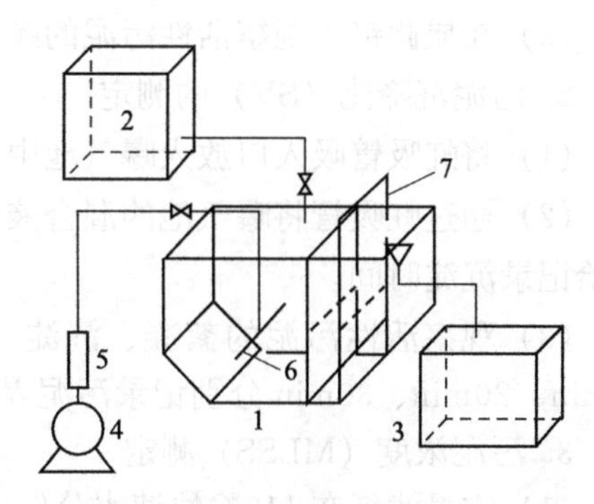

图 7-6 完全混合式活性污泥法处理装置

1—完全混合式曝气池；2—原水箱；3—出水池；4—空压机；5—流量计；6—空气扩散管；7—挡板

三、实验设备及试剂

1. 完全混合式活性污泥处理装置（见图 7-6）。

2. 精密 pH 试纸。

3. 溶解氧测定仪。

4. 虹吸管、吸耳球。

5. 100mL 量筒。
6. 秒表。
7. 显微镜。
8. 定量滤纸。
9. 鼓风干燥箱。
10. 马弗炉。
11. 分析天平。
12. 载玻片、盖玻片。
13. 瓷坩埚。
14. 快速水分仪。
15. 玻璃漏斗。

四、实验步骤

1. 污泥形状及生物相观察

(1) 测定或记录系统的相关参数（污泥负荷、pH 值、溶解氧浓度、温度），记入表 7-16 中。

(2) 观察曝气池中的活性污泥颜色和形状。取一滴曝气池混合液，滴加到载玻片中央，小心将盖玻片盖上。加盖玻片时应使其中央接触到水滴后再放下，以避免在片内形成气泡影响效果。

(3) 在显微镜下观察活性污泥的颜色、菌胶团的形状和结构及生物相。

2. 污泥沉降比（SV）的测定

(1) 将虹吸管吸入口放入曝气池中，用吸耳球吸出曝气池的混合液，形成虹吸。

(2) 通过虹吸管将曝气池的混合液倒入 100mL 的量筒中至 100mL 刻度为止，同时开始记录沉淀时间。

(3) 观察活性污泥的絮凝、沉淀过程及特点，并在 1min、3min、5min、10min、15min、20min、30min 分别记录污泥界面以下的污泥容积。

3. 污泥浓度（MLSS）测定

(1) 定量滤纸在 110℃快速水分仪中干燥至恒重，称量并记录 W_1。

(2) 称重的滤纸放到玻璃漏斗中，再将测过污泥沉降比的 100mL 量筒中的污泥和上清液一同倒入玻璃漏斗中，过滤。用水冲洗量筒。冲洗水也倒入漏斗中。

(3) 将附有污泥的滤纸转移到称量瓶中。在 110℃快速水分仪中干燥至恒重，称量并记录 W_2。

(4) 计算污泥浓度。

4. 污泥容积指数（SVI）

$$\mathrm{SVI}=\frac{\mathrm{SV}(\%)\times 10(\mathrm{mL/L})}{\mathrm{MLSS}(\mathrm{g/L})} \tag{7-18}$$

5. 挥发性固体浓度（MLVSS）测定

(1) 瓷坩埚烘干恒重，称量并记录 W_3。

(2) 将测过干重（W_2）的污泥和滤纸放入坩埚中，在马弗炉内 600℃灼烧 40min，取出在干燥器内冷却至室温，称量并记录 W_4。

五、实验数据及结果整理

1. 实验数据

环境因素及生物相形态记录见表 7-16，SV 测定实验数据记录见表 7-17，MLSS、MLVSS 及 SVI 测定实验数据记录见表 7-18。

表 7-16 环境因素及生物相形态记录表

污泥负荷：	$kgCOD_{Cr}/(kgMLSS \cdot d)$	水温：	℃
溶解氧浓度：	mg/L	pH 值：	
观察到的生物相形态			

表 7-17 SV 测定实验记录表

沉淀时间/min	1	3	5	10	15	20	30
污泥体积/mL							
SV							

表 7-18 MLSS、MLVSS 及 SVI 测定实验记录表

混合液体积 /L	W_1 /g	W_2 /g	W_3 /g	W_4 /g	干污泥重 /g	MLSS /(mg/L)	MLVSS /(mg/L)	SVI /(mL/g)

2. 实验数据处理

(1) 绘制泥水界面下的污泥容积随时间的变化曲线。

(2) 根据测定的 SV 与 MLSS，计算 SVI。

(3) 根据污泥沉降比与污泥容积指数及生物相，评价活性污泥处理系统中活性污泥的沉降性能，是否有污泥膨胀倾向或已发生污泥膨胀。

六、思考题

1. 对城市污水来说，SVI＞200 或 SV＜50，各反映了什么问题？如何解决？
2. 测定污泥沉降比为何要静置 30min？5min 可以吗？
3. 污泥沉降比与污泥容积指数二者有何区别与联系？

双语词汇

活性污泥	activated sludge
污泥沉降比	settling velocity，SV
污泥容积指数	sludge volume index，SVI
污泥膨胀	activated sludge bulking，MLSS
混合液悬浮固体浓度	mixed liquor suspended solids
混合液挥发性悬浮固体浓度	mixed liquor volatile suspended solids，MLVSS

实验九　污泥吸附性能的测定

一、实验目的

1. 掌握污泥吸附性能的测定方法。
2. 加深对活性污泥处理有机污染物的过程和规律的认识。

二、实验原理

活性污泥是活性污泥法污水处理系统的主体作用物质，活性污泥的性能决定了活性污泥法处理系统的效能。通常活性好的活性污泥外观呈黄褐色絮绒颗粒状，又称为生物絮体。活性污泥主要由大量微生物及其吸附的有机物构成，性能良好的活性污泥具有很强的吸附能力和絮凝沉降能力。

由于活性污泥具有较大的比表面积，当活性较好的活性污泥与污水接触时，短时间内活性污泥会将污水中呈悬浮和胶体状的有机污染物吸附在自身的表面，废水的COD急剧降低，然后又会略微升高，这是由于吸附在活性污泥表面的部分非溶解性有机污染物在水解酶的作用下，水解成溶解性的小分子，重新回到水中而导致的。随着活性污泥生化反应的不断进行，有机污染物不断被降解，COD又缓缓下降，活性污泥吸附性能曲线如图7-7所示。

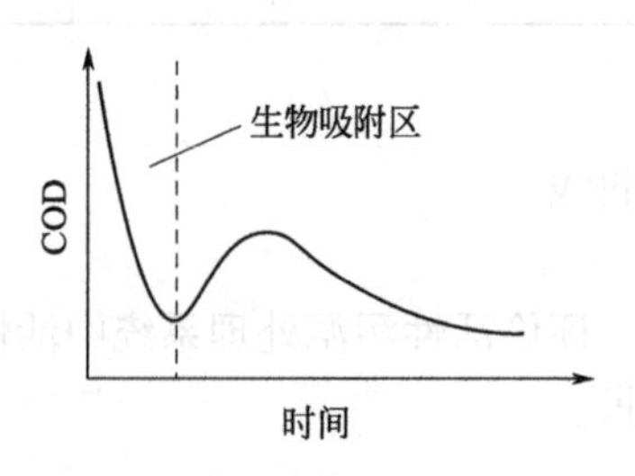

图7-7　活性污泥吸附性能曲线

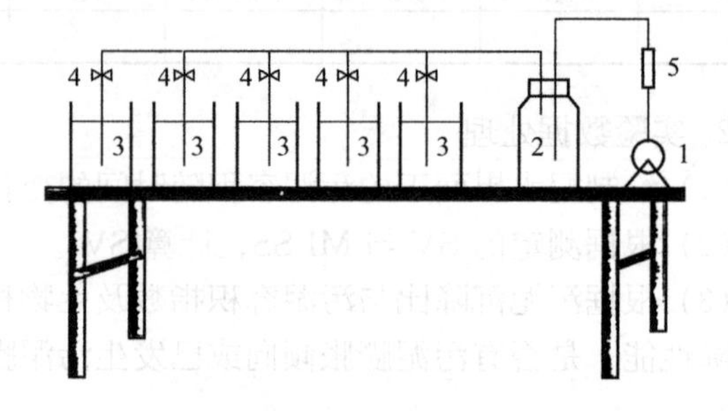

图7-8　活性污泥法处理实验装置

1—空压机；2—油水分离器；3—生化反应器；4—开关；5—气体流量计

三、实验设备及仪器

1. 活性污泥法处理实验装置（见图7-8）。
2. COD_{Cr}分析装置。
3. 定性滤纸。
4. 100mL烧杯。
5. 普通漏斗。
6. 漏斗架。
7. 秒表。

四、实验步骤

1. 取一定量生化池中的活性污泥，静置 60min，去掉上清液后，加入到生化反应器中，然后加入人工废水或实际废水，使混合液悬浮物浓度（MLSS）保持在 2000～3000mg/L，曝气 24h。

2. 停止曝气，静置 30min，去掉上清液。

3. 打开气泵，调节气量，进行曝气。加入一定量的原水后，取样分析混合液的 MLSS，同时开始计时。在 1min、5min、10min、20min、25min、30min、35min、40min、45min、50min、60min、90min、120min 分别取混合液 50mL，过滤，分析滤液的 COD_{Cr}。

五、实验数据及结果整理

1. 实验数据

间歇式活性污泥法处理废水的实验数据记录见表 7-19。

表 7-19　间歇式活性污泥法处理废水的实验记录表

时间/min	0	1.0	5.0	10	20	25	30	35	40	45	50	60	90	120
COD_{Cr}/(mg/L)														

2. 实验数据处理

绘制活性污泥吸附曲线（COD_{Cr}-t）。

六、思考题

1. 影响活性污泥吸附性能的主要因素有哪些？

2. 活性污泥的絮凝沉淀有何特点和规律？

双语词汇

絮凝沉降	flocculation and sedimentation
生物絮体	biofloc
水解酶	hydrolase

知识拓展

微生物絮凝剂

微生物絮凝剂（microbialflocculant，MBF）是由微生物发酵、培养产生的具有絮凝活性的有机聚合物，可去除废水中悬浮颗粒物、细胞、胶体固体等物质。絮凝剂产生菌最早是在 1935 年由 Butterfield 从活性污泥中分离筛选得到的。与其他无机、有机合成絮凝剂相比，微生物絮凝剂具有安全、高效、无毒、可生物降解、用量少、应用范围广等优点，使其成为化学混凝剂和絮凝剂的理想替代品，在环保、化工等领域中有着很大的应用潜力。但目前微生物絮凝剂在应用上还存在着处理成本高、反应条件要求高、效能不稳定等问题，使得微生物菌剂的发展受到一定限制。微生物絮凝剂主要有：①菌株本身作为絮凝剂，即利用某些细菌和放线菌菌体细胞本身及细胞表面的功能基团作为絮凝剂；②有絮凝活性的菌体细胞代谢物作为絮凝剂，即微生物代谢物中的多糖、蛋白质、脂类、核酸及其组成的复合物等；③利用菌体细胞壁含有的亲水活性基团，如氨基、羟基、羧基等为提取物的絮凝剂；④利用细胞克隆制备的絮凝剂。

实验十　活性污泥动力学参数测定实验

一、实验目的

1. 加深对污水生物处理机理及生化反应动力学的理解。
2. 了解活性污泥动力学参数的测定意义。
3. 掌握利用 SBR 反应器求活性污泥反应动力学参数的方法。

二、实验原理

活性污泥动力学反应方程以米氏（Michaelis-Menton）方程和莫诺特（Monod）方程为基础，包括底物降解动力学和微生物增长动力学，用数学表达式定量或半定量地揭示活性污泥法处理系统内有机污染物降解、污泥增长、溶解氧消耗等与各项设计参数及环境因素之间的关系，对工程设计及运行管理的优化有一定的指导意义。

活性污泥法处理系统中包括多种基质和微生物群体，是不同类型生化反应综合的结果，因此反应速率和反应过程受到系统中各种环境因素的影响。活性污泥法反应动力学参数主要有 K_s、V_{max}（q_{max}）、Y、K_d。

建立活性污泥法反应动力学数学模型时，通常有以下假设：

(1) 除特殊说明外，认为反应器内物料是完全混合的。

(2) 活性污泥系统运行条件稳定。

(3) 二沉池内没有微生物活动，也没有污泥累积且固液分离好。

(4) 进水基质均为可溶性的，且浓度稳定，不含有微生物。

(5) 系统中不含有毒物质和抑制性物质。

1. K_s、v_{max}（q_{max}）的确定

莫诺特方程

$$v=v_{max}\left(\frac{S}{K_s+S}\right) \tag{7-19}$$

式中　v——比底物利用速率；

v_{max}——最大比底物利用速率；

K_s——饱和常数，又称半速率常数；

S——混合液中限制微生物生长的底物浓度。

式(7-19) 还可以表示为

$$v=v_{max}\left(\frac{S_e}{K_s+S_e}\right) \tag{7-20}$$

式中 S_e——出水中限制微生物生长的底物浓度。

有机基质降解速率等于其被微生物利用速率，即

$$v=q=\frac{(ds/dt)_u}{X} \tag{7-21}$$

将式(7-20) 取倒数得

$$\frac{1}{v}=\frac{K_s}{v_{max}}\times\frac{1}{S_e}+\frac{1}{v_{max}} \tag{7-22}$$

将式(7-21) 取倒数得

$$\frac{1}{v}=\frac{1}{q}=\frac{X}{ds/dt}=\frac{ts}{S_i-S_e}=\frac{VX}{Q(S_i-S_e)} \tag{7-23}$$

式中 S_i——进水中限制微生物生长的底物浓度，mg/L；

X——反应器中活性污泥浓度（MLVSS），mg/L；

Q——废水流量，L/d。

取不同的 Q 值，由式(7-23) 计算出不同的 $1/v$。根据式(7-22)，以 $(1/v)$-$(1/S_e)$ 作图，直线的截距为 $1/v_{max}$，斜率为 K_s/v_{max}，可以求出 v_{max}、K_s。

2. Y、K_d值的确定

活性污泥的净增长速率为

$$\frac{dx}{dt}=-Y\frac{ds}{dt}-K_dX \tag{7-24}$$

式中 Y——微生物增长常数；

K_d——微生物自身氧化率。

污泥龄（θ_c）

$$\theta_c=\frac{X}{dx/dt} \tag{7-25}$$

整理式(7-24)、式(7-25) 得到

$$1/\theta_c=Yq-K_d \tag{7-26}$$

不同污泥龄（θ_c），可得到不同的出水 COD_{Cr}（S_e）。由式(7-23) 计算出 q 值。以 $1/\theta_c$-q 作图，直线的截距为$-K_d$，斜率为 Y。

三、实验设备与试剂

1. SBR 反应器。
2. COD_{Cr}分析装置。
3. 烘箱。
4. 分析天平。
5. 定量滤纸。
6. 称量瓶。
7. 马弗炉。

8. 瓷坩埚。

9. 玻璃漏斗、漏斗架。

10. 100mL 量筒、250mL 烧杯等。

11. 葡萄糖、K_2HPO_4、KH_2PO_4、NH_4Cl、$MgSO_4 \cdot 7H_2O$、$FeSO_4 \cdot 7H_2O$、$ZnSO_4 \cdot 7H_2O$、$CaCl_2$、$MnSO_4 \cdot 3H_2O$。

四、实验步骤

1. 配制人工废水，配制方法见表 7-20。

表 7-20 人工废水的配制方法

名称	化学式	剂量浓度/(mg/L)
葡萄糖	$C_6H_{12}O_6$	656
氮和磷	尿素	21.4
	KH_2PO_4	35
	$(NH_4)_2SO_4$	117
微量元素	$MgSO_4$	20
	$CaCl_2$	6
	$MnSO_4$	5
	$FeSO_4$	5
	$ZnSO_4$	5

2. 活性污泥的培养与驯化。取一定量生化池中的活性污泥加入到反应器中，保持反应器中的活性污泥浓度在 2500mg/L 左右。

3. 加入一定量的人工废水，曝气充氧。

4. 每天曝气 23h 左右，按照污泥龄为 3d、4d、5d、6d、7d，用虹吸法排出反应器内的混合液。

5. 将反应器内剩余的混合液静置 30min 左右，排出上清液，重复步骤 3～5。

6. 取样分析原水的 COD_{Cr}（S_i）值、反应器中活性污泥浓度（X）以及上清液的 COD_{Cr}（S_e）值。

五、实验数据及结果整理

1. 实验数据

间歇式生化反应动力学参数测定实验数据记录见表 7-21。

表 7-21 间歇式生化反应动力学参数测定实验记录表

Q/(L/d)	S_i/(mg/L)	S_e/(mg/L)	X/(gVSS/L)	θ_c/d

2. 实验数据处理

(1) 以 $1/v$-$1/S_e$ 作图，求出 v_{max}、K_s 值。

(2) 以 $1/\theta_c$-q 作图，求出 K_d、Y 值。

六、思考题

1. 生化反应动力学参数的测定对实际工程有何意义？
2. 本实验测定的参数是否适用于推流式活性污泥法？

七、注意事项

1. 反应器内混合液应保持完全混合状态。
2. 反应器的排泥量应按照污泥龄来进行。

双语词汇

底物降解动力学　substrate utilization kinetic
微生物增长动力学　microbial growth kinetic
动力学参数　kinetic coefficient

知识拓展

顶空气相色谱法原位测定活性污泥好氧产率系数

将城市污水处理厂的好氧活性污泥置于顶空样品瓶中，在培养箱中20℃下搅拌（150r/min），培养较短的时间。分析测定培养过程中 O_2 的消耗量和 CO_2 生成量，进而求出活性污泥好氧产率系数（Y_{obs}）。该方法具有较好的精度（相对标准偏差<5.46%）和准确度（与目前已有方法相比，相对偏差<9.23%）。目前已有的 Y_{obs} 的测定方法是通过分析好氧活性污泥培养过程中的BOD的降低量和MLSS的增加量，求出 Y_{obs}，通常需要2～5d。MLSS和BOD的分析测定比较繁琐、耗时。顶空气相色谱法原位测定法比目前已有方法更简单、更有效，将在好氧活性污泥的系统设计、操作和管理等方面有关 Y_{obs} 的测定上得到广泛的应用。

实验十一　污泥比阻测定实验

一、实验目的

1. 通过实验掌握污泥比阻的测定方法。
2. 掌握确定污泥的最佳混凝剂投加量。

二、实验原理

污泥比阻是表示污泥过滤特性的综合性指标，是指单位质量的污泥在一定压力下过滤时在单位过滤面积上的阻力。污泥比阻的作用是比较不同的污泥（或同一污泥加入不同量的混合剂后）的过滤性能。污泥比阻越大，过滤性能越差。

过滤时滤液体积V(mL) 与推动力p(压强降，g/cm^2)、过滤面积F(cm^2)、过滤时间t(s) 成正比；与过滤阻力R($cm \cdot s^2/mL$)、滤液黏度μ[$g/(cm \cdot s)$]成反比。

$$V=\frac{pFt}{\mu R} \tag{7-27}$$

过滤阻力包括滤渣阻力R_z和过滤介质阻力R_g。过滤阻力随滤渣层厚度的增加而增大，过滤速度则减少。式(7-27) 的微分形式为

$$\frac{dV}{dt}=\frac{pF}{\mu(R_Z+R_g)} \tag{7-28}$$

由于R_g相对R_Z来说较小，为简化计算，忽略不计。

$$\frac{dV}{dt}=\frac{pF}{\mu R_Z}=\frac{pF}{\mu\alpha\delta}=\frac{pF}{\mu\alpha\frac{CV}{F}} \tag{7-29}$$

式中 α——单位体积污泥的比阻；

δ——滤渣厚度；

C——获得单位体积滤液所得的滤渣体积。

如以滤渣干重代替滤渣体积，单位质量污泥的比阻代替单位体积污泥的比阻，则式(7-29) 可改写为

$$\frac{dV}{dt}=\frac{pF^2}{\mu\alpha CV} \tag{7-30}$$

式中，α 为污泥比阻，在 CGS 制中，其量纲为 s^2/g，在工程单位制中其量纲为 cm/g。在定压下，对式 (7-30) 积分，可得

$$\frac{t}{V}=\frac{\mu\alpha C}{2pF^2}V \tag{7-31}$$

式(7-31) 说明在定压下过滤，t/V 与 V 成直线关系，其斜率为

$$b=\frac{\mu\alpha C}{2pF^2} \tag{7-32}$$

$$\alpha=\frac{2pF^2}{\mu}\times\frac{b}{C}=K\ \frac{b}{C}$$

需要在实验条件下求出 b 及 C。

b 的求法：可在定压下（真空度保持不变）通过测定一系列的 $t \sim V$ 数据，用图解法求斜率。

C 的求法：用测滤饼含水比的方法求 C 值。

$$C=\frac{1}{\frac{100-C_i}{C_i}-\frac{100-C_f}{C_f}} \quad \text{(g 滤饼干重/mL 滤液)} \tag{7-33}$$

式中 C_i——100g 污泥中的干污泥量；

C_f——100g 滤饼中的干污泥量。

例如污泥含水率 97.7%，滤饼含水率为 80%。

$$C=\frac{1}{\frac{100-2.3}{2.3}-\frac{100-20}{20}}=\frac{1}{38.48}=0.0260(\text{g/mL}) \tag{7-34}$$

一般认为比阻在 $10^9 \sim 10^{10}\text{s}^2/\text{g}$ 的污泥为难过滤污泥，比阻小于 $0.4\times10^9\text{s}^2/\text{g}$ 的污泥容易过滤。

投加混凝剂可以改善污泥的脱水性能，使污泥的比阻减小。无机混凝剂如 $FeCl_3$、$Al_2(SO_4)_3$ 等投加量，一般为污泥干质量的 5%～20%。高分子混凝剂如聚丙烯酰胺，碱式氯化铝等，投加量一般为干污泥质量的 0.1%～0.5%。

三、实验设备及试剂

1. 实验装置（见图 7-9）。
2. 秒表。
3. 滤纸。
4. 烘箱。
5. PAM 和硫酸铝。
6. 布氏漏斗。
7. 100mL 量筒。

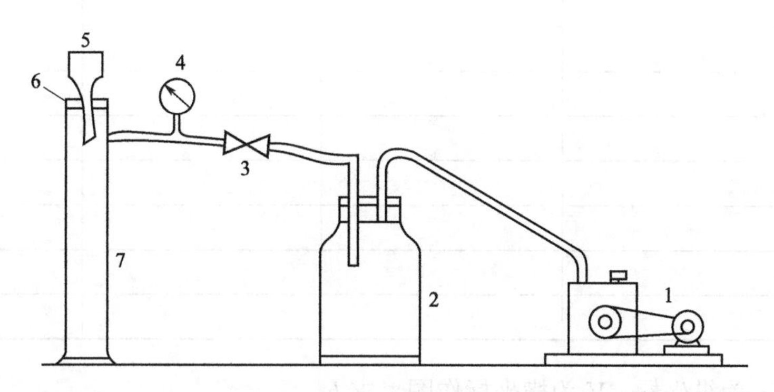

图 7-9 实验装置

1—真空泵；2—吸滤瓶；3—真空调节阀；4—真空表；
5—布式漏斗；6—吸滤垫；7—计量管

四、实验步骤

1. 测定污泥的固体浓度 C_0(MLSS)。

2. 取一定量（100mL）污泥，用 PAM(1g/L) 或 $Al_2(SO_4)_3\cdot18H_2O$(10g/L) 混凝剂调理污泥（每组加一种混凝剂）。PAM：干污泥质量的 0.2%，0.4%，0.6%；$Al_2(SO_4)\cdot18H_2O$：干污泥质量的 5%，10%，15%。

3. 在布氏漏斗上放置已称重的定量滤纸，用水润湿，贴紧周底。

4. 开动真空泵，调节真空压力，大约为实验压力的 2/3，关掉真空泵。

5. 加入 100mL 污泥于布氏漏斗中，依靠重力过滤 1min，记录滤液体积。开动真空泵，调节真空压力至实验压力；达到此压力后，开始起动秒表，并记下开动时计量管内的滤液 V_0。

6. 每隔一定时间（开始过滤时可每隔 10s 或 15s，滤速减慢后可隔 30s 或 60s）记下计量管内相应的滤液量。

7. 一直过滤至真空破坏，如真空长时间不破坏，则过滤 20min 后即可停止。

8. 关闭阀门取下滤饼放入瓷蒸发皿中称量。称量后的滤饼于 105℃的烘箱内烘干称量。

9. 计算出滤饼的含水比，求出单位体积滤液的固体量 C_0。

10. 再加入调理后污泥，重复步骤 3～9。

五、实验数据及数据整理

1. 测定并记录实验基本参数

原污泥的含水率及固体浓度 C_0；

实验真空度/mmHg。

2. 将布氏漏斗实验所得数据按表 7-22 记录并计算。

表 7-22 布氏漏斗实验所得数据

时间 /s	计量管滤液量(后)V_1 /mL	计量管滤液量(前)V_0 /mL	滤液量 $V=V_1-V_0$ /mL	t/V /(s/mL)	备注

3. 以 t/V 为纵坐标，V 为横坐标作图，求 b。

4. 根据原污泥的含水率及滤饼的含水率求出 C。

5. 列表计算比阻值 α（表 7-23 比阻值计算表）。

6. 以比阻为纵坐标，混凝剂投加量为横坐标，作图求出最佳投加量。

六、注意事项

1. 检查计量管与布氏漏斗之间是否漏气。

2. 滤纸称量烘干，放到布氏漏斗内，要先用蒸馏水湿润，而后再用真空泵抽吸一下，滤纸要贴紧不能漏气。

3. 污泥倒入布氏漏斗内时，有部分滤液流入计量筒，所以正常开始实验后记录量筒内滤液体积。

4. 污泥中加混凝剂后应充分混合。

5. 在整个过滤过程中，真空度确定后始终保持一致。

表 7-23　比阻值计算表

污泥含水比/%	污泥固体浓度/(g/cm³)	混凝剂用量/%	斜率 b /(s/cm⁶)	$K=\frac{2pF^2}{\mu}$						皿+滤纸量/g	皿+滤纸滤饼湿重/g	皿+滤纸滤饼干重/g	滤饼含水比/%	单位体积滤液的固体量 C /(g/mL)	比阻值 α /(s²/g)
				布氏漏斗 d/cm	过滤面积 F /cm²	面积平方 F^2 /cm⁴	滤液黏度 μ/[g/(cm·s)]	真空压力 p /(g/cm²)	K 值/(s·cm³)						

七、思考题

1. 判断生污泥、消化污泥脱水性能好坏，分析其原因。
2. 测定污泥比阻在工程上有何实际意义？

双语词汇

污泥比阻	specific resistance
阻力	resistance
脱水	dehydration

知识拓展

Fenton 复合调理剂

污水处理厂广泛采用的生化处理工艺会产生大量剩余污泥。剩余污泥的含水率通常达到 95%～99%，即便对污泥进行浓缩处理，其含水率仍然大于 95%。剩余污泥的高含水率特征使得其体积庞大，污泥的运输和后续处理的难度较高。国内一般先添加有机聚合物进行絮凝调理，后进行机械脱水来降低含水率，但含水率仍高达 75%～80%，不能达到填埋以及焚烧处理的要求。污泥中胞外聚合物（EPS）含有的大量束缚水，其高亲和力对污泥脱水性能具有限制作用。同时 EPS 在活性污泥絮体中的质量比达到 80%左右，絮凝剂的加入对 EPS 含量的减少并没有显著的作用，污泥絮体中仍然驻留有高含量的 EPS，难以实现深度脱水。Fenton 复合调理剂是 Fenton 试剂与絮凝剂的复合，利用 Fenton 试剂的氧化性能破解污泥絮体的 EPS，有效降低污泥的持水性，再通过絮凝剂的絮凝作用使污泥比阻大大降低，提高了污泥脱水性能。

实验十二　厌氧消化实验

一、实验目的

1. 加深对厌氧消化机理、特点的认识和理解。
2. 掌握厌氧消化实验的方法和数据处理。

二、实验原理

厌氧消化是高浓度有机废水、污泥处理处置中常用的一种方法。有机物在厌氧条件下的降解过程可分为三个阶段：第一阶段为水解酸化阶段，复杂的大分子、不溶性有机物在胞外酶的作用下水解为小分子、溶解性有机物；第二阶段为产氢产乙酸阶段，在产氢产乙酸菌的作用下，将第一阶段产生的各种有机酸分解转化为乙酸、氢、二氧化碳等；第三阶段为产甲烷阶段，产甲烷菌将乙酸、乙酸盐、氢、二氧化碳等转化为甲烷。

厌氧污泥活性是指单位质量的厌氧污泥（以 VSS 计）在单位时间内能产生的甲烷量，或是指单位质量的厌氧污泥（以 VSS 计）在单位时间内能去除的有机物（以 COD 计）。标准状态下，1mol 甲烷体积为 22.4L，按照甲烷的 COD 当量为 $64gO_2/mol$（甲烷），则等于 0.35L 甲烷/gCOD。可通过监测厌氧废水处理系统的进水和出水 COD 值、进水流量，求出甲烷的产量。在消化反应器中，消化温度、pH 值等对处理效率有很大的影响，工程设计中往往通过实验获得必要的设计参数。

三、实验设备及仪器

1. 厌氧反应器。
2. 加热器及温控仪（±1℃）。
3. 搅拌器。
4. 原水箱。
5. 湿式气体流量计。
6. 驯化的厌氧污泥。
7. 模拟工业废水。
8. pH 计。
9. 分析天平。
10. COD_{Cr}分析装置。
11. 马弗炉。
12. 恒温干燥箱。

四、实验步骤

1. 配置高浓度模拟工业废水，COD_{Cr}约为 5000mg/L，分析 COD_{Cr}值。

2. 取已驯化的消化污泥混合液 10L 于消化瓶中（控制污泥浓度为 10g/L 左右），分析混合液的 MLVSS。

3. 密闭厌氧反应系统，放置 1d，以便兼性细菌消耗掉厌氧反应器内的氧气。

4. 将厌氧反应器内的混合液搅匀，按确定的水力停留时间排出厌氧反应器内的混合液。例如水力停留时间为 5d，应排出混合液 2L，加入相应的模拟工业废水，使厌氧反应器内混合液体积仍然是 10L。

5. 启动搅拌器搅拌厌氧反应器内混合液。

6. 4h 后记录湿式气体流量计的读数，计算 1d 的产气量。

7. 每天重复实验步骤 4～6。通常情况下，运行 2～3 周可以得到稳定的厌氧反应系统。

8. 实验系统稳定后连续 3d 测定 pH 值、产气量、碱度、进水 COD_{Cr}、出水 COD_{Cr}、MLVSS 填入表 7-24、表 7-25 中。

表 7-24　产气量数据

时间/d	湿式气体流量计读数	产气量/(mL/d)

表 7-25　厌氧反应实验记录

时间/d	流量(Q)/(L/d)	进水 COD_{Cr}/(mg/L)	出水 COD_{Cr}/(mg/L)	反应器内 MLSS/(mg/L)	反应器内 MLVSS/(mg/L)	混合液 pH 值	混合液碱度

五、实验数据及结果整理

1. 实验数据

产气量数据记录于表 7-24，厌氧反应实验数据记录于表 7-25。

2. 实验数据处理

(1) 计算挥发固体含量（或 COD_{Cr}）去除率（η）。

(2) 计算产气率（g）：

$$g=\text{产气量}/\text{每天投加的有机物量}$$

(3) 计算容积负荷（N_s）：

$$N_s=\text{每天投加的有机物量}/\text{反应器有效容积}$$

(4) 绘制在一定温度下，投配比（或 N_s）与有机物去除率、产气率的关系图。

六、思考题

1. 运行温度对投加物去除率、产气率有何影响？
2. 投配比（或容积负荷）对投加物去除率、产气率有何影响？
3. pH 值对投加物去除率、产气率有何影响？

双语词汇

厌氧消化	anaerobic digestion
污泥处理处置	sludge treatment and disposal
甲烷	methane

知识拓展

生物制氢

生物制氢是可持续地从自然界中获取氢气的重要途径之一，即生物质通过气化和微生物催化脱氢方法制氢。现代生物制氢的研究始于 20 世纪 70 年代的能源危机，90 年代因为对温室效应的进一步认识，生物制氢作为可持续发展的工业技术再次引起人们重视。总体上，生物制氢技术尚未完全成熟，在大规模应用之前尚需深入研究。研究大多集中在纯细菌和细胞固定化技术上，如产氢菌种的筛选及包埋剂的选择等。在生物制氢方法中，发酵细菌的产氢速率最高，而且对条件要求最低，具有直接应用前景；而光合细菌产氢的速率比藻类快，能量利用率比发酵细菌高，且能将产氢与光能利用、有机物的去除有机地耦合在一起，因而相关研究也最多，也是具有潜在应用前景的一种方法。非光合生物可降解大分子物质产氢，光合细菌可利用多种低分子有机物光合产氢，而蓝细菌和绿藻可光裂解水产氢，依据生态学规律将其有机结合的共产氢技术已引起人们的研究兴趣。混合培养技术和新生物技术的应用，将使生物制氢技术更具有开发潜力。

第八章

大气污染控制工程实验

实验一　沉降法粉尘粒径分布测定实验

一、实验目的

1. 了解沉降法测定粉尘粒径分布的原理。
2. 掌握离心沉降式粒度分布仪测定粉尘粒径分布的方法。

二、实验原理

沉降法是通过测量颗粒在液体中的沉降速度来反映粉体粒度分布的一种方法。沉降法采用重力沉降、离心沉降以及二者结合等多种沉降方式测定粉尘粒径分布。离心沉降式粒度分布仪是测定粉尘粒径分布的基本仪器。在测试前应先将待测样品置于某种液体中制成一定浓度的悬浮液，经过适当的分散处理后取适量悬浮液到样品池中测试。在测试过程中，颗粒在重力（或离心力）的作用下沉降。

1. 重力沉降原理

在悬浮液中，悬浮在介质中的颗粒同时受到重力、浮力以及黏滞阻力的作用，根据斯托克斯（Stokes）公式，可以得到重力沉降时颗粒的运动方程如下：

$$V=(\rho_s-\rho_f)gD^2/(18\mu) \tag{8-1}$$

式中　D——颗粒粒径，m；

ρ_s——样品密度，kg/m^3；

ρ_f——介质密度，kg/m^3；

g——重力加速度，m/s^2；

μ——介质黏度，Pa·s；

V——颗粒终端沉降速度，m/s。

从上式可以看到，颗粒的重力沉降速度与其粒径的平方成正比，即粒径大的沉降速度快，粒径小的沉降速度慢，这样通过测量颗粒的沉降速度就可以得到它的粒径。

2. 离心沉降原理

为了加快细颗粒的沉降速度，缩短测试时间，粒度分布仪采用离心沉降的手段来加

快细颗粒的沉降速度。根据斯托克斯（Stokes）公式，离心沉降时颗粒的运动方程如下

$$V_C=(\rho_s-\rho_f)D^2a_c/(18\mu) \tag{8-2}$$

式中　V_C——颗粒离心沉降速度，m/s；

a_c——离心加速度，m/s^2。

3. 光透法原理

一束光强为 I_0 的平行光，透过悬浮液后，其光强将因颗粒的阻挡、吸收等作用而衰减为 I_i，这时 I_0 与 I_i 的关系如下

$$\lg I_i=\lg I_0-k\int n_D D^2 dD \tag{8-3}$$

式中　k——仪器常数；

n_D——光路中存在的粒径为 D 的颗粒数量；

I_0、I_i——入射光、透过光的强度，cd。

三、实验仪器

1. 离心沉降式粒度分布仪。
2. 超声清洗槽。
3. 烧杯、量筒、洗瓶。

四、实验步骤

1. 仪器及用品准备

（1）仔细检查粒度分布仪、计算机、显示器、打印机等的连线是否连接好，放仪器的工作台是否牢固，并将仪器周围的杂物清理干净。

（2）取 2 个样品池，并将其彻底地清洗干净。

（3）向超声分散器槽中加水（加水至槽深 1/3 左右）。

（4）准备好其他物品，如纸巾、烧杯、量筒、洗瓶、分散剂一瓶、蒸馏水等。

2. 试样准备

（1）取样。一般分三个步骤：大量粉体→实验室样品→测试样品（悬浮液）。

从大堆粉体中取实验室样品有两点基本要求：

① 尽量从粉体包装之前的料流中多点取样；

② 在容器中取样，应使用取样器，选择多点并在每点的不同深度取样。

（2）实验室样品的缩分

① 勺取法。用小勺取样。用勺取样时应将进入小勺的样品全部留用，不得抖出一部分，保留一部分。

② 圆锥四分法。将试样混合均匀后堆成圆锥体，用薄板将其垂直切成相等的四份，将对角的两部分再混匀堆成圆锥体，再按照上述方法缩分成相等的四等份，如此反复，至其中一份的量符合需要（一般每份 1g 左右）为止。

③ 分样器法。将实验室样品全部倒入分样器中，经过分样器均分后取出其中一份，如这一份还多，应再倒入分样器中缩分。

（3）配制悬浮液

① 沉降介质。沉降介质是蒸馏水。

② 配制悬浮液。将有分散剂的沉降介质倒入烧杯中，然后加入缩分得到的实验样品，并进行充分搅拌，配制悬浮液时要控制好样品的浓度，样品浓度最终要满足仪器对浓度范围的要求。

③ 分散剂。分散剂是指加入沉降介质中少量的能使沉降介质表面张力显著降低，从而使颗粒表面得到良好润湿作用的物质。分散剂的用量为沉降介质重量的2‰～5‰。

④ 分散。将装有配制好的悬浮液的容器放到超声清洗槽中，打开超声清洗槽的电源开关，即开始进行超声波分散处理。分散时间一般为3～10min。

⑤ 检查分散效果的方法。显微镜法、测量法、目测法。

⑥ 悬浮液取样。将分散好的悬浮液用搅拌器充分搅拌（时间大约30s），然后用专用的注射器从悬浮液中抽取约10mL注入到样品池中。

3. 测试步骤

(1) 开机。双击“离心沉降式粒度分布仪测试系统”图标，进入测试系统。

(2) 测试。单击“测试”→“开始测试”项，即进入“参数设定”界面。

① 参数设定

a. 样品编号。

b. 样品密度：指所测试样品的真密度。

c. 测试下限：指样品要测试粒径的下限值，单位是微米。

d. 测试上限：指样品要测试粒径的最大粒径，单位是微米。

e. 介质温度：指待测悬浮液中介质温度。

f. 介质名称。

g. 介质密度。

h. 介质黏度。

i. 测试日期及测试人员。

j. 沉降距离。

② 选择测试方式

a. 纯重力方式。

b. 组合沉降方式。

c. 纯离心沉降方式。

d. 对于同一规格的样品，应该固定一种测试方式，不要随便改变。

③ 确定基准值。将装有纯净介质的样品池盖好，用纸巾将外表面擦净，然后插入离心盘上的沉降盒中，并将该沉降盒拨到圆盘的直径方向上。随即将盛有纯净介质的样品池转到垂直方向的下方，使圆盘上的沉降盒左边的小圆孔进入圆形光斑中间，调整“基准调节器”旋钮，使屏幕中表示“基准值”的蓝条上端在两条红线之间。按“下一步”按钮，系统进入监测浓度值窗口。

④ 测定浓度值。将装有待测悬浮液的样品池盖好，用纸巾将外表面擦净，然后用拇指和食指捏住侧面，上下颠倒，同时不断翻转。利用样品池中的小气泡上下滚动来搅拌。在悬浮液中的颗粒成均匀悬浮状态后将该样品池插到圆盘上并转到垂直方向的下方，使样品盒左边的小圆孔进入圆形光斑中间，观察屏幕上表示“浓度值”的红色彩条的高度，如果彩条上端在两条红线之间，说明浓度值适合，单击“下一步”系统就开始进行检测。如果红色线条低于下面的红线，说明悬浮液浓度太大，要加介质稀释；如果

红色线条超过上面的红线，说明浓度值太稀，须加样品并重新进行分散处理，才能进行测试。

⑤ 测试过程。按“下一步”后，弹出“测试过程”窗口，在测试过程中，颗粒的沉降状态以测试曲线的形式显示在屏幕中。随着测试时间的推移，样品池中的悬浮液浓度逐渐降低，光透率逐渐增强，曲线也随之逐渐上升，直到测试结束。

⑥ 设定粒级后，系统计算并显示测试结果。

五、实验数据记录与处理

1. 测定粉尘粒径分布数据。
2. 绘制粉尘粒径分布曲线。

六、思考题

1. 常用的粒度测试方法有哪些？
2. 采用离心沉降法测定粉尘粒径分布，影响测定结果准确性的主要因素有哪些？

双语词汇

粉尘	dust
颗粒	particle
分散剂	dispersant
悬浮液	suspension
基准值	reference value
超声清洗槽	ultrasonic cleaning tank
斯托克斯定律	Stokes law
重力沉降	gravity settling
离心沉降	centrifugal sedimentation
粒度分布仪	particle size analyzer
离心沉降式粒度分布仪	centrifugal sedimentation particle size analyzer

实验二 激光法粉尘粒径分布测定实验

一、实验目的

1. 了解激光法测定粉尘粒径分布的原理。
2. 掌握激光粒度分布仪测定粉尘粒径分布的方法。

二、实验原理

粒度测试的仪器和方法很多，激光法是用途最广泛的一种方法。它具有测试速度快、操作方便、重复性好、测试范围宽等优点，是现代粒度测量的主要方法之一。激光粒度仪原理示意图如图 8-1 所示。

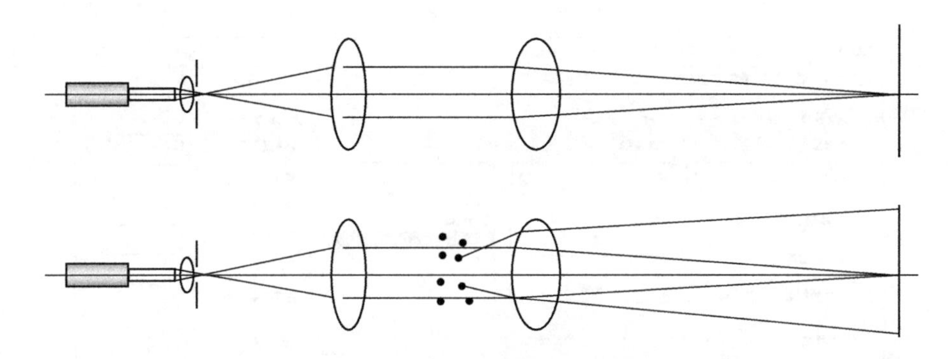

图 8-1 激光粒度仪原理示意图

由激光器发出的一束激光，经滤波、扩束、准直后变成一束平行光，在该平行光束没有照射到颗粒的情况下，光束穿过富氏透镜后在焦平面上汇聚形成一个很小很亮的光点——焦点。当样品通过分散系统均匀送到平行光束中时，颗粒将使激光发生散射现象，一部分光向与光轴成一定的角度向外散射，理论与实践都证明，大颗粒引发的散射光的散射角小，小颗粒引发散射光的散射角大。这些不同角度的散射光通过富氏透镜后将在焦平面上形成一系列的光环，由这些光环组成的明暗交替的光斑称为 Airy 斑。Airy 斑中包含着丰富的粒度信息，简单的理解就是半径大的光环对应着较小的粒径的颗粒信息，半径小的光环对应着较大粒径的颗粒信息；不同半径上光环的光能大小包含该粒径颗粒的含量信息。这样我们就在焦平面上安装一系列光电接收器，将这些光环转换成电信号，并传输到计算机中，再根据米氏散射理论和反演计算，就可以得出粒度分布。

三、实验仪器

1. BT-9300S 激光粒度分布仪。
2. 烧杯、量筒、洗瓶。

四、实验步骤

1. 双击“激光粒度分布仪测试系统”图标，进入测试系统。

2. 建立文档

(1) 在软件空白处单击鼠标右键，点击“新建工程”，然后输入相关信息。

(2) 填写文档信息：点击进入测试过程页面，输入样品名称、测试人员等信息。

(3) 设置光学参数和测试参数，选择合适的物质、介质及分析模式（根据样品实际情况设置）。建立文档页面如图 8-2 所示。

(4) 点击“进水”，使循环池充满纯净的水，然后交替启动循环和超声波消除气泡(至少 3 次)，再开启超声、循环，准备测试。

3. 开始测试

(1) 点击“测试过程”→“测试”→“常规测试”测量系统背景。背景测试页面如图 8-3所示。

(2) 点击“确认”完成背景测试。

(3) 出现“遮光率”，提示请加入样品后，采用搅拌均匀，少量多次、多点取样的

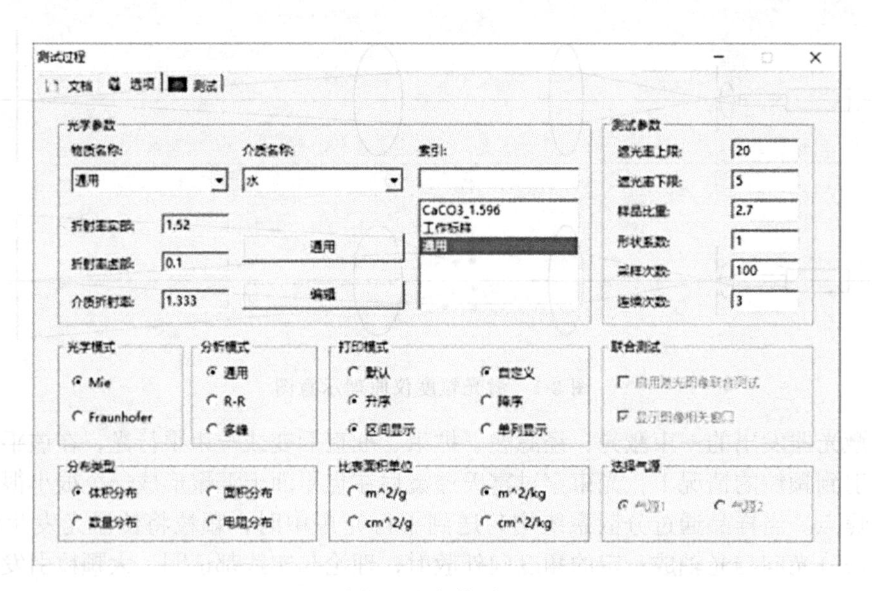

图 8-2　文档页面

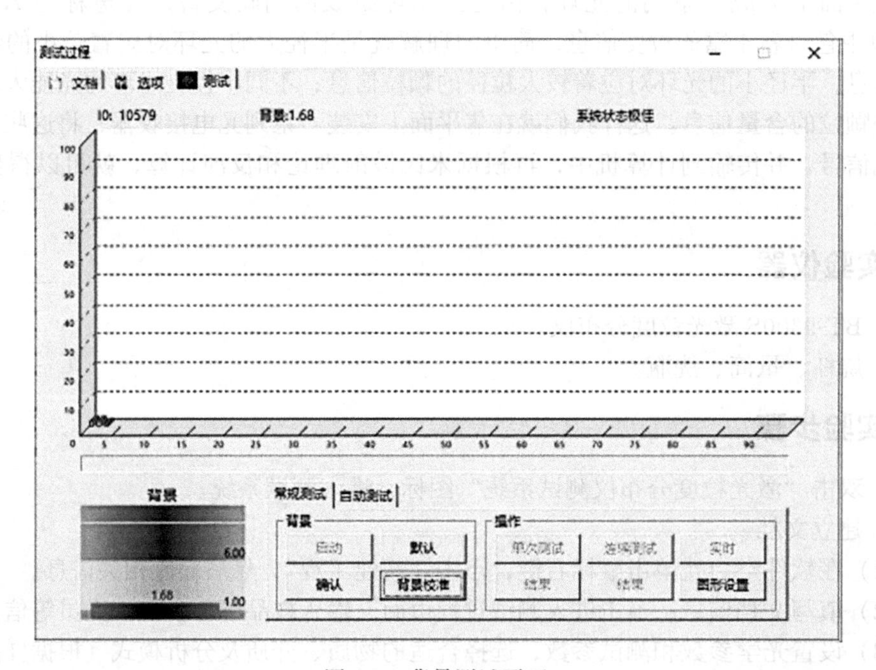

图 8-3　背景测试页面

方法向循环池中加入被测样品，并实时观察遮光率的变化，通常样品加到 10%～15% 之间。遮光率测试页面如图 8-4 所示。

(4) 点击“实时”，观察样品变化情况，趋于稳定后，点击“连续测试”并保存单次结果和平均结果，测试结果页面如图 8-5 所示。

(5) 打印：点击“打印”，将测试结果报告单打印出来。

4. 清洗：点击“自动清洗”，仪器将自动清洗循环分散系统。

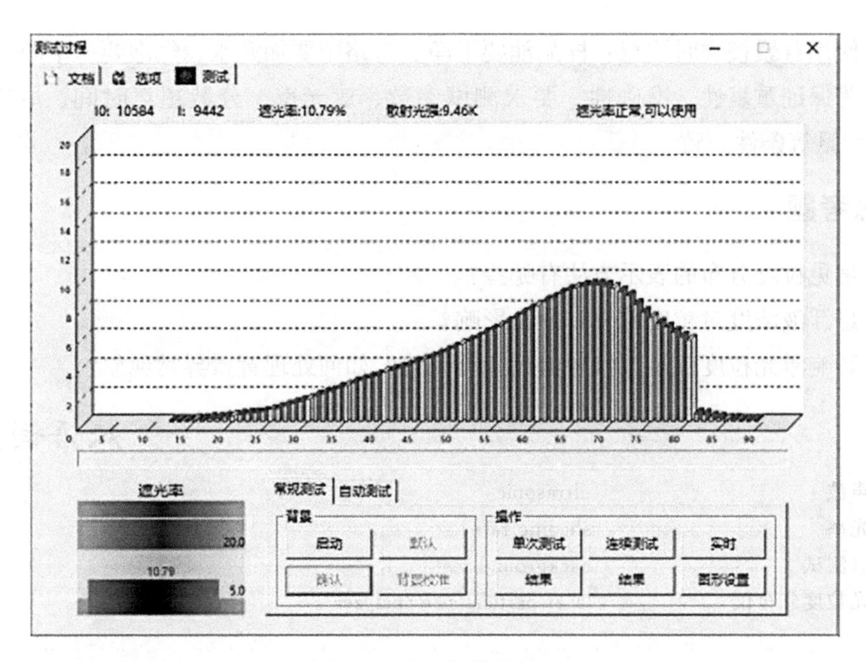

图 8-4 遮光率测试页面

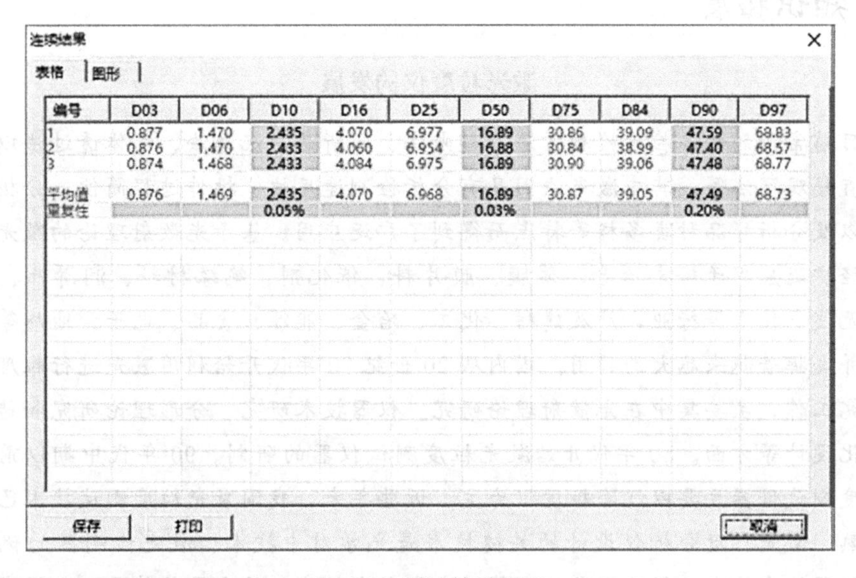
连续结果

表格 图形

编号	D03	D06	D10	D16	D25	D50	D75	D84	D90	D97
1	0.877	1.470	2.435	4.070	6.977	16.89	30.86	39.09	47.59	68.83
2	0.876	1.470	2.433	4.060	6.954	16.88	30.84	38.99	47.40	68.57
3	0.874	1.468	2.433	4.084	6.975	16.89	30.90	39.06	47.48	68.77
平均值	0.876	1.469	2.435	4.070	6.968	16.89	30.87	39.05	47.49	68.73
重复性			0.05%			0.03%			0.20%	

保存 打印 取消

图 8-5 测试结果页面

五、实验数据记录与处理

1. 测定粉尘粒径分布数据。

2. 绘制粉尘粒径分布曲线。

六、注意事项

1. 注意及时清洗流动样品池，根据样品数量和黏附程度及软件的状态提示确定清洗周期。

2. 使用背景校准时注意：样品池要干净、管路中要加满水、气泡要排干净。

3. 为保证重复性、准确性，要求测试参数、遮光率、分散超声时间、取样方法、分散剂用量等条件一致。

七、思考题

1. 常见粒度分布的表示方法有哪些？
2. 悬浮液浓度对粒度结果有什么影响？
3. 影响激光粒度仪背景状态的因素有哪些？如何处理背景异常现象？

双语词汇

超声波	ultrasonic
遮光率	shading rate
背景测试	background test
激光粒度分布仪	laser particle size analyzer

知识拓展

激光粒度仪的发展

目前常用的粉体粒度检测方法有激光法、筛析法、沉降法、气体透过法以及显微镜直接观察法等，其中激光法因具有分析检测速度快、操作过程简便、分析精度较高以及分析样品种类多样等特点而得到了广泛应用。基于光散射理论的激光粒度仪已经广泛应用于粉末冶金、薄膜、膜片料、催化剂、绝缘材料、润滑油、超导体、无线电技术等行业，涉及建材、化工、冶金、能源、食品、电子、地质等诸多领域并发挥着越来越大的作用。国内从 20 世纪 70 年代开始利用激光进行粒度检测的研究工作，主要集中在光散射理论研究、仪器技术研究、分形理论研究和传感器的优化设计等方面。80 年代开始激光粒度测试仪器的研制。90 年代中期以前，国产粒度测试仪器主要以沉降粒度仪为主。近些年来，我国激光粒度测试技术已经相对成熟，激光粒度分析仪设计的关键技术是光学对中技术、激光检测器的优化设计、仪器校准技术及样品分散技术等，未来激光粒度仪的发展趋势是不断提高测量的准确度、增强复杂信号的处理能力、提高仪器设计的智能化和模块化水平。激光粒度仪可用来测量各种固态颗粒、雾滴、气泡及任何两相悬浮颗粒状物质的粒度分布、测量运动颗粒群的粒径分布，可以直接测定大气中烟尘与灰尘在不同时间、不同位置的含量，从而得到大气中烟尘灰尘时间-空间分布图，为解决环境污染和全球性气候预测起到一定的指导作用。近年来，大气污染、金属氧化物和水力部门对江河的检测等都是激光粒度仪应用的新焦点。

实验三　旋风除尘器性能测定实验

一、实验目的

1. 加深对旋风除尘器结构形式和除尘机理的认识。

2. 通过实验掌握旋风除尘器性能测定的主要内容和方法，对影响旋风除尘器性能的主要因素有较全面的了解。

3. 测定旋风除尘器的除尘效率，了解影响旋风除尘器效率的主要因素。

二、实验原理

1. 旋风除尘器的除尘原理

旋风除尘器是气流做旋转运动，颗粒受到离心力作用而与气体分离的除尘装置。由于其结构简单、分离效率较高，在工业上获得广泛的应用。旋风除尘器是由进气管、筒体、锥体和排气管等组成，普通旋风除尘器的结构及内部气流如图 8-6 所示。

含尘气体沿切线方向进入除尘器后，沿外壁自上而下做旋转运动，形成外涡旋流。当旋转气流的大部分到达锥体底部后，转而向上沿轴心旋转形成内涡旋流（内涡旋流与外涡旋流的方向是相同的），最后通过排出管排出。气流做旋转运动时，尘粒在离心力作用下逐渐移向外壁，到达外壁的尘粒在气流和重力的共同作用下沿壁面落入灰斗。

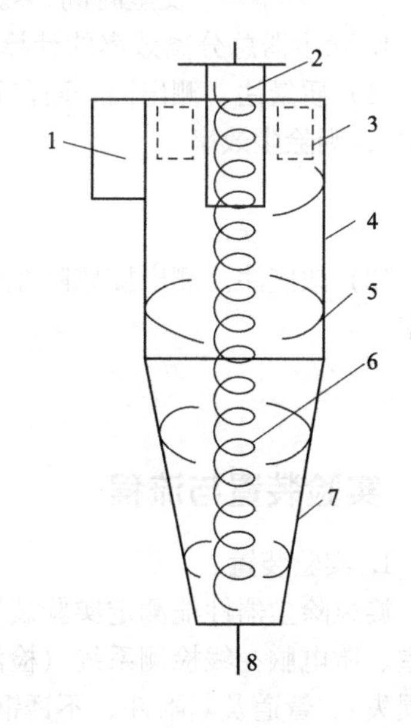

图 8-6　普通旋风除尘器的结构及内部气流

1—烟气；2—排出管；3—上涡旋；4—圆柱体；5—外涡旋；6—内涡旋；7—锥体；8—储灰斗

在外涡旋流转变为内涡旋流的锥体底部附近区域称为回流区。在此区域将有少量细粉尘被内涡旋流带走，最后有部分被排出。此外气流从除尘器顶部向下高速旋转时，顶部的压力下降，一部分气流带着细小的尘粒沿筒壁旋转向上，到达顶部后，再沿排出管外壁旋转向下，最后到达排出管下端附近被上升的内涡旋流带走并从排出管排出，这股旋转气流通常称为上涡旋流。上涡旋流中的微量细小粉尘被内涡旋流带走。解决上涡旋流和回流区中细粉尘的二次返混问题，是设计旋风除尘器时应注意的问题。

2. 影响除尘效率的因素

根据生产实践和理论分析，影响旋风除尘器除尘效率的因素有二次效应、比例尺寸、烟尘的物理性质和操作变量。

（1）二次效应。即被捕集的粒子重新进入气流。

（2）除尘器的结构形式。即比例尺寸，对除尘效率影响很大。在相同的切线速度下筒体直径 D 越小，粒子所受的离心力越大，其除尘效率越高；但 D 过小，粒子容易出现二次逃逸，除尘效率反而下降。锥体适当加长，可以提高除尘效率；排出管直径越小，分割直径越小，除尘效率越高；除尘器下部的严密性不好，会引起除尘效率的下降。

(3) 烟尘的物理性质。气体的密度和黏度，尘粒的大小和相对密度，烟气含尘浓度等都影响旋风除尘器的效率。进口粉尘浓度增大，除尘效率会有所提高。

(4) 操作变量。提高烟气入口流速，旋风除尘器分割直径变小，除尘器性能改善。若入口流速过大，已沉积的粒子有可能再次被吹起，重新卷入气流中，导致除尘效率下降。

3. 旋风除尘器进口、出口浓度的计算

$$C_1=\frac{G_1}{Q_1 t} \tag{8-4}$$

$$C_2=\frac{G_1-G_2}{Q_2 t} \tag{8-5}$$

式中 C_1、C_2——旋风除尘器进口、出口的气体含尘浓度，g/m^3；

G_1、G_2——发尘量与除尘量，g；

Q_1、Q_2——旋风除尘器进口、出口气体流量，m^3/s；

t——发尘时间，s。

4. 除尘器总分离效率的计算

(1) 质量法。测出同一时段进入旋风除尘器的粉尘量 G_1 和旋风除尘器捕捉的粉尘量 G_2，则除尘效率

$$\eta=\frac{G_2}{G_1}\times 100\% \tag{8-6}$$

(2) 浓度法。测出旋风除尘器进口和出口管道中气流含尘浓度 C_1、C_2，则除尘效率

$$\eta=1-\frac{C_2 Q_2}{C_1 Q_1}\times 100\% \tag{8-7}$$

三、实验装置与流程

1. 实验装置

旋风除尘器性能测定实验装置主要由旋风除尘器、机械自动发尘装置、通风机、集尘室、微电脑在线检测系统（检测进口气体处和出口气体处粉尘浓度、风量、风速、压力损失）、管道及其附件、不锈钢框架等组成。

2. 实验流程图

旋风除尘器性能测定实验装置流程示意图如图 8-7 所示。含尘气体通过旋风除尘器将粉尘从气体中分离，净化后的气体由风机经过排气管排出，所需含尘气体浓度由发尘装置配置。

四、实验步骤

1. 先插上电源，打开电控箱面板总开关，在风量调节阀 7 关闭的状态下，启动电控箱面板上的风机开关，调节风量调节阀 7 至所需的实验风量。

2. 用天平称取定量粉尘加入发尘装置 1，打开进尘电机开关，顺时针慢慢调节电机转速来控制进尘浓度，调整好发尘浓度，使实验系统达到稳定。含尘气体经风道进入旋

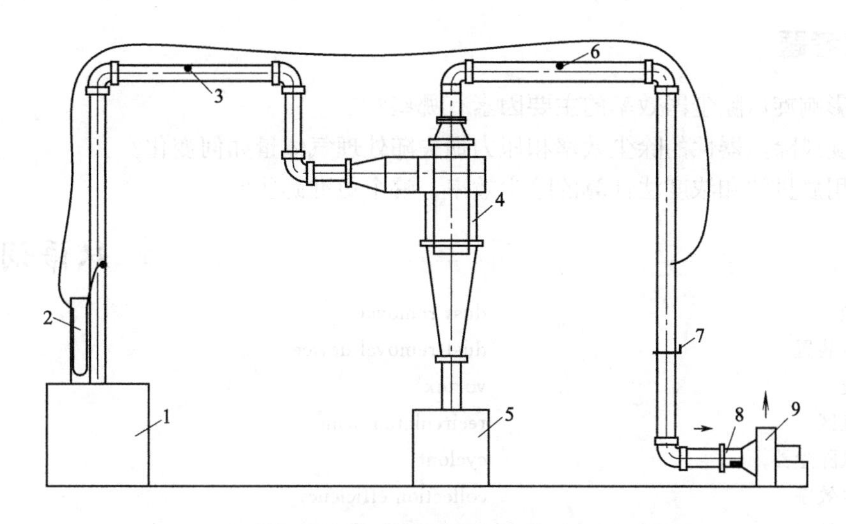

图 8-7　旋风除尘器性能测定实验装置流程示意图

1—发尘装置；2—U形压差计；3—进口气体粉尘浓度采样口；4—旋风除尘器；5—集尘室；6—出口气体粉尘浓度采样口；7—风量调节阀；8—软接头；9—通风机

风除尘器 4，净化后气体由风机 9 经过排气管排出，分离下来的粉尘落于集尘室 5 中。观察除尘系统中的含尘气流和粉尘浓度的变化情况。记录电控箱面板显示屏上的进口和出口气流中的含尘浓度、风量、风速和压力损失。

3. 收集旋风除尘器集尘室 5 中捕集的粉尘，称量并记录。当集尘室 5 中累计的粉尘过多时需及时清灰处理。

4. 可改变进尘浓度和风量，重复上述实验，然后称量，计算旋风除尘器除尘效率。

5. 实验完毕后先关闭进尘电机开关，关闭风机和电控箱面板总开关，最后关闭电源。

五、实验数据记录与处理

旋风除尘器性能测定实验数据记录和处理见表 8-1。

表 8-1　旋风除尘器性能测定实验数据记录和处理

序号	发尘量 G_1/g	风量 Q /(m³/h)	压力损失 Δp /Pa	风速 v /(m/s)	进口气体粉尘浓度 C_1/(mg/m³)	出口气体粉尘浓度 C_2/(mg/m³)	收尘量 G_2 /g	除尘效率 η /%
1								
2								
3								
4								

1. 计算旋风除尘器除尘效率。

2. 绘制风速 v-除尘效率 η、风速 v-除尘器压力损失 Δp、进口粉尘浓度 C_1-除尘效率 η 的关系曲线，对影响旋风除尘器效率的主要因素进行分析。

六、思考题

1. 影响旋风除尘器效率的主要因素有哪些？
2. 旋风除尘器性的除尘效率和压力损失随处理气体量如何变化？
3. 用质量法和浓度法计算的除尘效率，哪个更准确些？

双语词汇

除尘	dust removal
除尘装置	dust removal device
涡旋	vortex
回流区	recirculation zone
旋风除尘器	cyclone
除尘效率	collection efficiency
分离效率	separation efficiency
压力损失	pressure loss

实验四　袋式除尘器性能测定实验

一、实验目的

1. 加深对袋式除尘器结构形式和除尘机理的认识。
2. 掌握袋式除尘器主要性能的实验研究方法。
3. 了解过滤速度对袋式除尘器压力损失及除尘效率的影响。

二、实验原理

1. 袋式除尘器的除尘原理

袋式除尘器是过滤式除尘器的一种，是使含尘气流通过过滤材料将粉尘分离捕集的装置，采用纤维织物作滤料的袋式除尘器，在工业废气除尘方面应用广泛，除尘效率一般可达99%以上。虽然袋式除尘器是最古老的除尘方法之一，但由于效率高、性能稳定可靠、操作简单，因而获得越来越广泛的应用。

袋式除尘器的除尘原理是含尘气流从进气管进入圆筒形滤袋内，在通过滤料的孔隙时，粉尘被捕集在滤料上，透过滤料的清洁气体由排出口排出。沉积在滤料上的粉尘可采用机械振动清灰、逆气流清灰和脉冲喷吹清灰等方式。本实验采用脉冲喷吹清灰方式，可定期通过布袋开口上方的压缩空气反吹，产生强大的清灰效果。压缩空气的脉冲产生冲击波，使滤袋振动，导致积附在滤袋上的粉尘脱落，落入灰斗中。

滤料使用一段时间后，由于碰撞、截留、扩散、静电等作用，滤袋表面积聚了一层粉尘，这层粉尘称为粉尘初层。在此以后的运动过程中，粉尘初层成了滤料的主要过滤层，依靠粉尘初层的作用，网孔较大的滤料也能获得较高的过滤效率。随着粉尘在滤料表面的积聚，除尘器的效率和阻力都相应的增加，当滤料两侧的压力差很大时，会把有些已附着在滤料上的细小尘粒挤压过去，使除尘器效率下降。另外，除尘器的阻力过高会使除尘系统的风量显著下降。因此，除尘器的阻力达到一定数值后，要及时清灰。清灰时不能破坏初层，以免效率下降。

袋式除尘器的性能与其结构型式、滤料种类、清灰方式、粉尘特性及运行参数等因素有关。本实验是在除尘器结构型式、滤料种类、清灰方式和粉尘特性一定的前提下，测定袋式除尘器主要性能指标，测定处理气体量 Q、过滤速度 V_F 对袋式除尘器压力损失 ΔP 和除尘效率 η 的影响。

2. 过滤速度的计算

若袋式除尘器总过滤面积为 A，则其过滤速度 V_F 按下式计算

$$V_F=\frac{60Q}{A} \tag{8-8}$$

式中 Q——处理气体量，m^3/s；

A——袋式除尘器总过滤面积，m^2；

V_F——过滤速度，m/min。

3. 压力损失的测定

袋式除尘器的压力损失 ΔP 为除尘器进、出口管中气流的平均全压之差。本实验装置中袋式除尘器进、出口连接管道的断面积相等，故其压力损失可用袋式除尘器进、出口管道中气体的平均静压差表示（直接由数据采集系统测得），即

$$\Delta P=P_1-P_2 \tag{8-9}$$

式中 P_1——袋式除尘器入口处气体的全压或静压，Pa；

P_2——袋式除尘器出口处气体的全压或静压，Pa。

4. 袋式除尘器中气体含尘浓度的计算

$$C_1=\frac{G_1}{Q_1 t} \tag{8-10}$$

$$C_2=\frac{G_1-G_2}{Q_2 t} \tag{8-11}$$

式中 C_1、C_2——袋式除尘器进口、出口的气体含尘浓度，g/m^3；

G_1、G_2——发尘量与除尘量，g；

Q_1、Q_2——袋式除尘器进口、出口气体流量，m^3/s；

t——发尘时间，s。

5. 袋式除尘器除尘效率的计算

（1）质量法。测出同一时段进入袋式除尘器的粉尘量 G_1 和袋式除尘器捕捉的粉尘量 G_2，则除尘效率

$$\eta=\frac{G_2}{G_1}\times100\% \tag{8-12}$$

（2）浓度法。测出袋式除尘器进口和出口管道中气流含尘浓度 C_1、C_2，则除尘效率

$$\eta=1-\frac{C_2Q_2}{C_1Q_1}\times100\% \tag{8-13}$$

三、实验装置与流程

1. 实验装置

袋式除尘器性能测定实验装置主要由袋式除尘器、机械自动发尘装置、通风机、空压机、微电脑在线检测系统（检测进口气体处和出口气体处粉尘浓度、风量、风速、压力损失)、管道及其附件、不锈钢框架等组成。

2. 实验流程图

袋式除尘器性能测定实验装置流程示意图如图 8-8 所示。含尘气体通过袋式除尘器将粉尘从气体中分离，净化后的气体由风机经过排气管排出，所需含尘气体浓度由发尘装置配置。

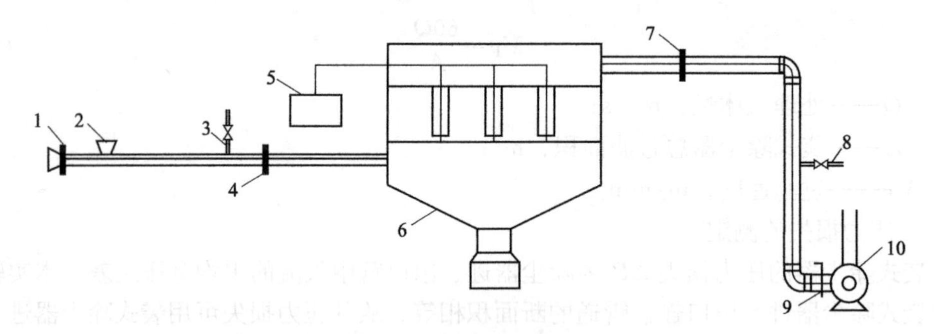

图 8-8 袋式除尘器性能测定实验装置流程示意图

1,4,7—静压测口；2—加料口；3—进口气体粉尘浓度采样口；5—空压机；6—袋式除尘器；8—出口气体粉尘浓度采样口；9—风量调节阀；10—通风机

四、实验步骤

1. 先插上电源，打开电控箱面板总开关，在风量调节阀 9 关闭的状态下，启动电控箱面板上的风机开关，调节风量调节阀 9 至所需的实验风量。

2. 用天平称取定量粉尘加入到发尘装置加料口 2，打开进尘电机开关，顺时针慢慢调节电机转速来控制进尘浓度，调整好发尘浓度，使实验系统达到稳定。含尘气体经风道进入袋式除尘器 6，净化后气体由风机 10 经过排气管排出，分离下来的粉尘落于袋式除尘器灰斗中。观察除尘系统中的含尘气流和粉尘浓度的变化情况。记录电控箱面板显示屏上的进口和出口气流中的含尘浓度、风量、压力损失。

3. 收集袋式除尘器灰斗中捕集的粉尘，称量并记录。

4. 改变进尘浓度和风量，重复上述实验，然后称量，计算袋式除尘器除尘效率，确定袋式除尘器在各种工况下的性能。

5. 当数据采集系统显示的除尘器压力损失上升到 1000Pa 或更大时，关闭发尘装置、关闭风机、停止进气，启动空压机，调节空压机出口气体压力约 $1\sim3kg/m^2$，然后通过清灰系统电磁阀的开启，脉冲清灰滤袋 1～5s，使布袋黏附的粉尘脱落、下落到灰斗中，然后重新开启风机进气，使袋式除尘器重新开始工作。

6. 实验完毕后先关闭进尘电机开关，关闭风机和电控箱面板总开关，最后关闭电源。

五、实验数据记录与处理

袋式除尘器性能测定实验数据记录和处理见表8-2。

表8-2 袋式除尘器性能测定实验数据记录和处理

序号	发尘量 G_1 /g	风量 Q /(m^3/h)	压力损失 ΔP /Pa	进口气体粉尘浓度 C_1/(mg/m^3)	出口气体粉尘浓度 C_2/(mg/m^3)	收尘量 G_2 /g	过滤速度 V_F /(m/min)	除尘效率 η /%
1								
2								
3								
4								

1. 计算袋式除尘器过滤速度和除尘效率。

2. 绘制并分析过滤速度 V_F-除尘效率 η、过滤速度 V_F-除尘器压力损失 ΔP 关系曲线。

六、注意事项

1. 滤袋使用到一定时间后，要进行更换。

2. 粉尘传感器使用一定时间后，必须定时清洁，以保证其测量精度。

七、思考题

1. 分析工况对袋式除尘器压力损失和除尘效率的影响。

2. 根据实验性能曲线（过滤速度 V_F-除尘效率 η、过滤速度 V_F-除尘器压力损失 ΔP 关系曲线），考察过滤速度对压力损失和除尘器效率的影响。

双语词汇

滤料	filter material
合成纤维	synthetic fiber
玻璃纤维	glass fiber
过滤速度	filtration rate
袋式除尘器	bag filter
机械振动清灰	mechanical shake cleaning
逆气流清灰	reverse flow cleaning
脉冲喷吹清灰	pulse jet cleaning

知识拓展

超净电袋复合除尘技术

常规的电袋复合除尘器经过十几年的开发应用及工程经验积累，技术已相当成熟，但随着燃煤电厂超低排放要求粉尘排放浓度小于10mg/m^3，超净电袋复合除尘器（简称“超净电袋”）产生。超净电袋复合除尘技术是基于耦合技术、流场均布技术、微粒凝并技术、高精过滤技术等多项技术创新形成的新一代电袋复合除尘技术，可以实现粉尘排放浓度小于5mg/m³或10mg/m³的超低排放。该工艺具有占地面积小、设备投资低、滤袋寿命长、运行费用低、不产生废水等优点。与常规的电袋复合除尘技术相比，超净电袋的技术创新和突破主要体现在几个方面：①电区与袋区的最优耦合匹配，根据煤质条件选取电区和袋区关键参数，确定袋区最佳的入口颗粒物浓度；②强化颗粒荷电与电凝并技术，提高电区可靠性；③采用高精过滤滤料，过滤精度最高的滤料是PTFE覆膜滤料，其次是超细纤维梯度滤料。滤料过滤精度越高，超净电袋的出口排放就越可靠，运行阻力越低越平稳；④高均匀性流场分布技术，细化设计流场和气流分布，使超净电袋内的气流分布达到较高的均匀性，还有设备的设计和安装要求等。近年来，“超净电袋、不上湿电”技术在燃煤电厂超低排放工程中得到迅速推广，已经成为主流的烟尘超低排放技术之一。

实验五　板式静电除尘器性能测定实验

一、实验目的

1. 了解板式静电除尘器的工作原理及流程，观察电晕放电的外观形态。
2. 测定板式静电除尘器的除尘效率。

二、实验原理

1. 静电除尘器的除尘原理

静电除尘器是含尘气体在通过高压电场进行电离的过程中，使尘粒荷电，并在电场力的作用下使尘粒沉积在集尘极上，将尘粒从含尘气体中分离出来的一种除尘设备。电除尘器的除尘大致可分为四个过程：气体电离、粉尘荷电、粉尘沉积和清灰。电除尘过程与其他除尘过程的根本区别在于分离力（主要是静电力）直接作用在粒子上，而不是作用在整个气流上，这就决定了它具有分离粒子耗能小、气流阻力小的特点。由于作用在粒子上的静电力相对较大，所以即使对亚微米级的粒子也能有效地捕集。

电除尘器的主要优点是：①压力损失小；②处理烟气量大；③能耗低；④对细粉尘有很高的捕集效率，可高于99%；⑤可在高温或强腐蚀性气体下操作。

2. 压力损失的测定

静电除尘器的压力损失 ΔP 为除尘器进口、出口管中气流的平均全压之差。本实验装置中静电除尘器进口、出口连接管道的断面积相等，故其压力损失可用静电除尘器进、出口管道中气体的平均静压差表示（直接由数据采集系统测得），即

$$\Delta P = P_1 - P_2 \tag{8-14}$$

式中　P_1——静电除尘器入口处气体的全压或静压，Pa；

P_2——静电除尘器出口处气体的全压或静压，Pa。

3. 静电除尘器中气体含尘浓度的计算

$$C_1=\frac{G_1}{Q_1 t} \tag{8-15}$$

$$C_2=\frac{G_1-G_2}{Q_2 t} \tag{8-16}$$

式中 C_1、C_2——静电除尘器进口、出口的气体含尘浓度，g/m³；

G_1、G_2——发尘量与除尘量，g；

Q_1、Q_2——静电除尘器进口、出口气体流量，m³/s；

t——发尘时间，s。

4. 静电除尘器除尘效率的计算

(1) 质量法。测出同一时段进入静电除尘器的粉尘量 G_1 和静电除尘器捕捉的粉尘量 G_2，则除尘效率

$$\eta=\frac{G_2}{G_1}\times 100\% \tag{8-17}$$

(2) 浓度法。测出静电除尘器进口和出口管道中气流含尘浓度 C_1、C_2，则除尘效率

$$\eta=1-\frac{C_2 Q_2}{C_1 Q_1}\times 100\% \tag{8-18}$$

三、实验装置与流程

1. 实验装置

板式静电除尘器性能测定实验装置主要由集尘极、电晕极、高压静电电源、通风机、机械振打装置、微电脑在线检测系统（检测进口气体处和出口气体处粉尘浓度、风量、风速、压力损失）、管道及其附件、不锈钢框架等组成。

2. 实验流程图

板式静电除尘器性能测定实验装置流程示意图如图 8-9 所示。含尘气体通过板式静电除尘器，通过高压电场进行电离，使尘粒荷电，在电场力的作用下使尘粒沉积在集尘极上，将尘粒从含尘气体中分离出来，净化后的气体由风机经过排气管排出，所需含尘气体浓度由发尘装置配置。

四、实验步骤

1. 先插上电源，打开电控箱面板总开关，在风量调节阀 11 关闭的状态下，启动电控箱面板上的风机开关，调节风量调节阀 11 至所需的实验风量。

2. 打开高压电源上的电源按钮，启动高压电源，顺时针调节高压调节旋钮，待电压升至 5kV 时，读取并记录电压、电流，继续升压，以后每升高 5kV 读取并记录一组数据，读数时操作方法和第一次相同，电压升至 20kV 时停止升压。

3. 用天平称取定量粉尘加入发尘装置 1，打开进尘电机开关，顺时针慢慢调节电机转速来控制进尘浓度，调整好发尘浓度，使实验系统达到稳定。含尘气体经风道进入板式静电除尘器 5，净化后气体由风机 13 经过排气管排出，分离下来的粉尘落于板式静电除尘器灰斗中。观察电晕放电的外观形态，记录电控箱面板显示屏上的进口、出口气

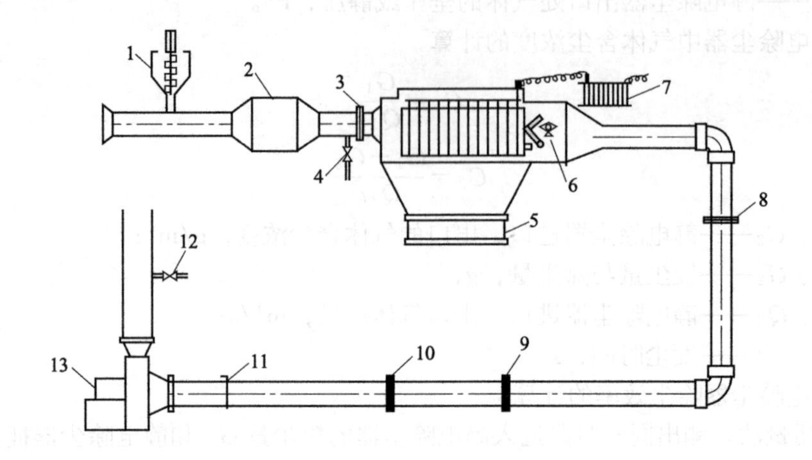

图 8-9　板式静电除尘器性能测定实验装置流程示意图

1—发尘装置；2—气尘混合器；3—静压测口；4—进口气体粉尘浓度采样口；5—板式静电除尘器；6—振打装置；7—高压电源；8—静压测口；9,10—孔板流量计；11—风量调节阀；12—出口气体粉尘浓度采样口；13—通风机

流中的含尘浓度、风量和压力损失。

4. 收集板式静电除尘器灰斗中捕集的粉尘，称量并记录。

5. 可改变电晕电压、进尘浓度和风量，重复上述实验，确定静电除尘器在各种工况下的性能。

6. 当集尘极上粉尘厚度比较厚时（5mm 左右）或除尘结束后，启动振打装置电机开关，进行振打清灰处理（过程只需 10s 左右即可），经振打后粉尘落入灰斗中。

7. 实验完毕后先关闭进尘电机开关，然后将电压调制 0V，再关闭高压电源、关闭风机和电控箱面板总开关，最后关闭总电源。

五、实验数据记录与处理

板式静电除尘器性能测定实验数据记录和处理见表 8-3。

表 8-3　板式静电除尘器性能测定实验数据记录和处理

序号	发尘量 G_1 /g	风量 Q /(m³/h)	电场电压 U /kV	压力损失 ΔP /Pa	进口气体粉尘浓度 C_1/(mg/m³)	出口气体粉尘浓度 C_2/(mg/m³)	收尘量 G_2 /g	除尘效率 η /%
1								
2								
3								
4								

1. 计算静电除尘器在各种工况下的除尘效率。

2. 绘制操作电压与除尘效率的关系曲线。

六、注意事项

1. 设备启动时，电压需先调至零位，才能重新启动。每次实验结束后须将电压归零，否则下次启动时瞬间高压会有危险，对电源使用寿命有一定影响。

2. 粉尘传感器使用一定时间后，必须定时清洁，以保证其测量精度。

3. 实验进行时，严禁触摸高压区。

七、思考题

1. 影响起始电晕电压的主要因素是什么？

2. 根据实验性能曲线（操作电压与除尘效率的关系曲线），考察操作电压对除尘器效率的影响。

双语词汇

电晕放电	corona discharge
驱进速度	migration velocity
集尘极	collecting plate
板间距	plate spacing
电极清灰	removal of collected particle from electrode
静电除尘器	electrostatic precipitator
湿式静电除尘器	wet electrostatic precipitator
宽间距静电除尘器	wide-pitch electrostatic precipitator

知识拓展

细颗粒物凝并技术

随着各类高效除尘器的开发与改进，目前96%～99%以上质量的粉尘已能被有效去除，但细颗粒物的去除效率较低。细颗粒物（$PM_{2.5}$）是空气中空气动力学当量直径不大于2.5μm的颗粒物。研究表明，$PM_{2.5}$是灰霾污染的核心污染物，可吸附更多有毒有害物质并更易进入人体，对人体健康具有更大的危害性。新型高效除尘技术如电袋复合除尘器、湿式静电除尘器和静电增强水雾除尘技术等，虽能较好地脱除$PM_{2.5}$，但存在设备结构复杂和工艺能耗大等问题。因此，为提高$PM_{2.5}$的去除率，国内外研究者提出凝并技术，使$PM_{2.5}$在物理或化学作用下团聚成较大颗粒物，再使用传统除尘设备捕集。颗粒物凝并技术通常应用于预除尘，将颗粒物预凝并与常规除尘方式结合，提高对细颗粒物的去除效率，同时降低设备运行成本。细颗粒物的凝并技术按机理可以分为声凝并、电凝并、磁凝并、热凝并、湍流凝并、光凝并和化学凝并，其中电凝并技术是进一步提高亚微米粉尘电除尘效率的最有效手段。电凝并通过提高细颗粒的荷电能力，使得荷电细颗粒以电泳方式到达较大颗粒表面，提高颗粒间的有效碰撞，细颗粒物彼此之间由于相互碰撞，凝并聚合成为较大颗粒物的过程。现有的细颗粒电凝并方法主要有同极性荷电颗粒凝并、直流电场中异极性荷电颗粒凝并、交变电场中异极性荷电颗粒凝并三种。电凝并技术因其高效率及应用方便，受到全社会的广泛关注和研究。通过预凝并技术使细颗粒物团聚长大进而提高其脱除效率，是目前除尘技术研究的一个重要方向，对大气污染的防治起到关键作用。

实验六　文丘里洗涤器性能测定实验

一、实验目的

1. 了解文丘里洗涤器结构形式及运行状况，加深对文丘里洗涤器除尘原理的理解。
2. 掌握文丘里洗涤器主要性能的实验研究方法及主要影响因素。
3. 了解湿法除尘与干法除尘在除尘器性能测定中的不同实验方法。

二、实验原理

1. 文丘里洗涤器的除尘原理

文丘里洗涤器是一种高效湿式洗涤器，常用在高温烟气降温和除尘上，其结构如图8-10所示，由收缩管、喉管和扩散管组成。含尘气体由进气管进入收缩管后，流速逐渐增大，气流的压力能逐渐转变为动能，在喉管入口处，气速达到最大，一般为50～180m/s。洗涤液（一般为水）通过沿喉管周边均匀分布的喷嘴进入，液滴被高速气流雾化和加速。充分的雾化是实现高效除尘的基本条件。在扩散管中，气流速度减小和压力的回升，使以颗粒为凝结核的凝聚速度加快，形成直径较大的含尘液滴，以便于被低能洗涤器或除雾器捕集下来。文丘里洗涤器性能（处理气体流量、压力损失、除尘效率及喉口速度、液气比、动力消耗等）与其结构形式和运行条件密切相关。本实验是在除尘器结构形式和运行条件已定的前提下，完成除尘器性能的测定。

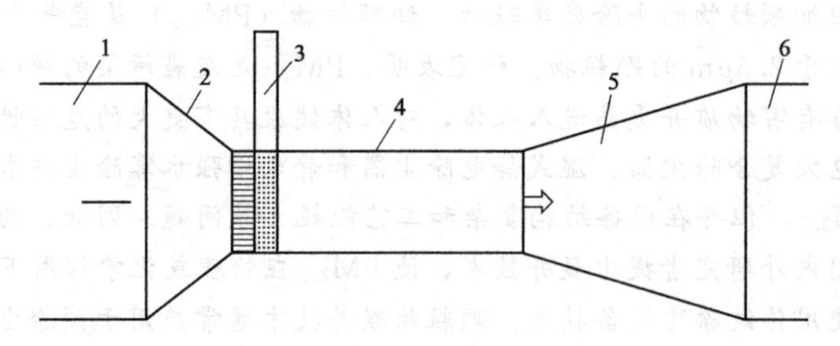

图 8-10　文丘里洗涤器示意图

1—进气管；2—收缩管；3—喷嘴；4—喉管；5—扩散管；6—连接管

2. 处理气体量和喉口速度的测定和计算

(1) 处理气体量的测定和计算。气体流量计算式如下

$$Q_G = v_0 A \tag{8-19}$$

式中　Q_G——处理气体量，m^3/s；

v_0——管道流速，m/s；

A——管道横断面积，m^2。

(2) 喉口速度的测定和计算。若文丘里洗涤器喉口断面积为 A_T，则其喉口平均气流速度 v_T 为

$$v_T = Q_G / A_T \tag{8-20}$$

式中 v_T——文丘里洗涤器喉口平均气流速度，m/s；

A——文丘里洗涤器喉口断面积，m^2。

3. 压力损失的测定和计算

文丘里洗涤器压力损失 ΔP 为除尘器进口、出口管中气流的平均全压之差。本实验装置中除尘器进口、出口连接管道的断面积相等，故其压力损失可用除尘器进口、出口管道中气体的平均静压差表示，即

$$\Delta P = P_1 - P_2 \tag{8-21}$$

应该指出，除尘器压力损失随操作条件变化而改变，本实验的压力损失测定应在除尘器稳定运行（v_T、液气比保持不变）的条件下进行，并同时测定记录 v_T 和 L 的数据。

4. 耗水量及液气比的测定和计算

文丘里洗涤器的耗水量（Q_L），可通过设在除尘器进水管上的流量计 11 直接读得（参看图 8-11）。测得除尘器处理气体量（Q_G）后，即可由下式求出液气比（L）

$$L = Q_L / Q_G \tag{8-22}$$

5. 除尘效率的测定和计算

(1) 文丘里洗涤器除尘效率（η）的测定，应在除尘器稳定运行的条件下进行，并同时记录 v_T、L 等操作指标。

文丘里洗涤器的除尘效率常用质量浓度法测定，用等速度采样法同时测出除尘器进、出口气体含尘浓度，并按下式计算

$$\eta = \left(1 - \frac{C_2 Q_{G2}}{C_1 Q_{G1}}\right) \times 100\% \tag{8-23}$$

式中 C_1、C_2——文丘里洗涤器进口、出口的气体含尘浓度，g/m^3；

Q_{G1}、Q_{G2}——文丘里洗涤器进口、出口气体流量，m^3/s。

(2) 卡尔弗特等做了一系列简化后提出下式，计算文丘里洗涤器的通过率

$$P = \exp\left(\frac{-6.1 \times 10^{-9} \rho_L \rho_p C_C d_p^2 f^2 \Delta P}{\mu_g^2}\right) \tag{8-24}$$

式中 ρ_L、ρ_p——洗涤液和颗粒的密度，g/cm^3；

μ_g——气体黏度，10^{-1} Pa·s；

ΔP——文丘里洗涤器压力损失，cmH_2O；

d_p——颗粒粒径，μm；

f——经验常数，在该表达式中为 0.1～0.4；

C_C——坎宁汉系数，$C_C = 1 + \frac{0.165}{dp}$。

$$\eta = 1 - P \tag{8-25}$$

三、实验装置与流程

1. 实验装置

文丘里洗涤器性能测定实验装置主要由文丘里洗涤器、水箱、旋风雾沫分离器、机械自动发尘装置、转子流量计、微电脑在线检测系统（检测进口气体处和出口气体处粉尘浓度、风量、风速、风压）、水泵和管道及其附件、不锈钢框架等组成。

2. 实验流程图

文丘里洗涤器性能测定实验装置流程示意图如图 8-11 所示。含尘气体通过文丘里洗涤器将粉尘从气体中分离，净化后的气体由风机经过排气管排出。

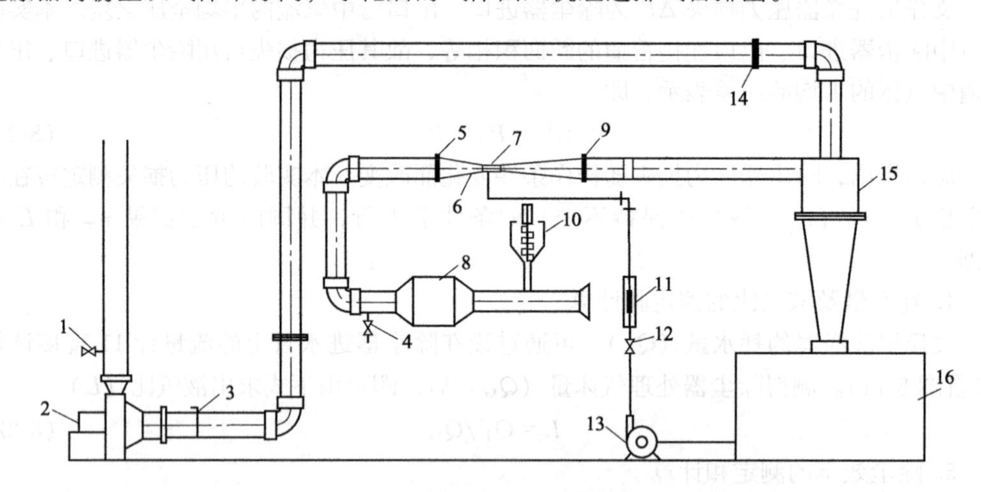

图 8-11 文丘里洗涤器性能测定实验装置流程示意图

1—出口气体粉尘浓度采样口；2—通风机；3—风量调节阀；4—进口气体粉尘浓度采样口；
5—静压测口；6—喷嘴；7—喉管；8—气尘混合器；9—静压测口；10—发尘装置；
11—转子流量计；12—供液调节阀；13—水泵；14—静压测口；
15—旋风雾沫分离器；16—水槽

四、实验步骤

1. 在水槽内注满自来水，插上电源，打开电控箱面板总开关，打开水泵开关启动循环水泵。通过供液调节阀 12 调节并通过转子流量计可调节至所需流量，记录耗水量 Q_L 数据。

2. 在风量调节阀 3 关闭的状态下，启动电控箱面板上的风机开关，调节风量调节阀 3 至所需的实验风量。

3. 用天平称取定量粉尘加入发尘装置 10，打开进尘电机开关，顺时针慢慢调节电机转速来控制进尘浓度，调整好发尘浓度，使实验系统达到稳定。含尘气体经风道进入文丘里洗涤器，净化后气体经过旋风雾沫分离器 15 后经排气管排出，观察除尘系统中的含尘气流的变化情况，测定文丘里洗涤器压力损失 ΔP，记录电控箱面板显示屏上的进口、出口气流中的含尘浓度、风量 Q_G 和风压。

4. 在固定进口粉尘浓度和耗水量 Q_L 条件下，改变入口风量 Q_G，重复上述实验方法测定 4 组数据。

5. 在固定进口粉尘浓度和风量 Q_G 条件下，改变耗水量 Q_L，重复上述实验方法测定 4 组数据。

6. 实验完毕后先关闭进尘电机开关，再关闭水泵、关闭风机。

7. 放空洗涤液循环槽，再用清水和循环泵对系统进行清洗。

8. 关闭电控箱面板总开关，最后关闭电源。

9. 粉尘粒径分布测定（测定方法详见实验一和实验二）。

五、实验数据记录与处理

文丘里洗涤器性能测定实验数据记录见表 8-4，风量变化实验数据处理见表 8-5，耗水量变化实验数据处理见表 8-6。

表 8-4 文丘里洗涤器性能测定实验数据记录

<table>
<tr><td rowspan="3">序号</td><td colspan="3">风量变化</td><td colspan="3">耗水量变化</td></tr>
<tr><td colspan="3">进口气体粉尘浓度：____mg/m³
耗水量 Q_L：____m³/h</td><td colspan="3">进口气体粉尘浓度：____mg/m³
风量 Q_G：____m³/h</td></tr>
<tr><td>风量
Q_G
/(m³/h)</td><td>出口气体
粉尘浓度
/(mg/m³)</td><td>压力损失
ΔP
/Pa</td><td>耗水量
Q_L
/(m³/h)</td><td>出口气体
粉尘浓度
/(mg/m³)</td><td>压力损失
ΔP
/Pa</td></tr>
<tr><td>1</td><td></td><td></td><td></td><td></td><td></td><td></td></tr>
<tr><td>2</td><td></td><td></td><td></td><td></td><td></td><td></td></tr>
<tr><td>3</td><td></td><td></td><td></td><td></td><td></td><td></td></tr>
<tr><td>4</td><td></td><td></td><td></td><td></td><td></td><td></td></tr>
</table>

表 8-5 风量变化实验数据处理

序号	进口气体粉尘浓度 /(mg/m³)	出口气体粉尘浓度 /(mg/m³)	耗水量 Q_L /(m³/h)	风量 Q_G /(m³/h)	喉口速度 v_T /(m/s)	压力损失 ΔP /Pa	除尘效率 η /%
1							
2							
3							
4							

表 8-6 耗水量变化实验数据处理

序号	进口气体粉尘浓度 /(mg/m³)	出口气体粉尘浓度 /(mg/m³)	风量 Q_G /(m³/h)	耗水量 Q_L /(m³/h)	液气比 L	压力损失 ΔP /Pa	除尘效率 η /%
1							
2							
3							
4							

1. 根据实验结果计算除尘效率 η，采用经验公式计算除尘效率 η'，并进行对比。

2. 考察压力损失、除尘效率和喉口速度的关系，绘制并分析 v_T-ΔP、v_T-η 实验性能曲线。

3. 考察压力损失、除尘效率和液气比的关系，绘制并分析 L-ΔP、L-η 实验性能曲线。

六、思考题

1. 分析文丘里洗涤器的结构，说明收缩管、喉管和扩散管的长度、直径、扩张角度等几何尺寸对除尘效率和压力损失的影响。

2. 根据实验结果，试分析影响文丘里洗涤器效率的主要因素。

双语词汇

喉管	throat tube
除雾器	demister
液气比	liquid-gas ratio
动力消耗	power consumption
转子流量计	rotameter
通过率	passing rate
文丘里洗涤器	Venturi scrubber

知识拓展

文丘里效应

文丘里效应（Venturi effect），也称文氏效应，此现象以其发现者意大利物理学家文丘里（Giovanni Battista Venturi，1746—1822 年）命名。该效应表现在受限流体在通过缩小的过流断面时，流体出现流速增大的现象，其流速与过流断面成反比。而由伯努利定律得知流速的增大伴随流体压力的降低，即常见的文丘里现象。通俗地讲，这种效应是指在高速流动的流体附近会产生低压，从而产生吸附作用。利用这种效应可以制作出文氏管。

文丘里管因其制造和维护成本比较低，在现今科技发展中得到广泛的应用。实质意义上的一种应用就是在水族馆整个水循环系统中充当去浮沉的装置（分离器）。在化学方面的应用就是文丘里喷嘴，用于对液体的去杂（去除气体），或者用于测量流体的速度。同样，加油气压设备中的准备单元的加油嘴也是应用了这一原理。文丘里效应的原理，可应用于某些机械构件及建筑物的通风。基于文丘里效应制造的设备设施，在名称前加“文丘里”，如文丘里水膜除尘器、文丘里扩散管、文丘里收缩管、文丘里喷射泵、文丘里流量计等。

实验七　旋流板式喷淋塔净化实验

一、实验目的

1. 通过实验了解旋流板式喷淋塔吸收净化有害气体的研究方法，加深理解塔内气液接触状况及吸收过程的基本原理。

2. 测定旋流板式喷淋塔的吸收效率。

二、实验原理

旋流板式喷淋塔是气液传质设备板式塔的一种，其工作原理是在一个圆筒形的壳体内装有若干层等间距放置的水平塔板，该塔板中央设置盲板，连同周围排布的多块固定的风车型旋流叶片组成。操作时，吸收液从塔体顶部给入，依靠重力作用从上到下依次流过各级塔板，最后由塔底汇集流出。待净化的气体由塔底切向送入最底层塔板的下方，靠压强差推动，逐板由下而上穿过各级塔板。气体穿过塔板时，因塔板的导向作用而离心旋转向上流动，穿越液层，从而形成气泡和液沫，进行相间传质。气体在穿越各级塔板的过程中得到净化。因塔板上液层薄、开孔率大而压降低，使气液负荷可以比常见塔设备大一倍以上。旋流板式喷淋塔特点是气液负荷高、形成的液层较薄、压降低、生产能力较大，效率稳定、操作方便、不易堵塞。该类型的板式塔应用范围较广，在化工、石油、电力、钢铁、有色冶金、铁路、机械和国防工业等部门得到普及，在环境保护方面成功用于 SO_2、H_2S、HCl、甲醛、甲硫醇等有害气体的净化。

含二氧化硫的气体可采用吸收法净化。由于二氧化硫在水中溶解度不高，常采用化学吸收法。二氧化硫的吸收剂种类较多，本实验采用 5%NaOH 或 Na_2CO_3 溶液作吸收剂，吸收过程发生的主要化学反应为

$$2NaOH+SO_2 \longrightarrow Na_2SO_3+H_2O$$

$$Na_2CO_3+SO_2 \longrightarrow Na_2SO_3+CO_2$$

$$Na_2SO_3+SO_2+H_2O \longrightarrow 2NaHSO_3$$

实验过程中通过测定旋流板塔进出口气体中 SO_2 的含量，即可计算出吸收塔的吸收效率，进而了解吸收效果。吸收效率 η 为

$$\eta=1-\frac{C_2}{C_1}\times 100\% \tag{8-26}$$

式中　C_1——旋流板塔入口 SO_2 浓度；

　　　C_2——旋流板塔出口 SO_2 浓度。

三、实验装置与流程

1. 实验装置

旋流板式喷淋塔净化实验装置主要由旋流板式喷淋塔、通风机、转子流量计、SO_2 钢瓶、微电脑在线检测系统（检测进口处和出口处气体浓度、风量、风速和风压）、气体混合系统、水泵和管道及其附件、不锈钢框架等组成。

2. 实验流程图

旋流板式喷淋塔净化实验装置流程示意图如图 8-12 所示。吸收液从储液槽由水泵并通过转子流量计，由旋流板塔上部经液体喷淋装置进入塔内，流经旋流板，由塔下部流回储液槽。SO_2 来自钢瓶，通过转子流量计计量后与空气配制成一定浓度的混合气，从塔底进气口进入旋流板塔内，通过旋流板与吸收液接触传质，净化后的气体经除雾器后由塔顶排出，气液两相逆流接触，完成吸收过程。

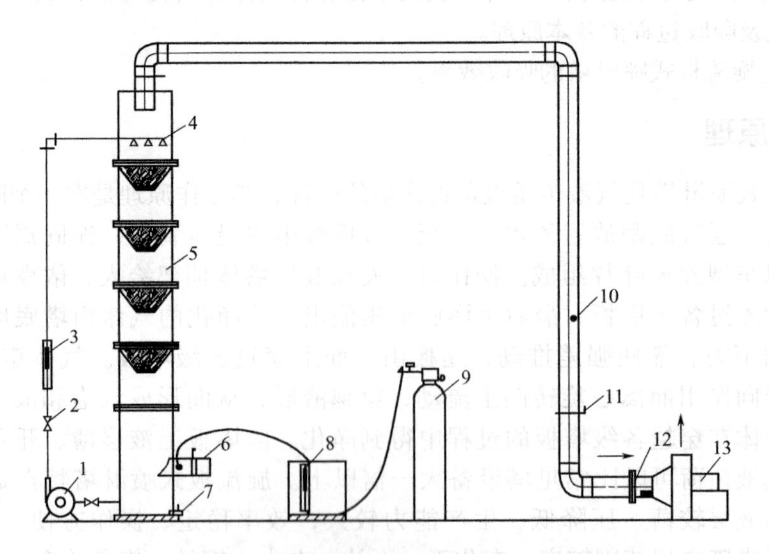

图 8-12　旋流板式喷淋塔净化实验装置流程示意图

1—吸收液循环泵；2—供液调节阀；3,8—转子流量计；4—液体分布器；5—旋流板式喷淋塔；6—进气口；7—排液口；9—SO_2 钢瓶；10—采样口；11—风量调节阀；12—软接头；13—通风机

四、实验步骤

1. 在储液槽中注入已配制好的 5% 的碱溶液。

2. 启动吸收液循环泵，通过供液调节阀 2 调节并通过转子流量计可调节至所需流量，使液体均匀分布，记录喷淋液流量。

3. 插上电源，打开电控箱面板总开关，在风量调节阀 11 关闭的状态下，开启风机 13，调节风量调节阀 11 至所需的实验风量，在保证吸收塔正常工作时，开启 SO_2 钢瓶，并调节其流量，使空气中 SO_2 含量为 0.01%～0.2%（体积）。整个实验过程中保持进口 SO_2 浓度和流量不变。

4. 经数分钟，待塔内操作完全稳定后，记录电控箱面板显示屏中数据。

5. 改变进入吸收塔的喷淋液流量，重复上述操作，测取 4～5 组数据，测定不同液气比下的吸收效率，确定最佳液气比。

6. 实验完毕后，先关掉 SO_2 钢瓶阀门，一定要用力关紧，待钢瓶压力表指针慢慢回零后再调节减压阀到无压状态，待 2～3min 后再停止供液，再等 10min 左右将管路中含有 SO_2 气体吹扫干净后关闭风机停止鼓入空气，关闭电控箱面板总开关，关闭电源。

五、实验数据记录与处理

旋流板式喷淋塔净化实验数据记录和处理见表 8-7。

表 8-7 旋流板式喷淋塔净化实验数据记录和处理

序号		SO_2 浓度/(mL/m^3)	喷淋液流量/(L/h)	气体流量/(L/h)	液气比	吸收效率 η/%
1	进气					
	出气					
2	进气					
	出气					
3	进气					
	出气					
4	进气					
	出气					

根据实验数据，计算旋流板式喷淋塔吸收效率 η。

六、注意事项

开启 SO_2 气瓶之前先调节减压阀在无压状态，再全部打开二氧化硫进气转子流量计，检查二氧化硫进气的相关连接管是否密闭，检查完确认没有问题后再慢慢拧开钢瓶阀门，拧开钢瓶阀门后钢瓶压力表压力上升，再缓慢调节减压阀压力，并观察二氧化硫进气转子流量计，待流量计浮子上升至最小刻度时停止调压。

七、思考题

1. 试分析影响旋流板塔吸收效率的主要因素。
2. 阐述干填料压降线和湿填料压降线的特征。
3. 影响吸收效果的主要因素有哪些？
4. 为什么易溶气体的吸收属于气膜控制过程，难溶气体的吸收属于液膜控制过程？

双语词汇

板式塔	plate tower
喷淋塔	spray tower
旋流板塔	rotating-stream-tray scrubber
吸收	absorption
吸收效率	absorption efficiency
吸收曲线	absorption curve
化学吸收法	chemical absorption

实验八　碱液吸收二氧化硫仿真实验

一、实验目的

1. 了解吸收法净化废气中 SO_2 的原理。
2. 测定填料吸收塔的净化效率。

二、实验原理

含二氧化硫的气体可采用吸收法净化。由于二氧化硫在水中溶解度不高，常采用化学吸收法。二氧化硫的吸收剂种类较多，本实验采用 5%NaOH 或 Na_2CO_3 溶液作吸收剂，吸收过程发生的主要化学反应为

$$2NaOH + SO_2 \longrightarrow Na_2SO_3 + H_2O$$

$$Na_2CO_3 + SO_2 \longrightarrow Na_2SO_3 + CO_2$$

$$Na_2SO_3 + SO_2 + H_2O \longrightarrow 2NaHSO_3$$

实验过程中通过测定填料塔进出口气体中 SO_2 的含量，即可计算出吸收塔的净化效率，进而了解吸收效果。净化效率 η 为

$$\eta = 1 - \frac{C_2}{C_1} \times 100\% \tag{8-27}$$

式中　C_1——填料塔入口 SO_2 浓度，mg/m^3；

　　　C_2——填料塔出口 SO_2 浓度，mg/m^3。

三、仿真实验页面

碱液吸收二氧化硫仿真实验页面如图 8-13 所示，仿真实验参数及装置页面如图 8-14 所示，仿真实验数据管理页面如图 8-15 所示。

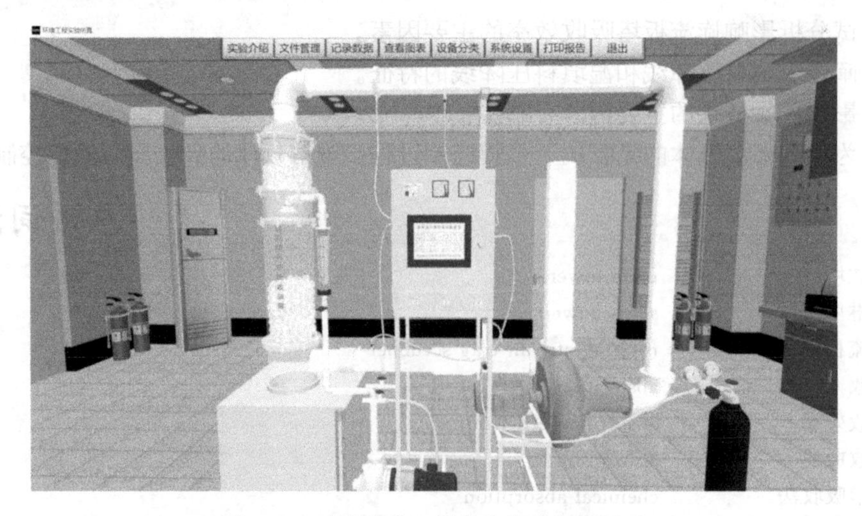

图 8-13　碱液吸收二氧化硫仿真实验页面

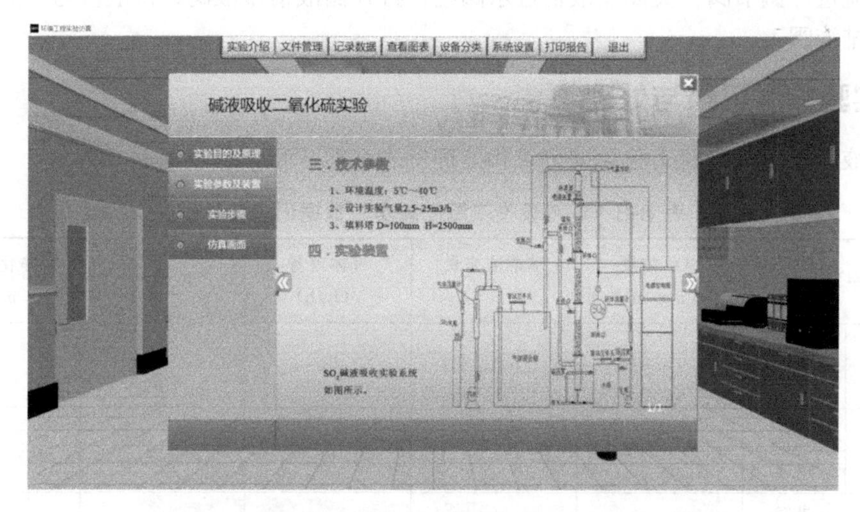

图 8-14　碱液吸收二氧化硫仿真实验参数及装置页面

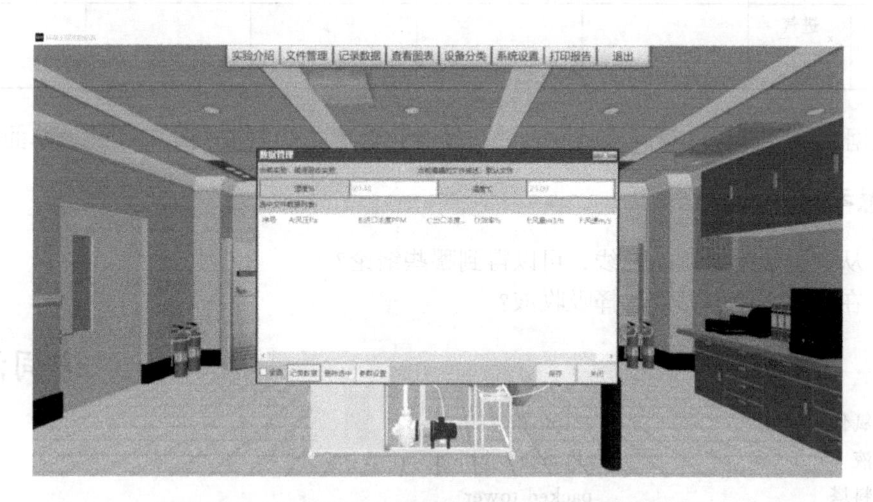

图 8-15　碱液吸收二氧化硫仿真实验数据管理页面

四、实验步骤

1. 打开总开关，开启显示屏开关。

2. 打开吸收塔下方储液槽进水阀门，确保储液箱底部的排水阀关闭。

3. 待液位达到 80%时，启动水泵。

4. 打开碱液流量计调节阀，调节流量至所需流量，使其在填料塔内正常喷淋。

5. 开启风机，打开风量调节阀。

6. 缓慢打开 SO_2 钢瓶阀门，打开 SO_2 流量计阀门，调节至所需流量。

7. 待流量均稳定一段时间，记录显示屏中数据。

8. 改变进入吸收塔的喷淋液流量，重复上述操作，测取 4～5 组数据，测定不同液气比下的吸收效率，确定最佳液气比。

9. 实验结束后，先关闭 SO_2 气瓶阀门，关闭风机，关闭风量调节阀门，停泵，关闭碱液流量计调节阀；关闭储液槽进水阀门，打开储液槽排液阀，待液位为0后，关闭储液槽排液阀。

五、实验数据记录与处理

碱液吸收二氧化硫实验数据记录和处理见表8-8。

表8-8 碱液吸收二氧化硫实验数据记录和处理

序号		SO_2 浓度 /(mg/m^3)	喷淋液流量 /(L/h)	气体流量 /(L/h)	液气比	净化效率 η/%
1	进气					
	出气					
2	进气					
	出气					
3	进气					
	出气					
4	进气					
	出气					

根据实验数据，计算碱液吸收二氧化硫净化效率，绘制液气比与净化效率曲线。

六、思考题

1. 从实验结果绘制的曲线，可以得到哪些结论？
2. 在吸收实验中如何选择吸收液？

双语词汇

二氧化硫	sulfur dioxide
碱液	alkaline solution
填料塔	packed tower
化学吸收	chemical adsorption
净化效率	purification efficiency

知识拓展

离子液体脱硫

离子液体是近年来发展的一种新型绿色功能化材料，是由有机阳离子、有机或无机阴离子组成的盐类，低于100℃时呈液态，为了满足不同的需要，可通过对阴、阳离子进行定向设计，合成出功能化离子液体。离子液体在烟气脱硫中的应用是其发展的一个重要研究方向。离子液体脱硫基本原理是烟气经除尘、降温后被离子液体吸收，由于脱硫功能化离子液体具有蒸气压低、化学稳定性和热稳定性良好等传统离子液体的特点，还具有不易挥发、无污染、可循环利用等优点，离子液体对 SO_2 具有很好的吸收作用，吸收 SO_2 后的离子液体进行解吸再生，解吸后的 SO_2 可用于其他化工产品的生产，离子液体可以循环使用。离子液体脱硫作为一种新型烟气脱硫技术，具有熔点低、液程宽、无污染的特点，是一种环境友好型的烟气脱硫方法。目前，国内外学者已合成出多种功能化离子液体，如胍盐类、醇胺类、季胺类、咪唑类等用于脱除工业烟气中的 SO_2，但由于离子液体价格昂贵、黏度大、解吸难等问题，阻碍了功能化脱硫离子液体的大规模推广。有学者指出离子液体脱硫技术未来的研究重点是进一步研发高效功能性离子液体，优化脱硫工艺，探讨离子液体脱硫的反应机理和模型，开展固载化离子液体的研究等。

第九章

固体废弃物处理技术实验

实验一　垃圾滚筒筛分选实验

一、实验目的

1. 掌握滚筒筛筛分的基本原理和基本方法。

2. 了解影响筛分效率的主要因素。

二、实验原理

1. 滚筒筛筛分原理

物料在滚筒筛的运动呈现三种状态，即沉落状态、抛落状态和离心状态。

(1) 沉落状态。这时筛子的转速很低，物料颗粒由于筛子的圆周运动而被带起，然后滚落到向上运动的颗粒上面，物料混合很不充分，不易使中间的细料翻滚物移向边缘而触及筛孔，因而筛分效率极低。

(2) 抛落状态。当转速足够高但又低于临界速度时，物料颗粒克服重力作用沿筒壁上升，直至到达转筒最高点之前，此时重力超过了离心力，颗粒沿抛物线轨迹落回筛底，因而物料颗粒的翻滚程度最为剧烈，很少发生堆积现象，筛子的筛分效率最高。

(3) 离心状态。当筛子的转速进一步增大时，达到某一临界速度，物料由于离心作用附着在筒壁上而无法下落、翻滚，因而造成效率相当低。

分选生活垃圾的滚筒筛，是在普通滚筒筛的基础之上增设一些分选或清理机构，使之更适于生活垃圾的筛分，主要有卧式旋转滚筒筛、立式滚筒筛和叶片滚筒筛三种。垃圾在滚筒筛内的运动可以分解为沿筛体轴线方向的运动和垂直于筛体轴线平面内的平面运动。沿筛体轴线方向的直线运动是由于筛体的倾斜安装而产生的，其速度即为垃圾通过筛体的速度。垃圾在垂直于筛体轴线平面内的运动与筛体的转速密切相关。当筒体总以较低于临界速度转动时，垃圾被带至一定高度后作抛物线下落，这种运动有利于筛分的进行。一般滚筒筛的转动速度为临界速度的 30%～60%，该数值比垃圾物料获得最大落差所需的转速要略低一些。

2. 筛分效率计算

从理论上讲，固体废物中凡是粒度小于筛孔尺寸的细粒都应该透过筛孔成为筛下产品，而大于筛孔尺寸的粗粒应全部留在筛上排出成为筛上产品。但是，实际上由于筛分过程中受各种因素的影响，总会有一些小于筛孔的细粒留在筛上随粗粒一起排出成为筛上产品，筛上产品中未透过筛孔的细粒越多，说明筛分效果越差。为了评定筛分设备的分离效率，引入筛分效率这一指标。

筛分效率是指实际得到的筛下产品质量与入筛废物中所含小于筛孔尺寸的细粒物料质量之比，用百分数表示，即

$$E=\frac{Q_1}{Q\times\frac{\alpha}{100}}\times100\%=\frac{Q_1}{Q\alpha}\times10^4\% \tag{9-1}$$

式中　E——筛分效率，%；

Q——入筛固体废物质量，kg；

Q_1——筛下产品质量，kg；

α——入筛固体废物中小于筛孔的细粒含量，%。

但是，在实际筛分过程中要测定 Q_1 和 Q 是比较困难的，因此，必须变换成便于应用的计算式。按图测定出筛下产品中小于筛孔尺寸的粗粒，可列出以下两个方程式：

(1) 物料入筛质量（Q）等于筛上产品质量（Q_2）和筛下产品质量（Q_1）之和，即：

$$Q=Q_1+Q_2 \tag{9-2}$$

式中　Q_2——筛上产品质量，kg。

(2) 固体废物中小于筛孔尺寸的细粒质量等于筛上产品与筛下产品中所含有小于筛孔尺寸的细粒质量之和，即：

$$Q\alpha=100Q_1+Q_2\theta \tag{9-3}$$

式中　θ——筛上产品中含有的小于筛孔尺寸的细粒质量分数，%。

将式(9-2) 代入式(9-3) 得

$$Q_1=\frac{(\alpha-\theta)Q}{100-\theta} \tag{9-4}$$

将 Q_1 值代入式(9-1) 得

$$E=\frac{\alpha-\theta}{\alpha(100-\theta)}\times10^4\% \tag{9-5}$$

三、实验仪器

垃圾滚筒筛分选装置机理如图 9-1 所示。垃圾滚筒筛是城市生活垃圾预分选和堆肥处理中应用较广泛的一种分选设备。传统的滚筒筛的筛筒由 4 个滚轮支承，工作时，由电机、减速器等带动筒体一侧的两个主动滚轮旋转，依靠摩擦力作用，主动滚轮带动筒体回转，而另一侧的两个滚筒轮则起从动作用。滚

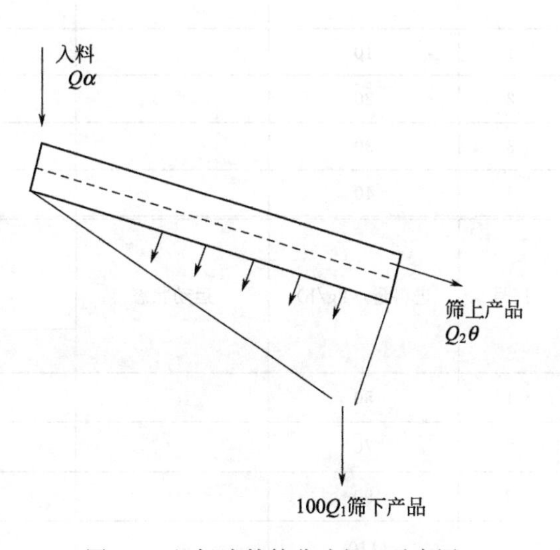

图 9-1　垃圾滚筒筛分选机理示意图

筒筛的倾角会影响垃圾物料在筛筒内的滞留时间，一般认为滚筒筛筛筒的倾斜角度在2°～5°范围内。被筛物料从筒体的一端（进料斗）进入筒内，由于筒体的回转，物料沿筒内壁滑动，小于筒体筛孔的细物料落到接收槽中，而大于筛孔的粗物料则从筒体的另一端排出。滚筒筛设计中的几何参数包括筛体长度 L(1.5～2m)、筛筒直径 D(400～600mm)、安装倾角（2°～5°）及筛孔直径 d(120mm、80mm 和 40mm)。

四、实验步骤

本实验测定不同粒径的生活垃圾在不同的转动条件下的分选效果。

1. 将生活垃圾进行常规破碎处理。

2. 取 10kg 破碎好的垃圾，在 20r/min 的转速下过筛，将筛上物称重后继续筛分，直到两次筛上物的质量变化小于 1%，此时认定筛分完全。

3. 开启滚筒筛，运行稳定后开始进料实验。首先，固定进料量（70kg/h），调节转速分别为 10r/min、20r/min、30r/min 和 40r/min，观察不同转速下垃圾在滚筒筛中的运动状态，将各个转速条件下得到的筛上和筛下部分垃圾质量记录于表 9-1 中，并计算出筛分效率。

4. 根据步骤 3 中得到的最优转速（该转速下物料的筛分效率最高），调节进料量分别为 50kg/h、70kg/h、90kg/h 和 110kg/h，观测垃圾在滚筒筛中的运动状态，并比较不同转速下筛分效率的高低。

五、实验数据记录与处理

滚筒筛筛分实验数据见表 9-1。

表 9-1　滚筒筛筛分实验记录表

实验日期：　年　月　日　（α=　）					
序号	转速/(r/min)	运动状态	筛分效率 $E=\frac{Q_1}{Q\times\frac{\alpha}{100}}\times100\%=\frac{Q_1}{Q\alpha}\times10^4\%$		
			Q_1	Q	E
1	10				
2	20				
3	30				
4	40				
序号	进料量/(kg/h)	运动状态	筛分效率 $E=\frac{Q_1}{Q\times\frac{\alpha}{100}}\times100\%=\frac{Q_1}{Q\alpha}\times10^4\%$		
			Q_1	Q	E
1	50				
2	70				
3	90				
4	110				

六、思考题

1. 讨论转速和进料量对筛分的影响，如何提高筛分效率？
2. 改变倾斜角度对筛分效率有何影响？
3. 滚筒筛操作有哪些注意事项？

双语词汇

垃圾分选	garbage sorting
滚筒筛	rotary screen
筛分效率	screening efficiency
转速	revolving speed
筛孔	sieve pore

实验二　垃圾好氧堆肥发酵实验

一、实验目的

1. 了解不锈钢垃圾好氧堆肥发酵实验装置结构形式及运行状况，加深对好氧堆肥发酵实验原理的理解。

2. 掌握不锈钢垃圾好氧堆肥发酵实验装置主要性能的实验研究方法及主要影响因素。

3. 在实验中通过不锈钢垃圾好氧堆肥发酵实验装置结构和好氧堆肥发酵现象的观察，正确进行垃圾好氧堆肥发酵操作，了解不锈钢垃圾好氧堆肥发酵实验装置性能测定中的实验方法，分析与解释不锈钢垃圾好氧堆肥发酵实验装置性能测定实验数据。

二、实验原理

1. 不锈钢垃圾好氧堆肥发酵实验装置原理

好氧发酵是在有氧条件下，好氧菌对废物进行吸收、氧化、分解。微生物通过自身的生命活动，把一部分被吸收的有机物氧化成简单的有机物，同时释放出可供微生物生长活动所需的能量，而另一部分有机物则被合成新的细胞质，使微生物不断生长繁殖，产生出更多的生物体的过程。不锈钢垃圾好氧堆肥发酵实验装置主体采用不锈钢制作，具有较强的耐腐性，美观耐用，操作稳定。实验装置由反应器主体、供气系统和渗滤液收集系统三部分组成。设备主要对固体垃圾进行厌氧或好氧的处理。设备装有加热与恒温系统，反应温度可调，内部配有搅拌装置，对垃圾进行不断地翻转搅拌。有一条反应原料气体进气管线与出气管线。采用精度较高的湿式气体流量计，对反应所产生气体进行计量。

2. 处理有机污染的测定和计算

（1）处理有机污染物量的测定和计算。测定不锈钢垃圾好氧堆肥发酵装置处理有机污染物量，应同时测出装置进、出口的有机物含量，以化学需氧量（COD_{Cr}）和生化需氧量（BOD_5）来表示。计算式如下：

$$\delta_1=\frac{COD_{Cr,in}-COD_{Cr,out}}{COD_{Cr,in}} \tag{9-6}$$

式中　δ_1——COD_{Cr}去除效率，%；

$COD_{Cr,in}$——进水 COD_{Cr}浓度，mg/L；

$COD_{Cr,out}$——出水 COD_{Cr}浓度，mg/L。

$$\delta_2=\frac{BOD_{5,in}-BOD_{5,out}}{BOD_{5,in}} \tag{9-7}$$

式中　δ_2——BOD_5 去除效率，%；

$BOD_{5,in}$——进水 BOD_5 浓度，mg/L；

$BOD_{5,out}$——出水 BOD_5 浓度，mg/L。

（2）处理无机污染物量的测定和计算。测定不锈钢垃圾好氧堆肥发酵装置处理无机污染物量，主要以氨氮（NH_4^+-N）、总氮（TN）和悬浮物（SS）作为测量指标，应同时测出装置进、出口的上述物质含量，计算式如下：

$$\delta_3=\frac{NH_{4,in}^+-NH_{4,out}^+}{NH_{4,in}^+} \tag{9-8}$$

式中　δ_3——NH_4^+ 去除效率，%；

$NH_{4,in}^+$——进水 NH_4^+ 浓度，mg/L；

$NH_{4,out}^+$——出水 NH_4^+ 浓度，mg/L。

$$\delta_4=\frac{TN_{in}-TN_{out}}{TN_{in}} \tag{9-9}$$

式中　δ_4——TN 去除效率，%；

TN_{in}——进水 TN 浓度，mg/L；

TN_{out}——出水 TN 浓度，mg/L。

$$\delta_5=\frac{SS_{in}-SS_{out}}{SS_{in}} \tag{9-10}$$

式中　δ_5——SS 去除效率，%；

SS_{in}——进水 SS 浓度，mg/L；

SS_{out}——出水 SS 浓度，mg/L。

三、实验仪器

好氧堆肥发酵实验装置如图 9-2 所示。

1. 反应器主体

实验的核心装置是一次发酵反应器。设计采用有机玻璃制成罐：内径 390mm，高 480mm，总容积 57.32L。反应器侧面设有采样口，可定期采样。反应器顶部设有气体收集管，用医用注射器作取样器定时收集反应器内的气体样本。此外，反应器上还配有测温装置、恒速搅拌装置等。

2. 供应系统

气体产生后可暂时储存在缓冲器里，经过气体流量计定量后从反应器底部供气。供

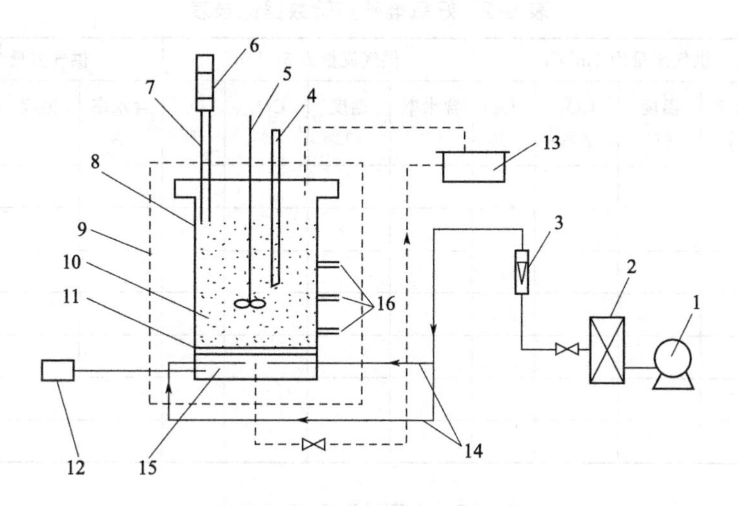

图 9-2　好氧堆肥发酵装置示意图

1—气泵；2—缓冲器；3—气体流量计；4—测温装置；5—恒速搅拌器；6—注射器；7—集气管；8—不锈钢发酵罐；9—保温装置；10—待处理垃圾；11—多孔板；12—仪表；13—渗滤液收集槽；14—连接管线；15—集水区；16—采样口

气管为直径 5mm 的蛇皮管。为了达到相对均匀供气，把供气管在反应器内的部分加工为多孔管，并采用双路供气的方式。

3. 渗滤液分离收集系统

反应器底部设有多孔板，以分离渗滤液。多孔板用有机玻璃制成，板上布满直径为 4mm 的小孔。多孔板下部的集水区底部为倾斜的锥面，可随时排出渗滤液，渗滤液储存在渗滤液收集槽中，需要时可进行回灌，以调节堆肥物含水率。

四、实验步骤

1. 首先检查设备有无异常（漏电、漏水等）。一切正常后开始操作。

2. 将 40kg 有机垃圾进行人工剪切破碎，并过筛，使垃圾粒度小于 10mm。

3. 测定有机垃圾的含水率。

4. 将破碎后的有机垃圾投加到反应器中，控制供气流量为 $1m^3/h$。垃圾装入不宜太满，约 2/3 左右高度。

5. 加入恒温水，打开温度控制开关与循环泵开关，对系统进行加热保温工作。

6. 开启垃圾翻转电机，使其反应均匀。

7. 在堆肥开始第 1 天、第 3 天、第 5 天、第 8 天、第 10 天、第 15 天分别取样测定堆体的含水率，记录堆体中央温度，从气体取样口取样测定 CO_2 和 O_2 浓度。

8. 再调节供气流量分别为 $5m^3/h$ 和 $8m^3/h$，重复上述实验步骤。

9. 反应结束后，卸除余料，关闭所有电源，检查设备状况，没有问题后离开。

五、实验数据记录与处理

1. 实验主体设备的尺寸、实验温度、气体流量和水质指标等基本参数记录。

实验结果记录见表 9-2 和表 9-3。

表 9-2　好氧堆肥实验数据记录表

项目	供气流量为 $1m^3/h$				供气流量为 $5m^3/h$				供气流量为 $8m^3/h$			
	含水率/%	温度/℃	CO_2/%	O_2/%	含水率/%	温度/℃	CO_2/%	O_2/%	含水率/%	温度/℃	CO_2/%	O_2/%
原始垃圾												
第 1 天												
第 3 天												
第 5 天												
第 8 天												
第 10 天												
第 15 天												

表 9-3　水质检测数据记录表

项目	供气流量为 $1m^3/h$					供气流量为 $5m^3/h$					供气流量为 $8m^3/h$				
	COD	BOD	NH_4^+-N	TN	SS	COD	BOD	NH_4^+-N	TN	SS	COD	BOD	NH_4^+-N	TN	SS
原始垃圾												—	—	—	
第 1 天															
第 3 天															
第 5 天															
第 8 天															
第 10 天															
第 15 天															

2. 绘制时间 (t)-温度曲线，分析发酵过程。

六、思考题

1. 分析影响堆肥过程堆体含水率的主要因素。
2. 分析堆肥中通气量对堆肥过程的影响。
3. 绘制堆体温度随时间变化的曲线。

双语词汇

好氧发酵	aerobiotic fermentation
堆肥	compost
好氧菌	aerobic bacteria
含水率	moisture content
渗滤液	leachate
有机垃圾	organic refuse
微生物	microorganism

实验三　黏土覆盖型填埋柱实验

一、实验目的

1. 了解黏土覆盖型填埋柱实验装置结构的形式及运行状况，加深对垃圾分解实验原理的理解。

2. 掌握黏土覆盖型填埋柱实验装置主要性能的实验研究方法及主要影响因素。

3. 在实验中通过对黏土覆盖型填埋柱实验装置结构和垃圾分解现象的观察，正确进行垃圾分解操作，了解黏土覆盖型填埋柱实验装置性能测定中的实验方法，分析与解释黏土覆盖型填埋柱实验装置性能测定实验数据，获得测定黏土覆盖型填埋柱实验装置效率。

二、实验原理

填埋处置就是在陆地上选择合适的天然场所或人工改造出合适的场所，将固体废物用土层覆盖起来的技术。这种处置方法可以有效地隔离污染物、保护好环境，并且具有工艺简单、成本低的优点。目前土地填埋处置在大多数国家已成为固体废物最终处置的一种重要方法。随着环境工程的迅速发展，填埋处置已不仅仅只是简单的堆、填、埋，而是更注重对固体废物进行“屏蔽隔离”的工程贮存。填埋主要分为两种：一般城市垃圾与无害化的工业废渣是基于环境卫生角度而填埋，称卫生土地填埋或卫生填埋。而对有毒有害物质的填埋则是基于安全考虑，称安全土地填埋或安全填埋。

填埋分为厌氧填埋、好氧填埋和准好氧填埋三种类型。其中好氧填埋类似高温堆肥，最大优点是可以减少因垃圾降解过程渗出液积累过多造成的地下水污染，其次好氧填埋分解速度快，所产生的高温可有效地消灭大肠杆菌和部分致病细菌；但好氧填埋处置工程结构复杂，施工难度大，投资费用高故难于推广。准好氧填埋介于好氧和厌氧之间，也存在类似好氧填埋的问题，使用不多。厌氧填埋是国内采用最多的填埋形式，具有结构简单、操作方便、工程造价低，可回收甲烷气体等优点。

三、实验仪器

1. 填埋柱体。
2. 保温装置。
3. 不锈钢加热炉。
4. 数字温控器。
5. 循环水泵。
6. 金属电器控制箱。
7. 沼气计量装置。

四、实验步骤

1. 首先检查设备有无异常（漏电、漏水等），一切正常后开始操作。
2. 对有机物在柱内进行分层填埋、堆肥至顶部，也可在顶部盖上一层黏土。

3. 加入恒温水，打开温度控制开关与循环泵开关，对系统进行加热保温工作。

4. 反应时间一般为10～60d，根据实际情况而定，在此期间可在不同反应时间阶段对其取样分析。

5. 反应结束后，卸除余料，关闭所有电源，检查设备状况，没有问题后离开。

五、实验数据记录与处理

1. 记录实验主体设备的尺寸、实验温度和气体流量等基本参数。

填埋柱实验数据结果见表 9-4。

表 9-4　填埋柱实验数据记录表

项目	上层取样口				中层取样口				底层取样口			
	温度/℃	CH_4/%	CO_2/%	O_2/%	温度/℃	CH_4/%	CO_2/%	O_2/%	温度/℃	CH_4/%	CO_2/%	O_2/%
原始垃圾												
第 1 天												
第 3 天												
第 5 天												
第 8 天												
第 10 天												
第 15 天												
第 20 天												
第 25 天												

2. 绘制时间 (t)-温度曲线，分析垃圾填埋处理效果。

六、思考题

1. 分析影响填埋过程的主要因素。
2. 分析不同层面对堆肥过程的影响。
3. 绘制温度随时间变化的曲线。

双语词汇

填埋	landfill
黏土	clay
好氧	aerobic
厌氧	anaerobic
甲烷	methane
集气罩	gas-collecting hood
分解	decomposition
气流量	gas flow

实验四　污泥厌氧消化实验

一、实验目的

1. 了解厌氧消化池的内部构造，加深厌氧消化机理的理解。

2. 通过实验观察及了解厌氧微生物的吸附、吸收和生物降解过程。

3. 了解厌氧消化过程中 pH 值、碱度、产气量、COD 去除率、MLVSS 的变化情况及测定方法。

二、实验原理

1. 污泥厌氧消化实验装置原理

厌氧消化是指在无分子氧条件下，通过兼性细菌和专性厌氧细菌的作用，使污水或污泥中各种复杂有机物分解转化成甲烷和二氧化碳等物质的过程。其最终产物与好氧处理不同：碳素大部分转化为甲烷，氮素转化为氨，硫素转化为硫化物，中间产物除同化合成细胞质外，还合成复杂而稳定的腐殖质。

厌氧消化过程是一个极其复杂的生物化学过程。1997 年，伯力特（Bryant）等根据微生物的生理种群提出的厌氧消化三阶段理论，是当前较为公认的理论模式，即水解酸化阶段、产氢产乙酸阶段和产甲烷阶段。

(1) 第一阶段为水解酸化阶段。在此阶段，复杂的大分子、不溶性有机物先在细胞外酶的作用下水解为小分子、溶解性有机物，然后渗入细胞体内，分解产生挥发性有机酸、醇类、醛类等。这个阶段主要产生较高级的脂肪酸。碳水化合物、蛋白质和脂肪被分解和酸化为单糖、氨基酸、脂肪酸、甘油及二氧化碳、氢等。固态有机物的水解、溶解态有机物的酸化无法分开，并且反应速率快。这一过程在厌氧消化中不起控制作用。

如果污水或污泥中含有硫酸盐，另一组细菌——脱硫弧菌就利用有机物和硫酸根合成新的细胞，产生 H_2S 和 CO_2，在进行甲烷发酵前就代谢掉许多有机物，使甲烷产量降低。

(2) 第二阶段为产氢产乙酸阶段。在产氢产乙酸细菌的作用下，第一阶段产生的各种有机酸被分解转化成乙酸、CO_2 和 H_2，例如：

$$CH_3CH_2CH_2CH_2COOH + 2H_2O \longrightarrow CH_3CH_2COOH + CH_3COOH + 2H_2$$

$$CH_3CH_2COOH + 2H_2O \longrightarrow CH_3COOH + 3H_2 + CO_2$$

(3) 第三阶段为产甲烷阶段。产甲烷细菌将乙酸、乙酸盐、CO_2 和 H_2 等转化为甲烷。此过程由两组生理上不同的产甲烷细菌，一组把氢和二氧化碳转化成甲烷，另一组从乙酸或乙酸盐脱氢产生甲烷。前者约占总量的 1/3，后者约占 2/3。

$$4H_2 + CO_2 \xrightarrow{\text{产甲烷菌}} CH_4 + 2H_2O$$

$$CH_3COOH \xrightarrow{\text{产甲烷菌}} CH_4 + CO_2$$

$$CH_3COONH_4 + H_2O \xrightarrow{\text{产甲烷菌}} CH_4 + NH_4HCO_3$$

产甲烷细菌由甲烷杆菌、甲烷球菌等绝对厌氧细菌组成。由于产甲烷细菌世代时间长、繁殖速度慢，所以这一阶段控制了整个厌氧消化过程。

虽然厌氧消化过程可分为上述三个阶段，但在厌氧反应器中，三个阶段是同时进行的，并保持某种程度的动态平衡。这种动态平衡一旦被某种外加因素打破，首先将使产甲烷阶段受到抑制，并导致低级脂肪酸的积存和厌氧进程的异常变化，甚至会导致整个厌氧消化过程的停滞。因此，为保证消化过程正常进行，必须建立这一平衡。

2. 测定和计算

测定不锈钢垃圾好氧堆肥发酵装置处理有机污染物量，应同时测出装置进、出口的有机物含量，以化学需氧量（COD_{Cr}）和生化需氧量（BOD_5）来表示。计算式如下：

$$\text{产气系数}(\delta)=\frac{\text{额定流量}\times\text{用气时间}}{\text{测前压力}-\text{测后压力}} \tag{9-11}$$

$$\text{日产气量}=\frac{\delta\times\text{水柱压力上升高度}\times 24}{\text{观察时间}} \tag{9-12}$$

三、实验仪器

1. 有机玻璃管制成厌氧池。
2. 不锈钢加热恒温水箱。
3. 温度控制仪。
4. 气体流量计。
5. 串激电机搅拌器。
6. 加热循环水泵。
7. 温度传感器。

四、实验步骤

1. 从城市污水厂取回成熟的消化污泥，并测定其 MLSS、MLVSS。
2. 取消化污泥 2L 装入厌氧消化器内（控制污泥浓度为 20g/L 左右）。
3. 密闭消化反应系统，放置 1d，以兼性细菌消耗消化反应器内的氧气。
4. 配制 10g/L 的谷氨酸钠溶液。谷氨酸钠化学式为：

$$\begin{array}{c}NaOOC—CH_2—CH_2—\underset{\displaystyle|\atop\displaystyle NH_2}{CH}—COOH\end{array}$$

5. 第 2 天将消化反应器内的混合液摇匀，按确定的水力停留时间由螺夹 6 处排除消化反应器内的混合液（例如，水力停留时间为 5d，应排除混合液 400mL）。

6. 按确定的停留时间投加谷氨酸钠溶液和相应的磷酸二氢钾溶液，使消化反应器内混合液体积仍然是 2L。具体操作为：①先倒少量谷氨酸钠液于进料漏斗，微微打开螺丝夹使溶液缓缓流入消化反应器，并继续加谷氨酸钠和磷酸二氢钾溶液；②当漏斗中溶液只剩很少量时，迅速关紧螺丝夹，以免空气进入实验装置。

7. 摇匀消化反应器内的混合液，开始进行厌氧消化反应。
8. 第 2 天记录湿式气体流量计读数，计算 1d 的产气量，测定排出混合液的 pH 值。
9. 以后每天重复实验步骤 5～8。一般情况下，运行 1～2 个月可以得到稳定的消化系统。

10. 实验系统稳定后连续 3d 测定 pH 值、气体成分、碱度、进水 COD、出水 COD、MLSS 和 MLVSS。

五、实验数据记录与处理

1. 记录实验设备和操作基本参数。

实验开始日期____年____月____日；实验结束日期____年____月____日；

消化器容积____ L；实验温度____℃；泥龄 θ_1＝____ θ_2＝____；

谷氨酸钠投加量____ g/d；磷酸二氢钾投加量____ g/d

2. 记录产气量和 pH 值。

水力停留时间 θ_1____

厌氧消化过程产气量与 pH 值见表 9-5。

表 9-5　产气量和 pH 值

日期	湿式气体流量计读数	产气量/(mL/d)	pH 值

3. 记录气相色谱仪测得厌氧消化气体成分。

厌氧消化过程产生气体成分见表 9-6。

表 9-6　厌氧消化气体成分

成分		$h(CH_4)$/cm	CH_4/%	$h(CO_2)$/cm	CO_2/%	$h(H_2)$/cm	H_2/%
标准样							
成分		$h(CH_4)$/cm	CH_4/%	$h(CO_2)$/cm	CO_2/%	$h(H_2)$/cm	H_2/%
日期							

4. 记录测定数据，并计算碱度（以 $CaCO_3$ 计）。

碱度测定数据见表 9-7。

表 9-7　碱度测定数据

日期	θ_1/d	H_2SO_4 的用量			H_2SO_4 的浓度/(mol/L)
		后读数	初读数	差值	

5. 记录测定数据，并计算 COD。

COD 测定数据见表 9-8。

表 9-8 COD 测定数据记录

日期	θ_1/d	空白				进水 COD				出水 COD				硫酸亚铁铵浓度/(mol/L)
		后读数	初读数	差值	水样体积/mL	后读数	初读数	差值	水样体积/mL	后读数	初读数	差值	水样体积/mL	

6. 记录测定数据，并计算 MLSS 和 MLVSS。

滤纸灰分____________

MLSS 和 MLVSS 测定数据记录见表 9-9。

表 9-9 MLSS 和 MLVSS 测定数据

日期	θ_1/d	坩埚编号	坩埚+滤纸/g	坩埚+滤纸+污泥/g	灼烧后质量/g

六、思考题

1. 试讨论污泥龄对厌氧消化处理的影响。
2. 根据实验结果讨论环境因素对厌氧消化的影响。
3. 厌氧消化池设计的主要参数是什么？为什么？

双语词汇

厌氧消化 anaerobic digestion
污泥 sludge
甲烷 methane
吸附 adsorption
吸收 assimilate
生物降解 biodegradation
碱度 alkalinity
兼性细菌 facultative bacteria
细胞质 cytoplasm
腐殖质 humus
水解酸化 hydrolytic acidification
酶 enzyme

知识拓展

厌氧菌的分离和培养

厌氧消化技术是目前最常用的餐厨垃圾处理技术，该技术的重要研究方向之一就是消化过程中厌氧菌的分离培养和鉴定，其过程如下。首先配制琼脂培养基，配方为：NH_4Cl 0.2g，酵母浸膏 0.2g，KH_2PO_4 0.08g，K_2HPO_4 0.08g，胰蛋白胨 0.4g，琼脂 4g，无机盐溶液 10mL，微量元素 2mL，超纯水定容至 200mL。培养基煮沸 10min 后通入无氧 N_2，驱氧 10min。将盛有无菌无氧琼脂培养基的试管放置于 50℃恒温水浴中，用 1mL 无菌注射器分别吸取 0.1mL 稀释液于琼脂培养基试管中，将其放于厌氧滚管机上迅速滚动，使带菌的培养基在试管内壁立即凝固成琼脂薄膜。将厌氧试管置于 35℃恒温培养箱中，培养 10d 后，在琼脂层内长出肉眼可见的菌落。在载玻片中央滴一滴蒸馏水，用接种环挑取少许厌氧管中的菌体，与水滴混合均匀，并涂成薄的菌膜后固定。滴加草酸铵结晶紫染色液进行初染，再滴加沙黄（番红）溶液进行复染，水洗并干燥后用显微镜进行镜检，根据呈现的颜色判断该菌属革兰氏阳性菌（G+细菌）。

参 考 文 献

[1] 刘振学，黄仁和，田爱民．实验设计与数据处理 [M]．北京：化学工业出版社，2005.
[2] 邓勃．数理统计方法在分析测试中的应用 [M]. 北京：化学工业出版社，1981.
[3] 董德明，朱利中．环境化学实验 [M]. 北京：高等教育出版社，2009.
[4] 戴树桂．环境化学 [M]. 北京：高等教育出版社，2006.
[5] 王志康，王雅洁．环境化学实验 [M]. 北京：冶金工业出版社，2018.
[6] 李国东，刘伟．环境化学实验技术 [M]. 南京：南开大学出版社，2013.
[7] 高士祥，顾雪元．环境化学实验 [M]. 上海：华东理工大学出版社，2009.
[8] 陈若暾，陈青萍．环境监测实验 [M]. 上海：同济大学出版社，1993.
[9] 赵友全，于海波，何峰．水中油浓度在线检测方法的研究 [J]. 光谱学与光谱分析，2013，33 (11)：2949-2952.
[10] 占新华，周立祥，黄楷．水溶性有机物对菲的表观溶解度和正辛醇/水分配系数的影响 [J]. 环境科学学报，2006 (01)：105-110.
[11] 艺兵，赵元慧，王连生，安凤春，莫汉宏，杨克武，刘晔，余刚，徐晓白．有机化合物正辛醇/水分配系数的测定 [J]. 环境化学，1994 (03)：195-197.
[12] 王琪全，刘维屏，李克斌．农药正辛醇/水分配系数的测定方法及其与其他环境参数的相关性 [J]. 环境污染与防治，1997 (06)：23-26，39.
[13] 张丽，李雪花，孙慧超，等．有机污染物正辛醇空气分配系数研究进展 [J]. 环境科学研究，2004 (04)：77-80.
[14] 和平，吴瑞凤，张静茹，等．包头尾矿库区不同分子量和种类腐殖酸的提取及表征 [J]. 江苏农业科学，2016，44 (10)：451-454.
[15] 朱燕，代静玉．腐殖物质对有机污染物的吸附行为及环境学意义 [J]. 土壤通报，2006 (06)：1224-1230.
[16] 宜铭．环境污染物的光催化降解：活性物种与反应机理 [J]. 化学进展，2009，21 (Z1)：524-533.
[17] 姚晨曦，杨春信，周成龙．Langmuir 吸附等温式推导浅析 [J]. 化学与生物工程，2018，35 (01)：31-35.
[18] Egbosiuba C，Abdulkareem A S，Kovo A S，et al. Ultrasonic enhanced adsorption of methylene blue onto the optimized surface area of activated carbon：Adsorption isotherm，kinetics and thermodynamics [J]. Chemical Engineering Research and Design，2020 (153)：315-336.
[19] 李永，王菲，刘颖，等．长三角土壤对结晶紫的吸附研究 [J]. 南京大学学报（自然科学），2017，53 (02)：245-255.
[20] 李淑莲．环境化学实验中的土壤重金属迁移转化实验研究 [J]. 化工管理，2020 (01)：112-113.
[21] 胡兰文，陈明，杨泉，等．底泥重金属污染现状及修复技术进展 [J]. 环境工程，2017，35 (12)：115-118，123.
[22] 党二莎，唐俊逸，周连宁，等．珠江口近岸海域水质状况评价及富营养化分析 [J]. 大连海洋大学学报，2019，34 (04)：580-587.
[23] 薄涛，季民．内源污染控制技术研究进展 [J]. 生态环境学报，2017，26 (03)：514-521.
[24] 张兴晶，王继库．化工基础实验 [M]. 北京：北京大学出版社，2013.
[25] 赵亚娟，张伟禄，余卫芳．化工原理实验 [M]. 北京：中国科学技术出版社，2009.
[26] 丁海燕，刘西德，伍联营，等．化工原理实验 [M]. 第 3 版．青岛：中国海洋大学出版社，2018.
[27] 郭翠梨．化工原理实验 [M]. 第 2 版. 北京：高等教育出版社，2013.
[28] 张金利，张建伟，郭翠梨，等．化工原理实验 [M]. 天津：天津大学出版社，2005.
[29] 马江权，魏科年，杨德明，等．化工原理实验 [M]. 上海：华东理工大学出版社，2008.
[30] 杜长海，徐冬梅，刘慧君，等．化工原理实验 [M]. 武汉：华中科技大学出版社，2010.
[31] 吴晓艺，王松，王静文，等．化工原理实验 [M]. 北京：清华大学出版社，2013.
[32] 刘俏，范圣第．基于 MATLAB 的化工实验技术（汉-英）[M]. 北京：中国轻工业出版社，2007.
[33] 李岩梅．化学工程与工艺专业实验 [M]. 北京：中国石化出版社，2012.
[34] 徐伟，刘书银，鞠彩霞．化工原理实验 [M]. 济南：山东大学出版社，2008.
[35] 胡洪营，张旭，黄霞，等．环境工程原理 [M]. 第 3 版．北京：高等教育出版社，2015.

[36] 张金利，郭翠梨，胡瑞杰，等．化工原理实验［M］．第2版．天津：天津大学出版社，2016.
[37] 杨丽娟．电磁流量计在油田注水计量中的应用研究［J］．中国设备工程，2019（23）：204-205.
[38] 王丙全，刘健，周封．电磁流量计的励磁技术发展和趋势［J］．黑龙江科学，2019，10（22）：46-47.
[39] 臧振胜．浅谈电磁流量计的选型及应用［J］．中国仪器仪表，2018（5）：50-53.
[40] 李金旺，戴书刚．高温热管技术研究进展与展望［J］．中国空间科学技术，2019，39（3）：30-42.
[41] 赵立功，张德奎．热管技术在工业炉群中的应用［J］．工业炉，2020，42（1）：33-35.
[42] 姚吉伦，张星，周振，等．陶瓷膜技术在水处理中的研究进展［J］．重庆理工大学学报（自然科学），2016，30（12）：69-74.
[43] 肖汉宁，熊敏，郭文明，等．多孔陶瓷膜及其在液固和气固分离中的应用［J］．陶瓷学报，2017，38（6）：791-798.
[44] 吴立剑，周守勇，李梅生，等．新型陶瓷膜材料的研究进展［J］．化工新型材料，2016，44（6）：43-45.
[45] 韩联国，杜刚，杜军峰．填料塔技术的现状与发展趋势［J］．中氮肥，2009（6）：32-34.
[46] 姚克俭，祝铃钰，计建炳，等．复合塔板的开发及其工业应用［J］．石油化工，2000，29：772-775.
[47] 况春江，方玉诚．高温气体介质过滤除尘技术和材料的发展［J］．新材料产业，2002（5）：25-28.
[48] 杨保军，汤慧萍，汪强兵，等．高温气固分离用金属多孔材料展望［J］．材料保护，2013，46（S2）：140-141.
[49] 周群英，王士芬编著．环境工程微生物学［M］．北京：高等教育出版社，2015.
[50] 关苑君，容婵，梁翠莎，等．共聚焦和超分辨率显微荧光图像的共定位分析浅谈［J］．电子显微学报，2020，39（1）：90-99.
[51] 辛明秀，黄秀梨主编．微生物学实验指导［M］．第3版．北京：高等教育出版社，2020.
[52] 王冬梅主编．微生物学实验指导［M］．北京：科学出版社，2017.
[53] 屈平华，罗海敏，张伟铮，等．医学细菌的分类和菌种鉴定思考［J］．临床检验杂志，2019，37（10）：776-779.
[54] 蔡田雨，陈达，李抄，等．表面增强拉曼光谱在细菌分类鉴定领域的研究进展［J］．军事医学，2019，43（7）：544-549.
[55] 严磊，陈杏娟，杨永刚，等．微生物对水环境污染物的趋化性研究进展［J］．微生物学杂志，2018，38（5）：112-117.
[56] 国家环境保护总局《水和废水监测分析方法》编委会编．水和废水监测分析方法［M］．第4版．北京：中国环境出版社，2002.
[57] 环境保护部．水质-总大肠菌群、粪大肠菌群和大肠埃希氏菌的测定-酶底物法（HJ 1001—2018）［S］．北京：中国环境出版集团，2019.
[58] 环境保护部．水质-总大肠菌群和粪大肠菌群的测定-纸片快速法（HJ 755—2015）［S］．北京：中国环境出版社，2015.
[59] 车凤翔．空气生物学应用简介［J］．环境科学，1988（6）：82-84.
[60] 国家质量监督检验检疫局，卫生部，国家环境保护总局发布．室内空气质量标准（GB/T 18883—2002）［S］．北京：中国标准出版社，2003.
[61] 陈春，李文英，吴静文等．焦化废水中苯酚降解菌筛选及其降解性能［J］．环境科学，2012（5）：246-250.
[62] 邢金良，张岩，陈昌明，等．CEM-UF组合膜-硝化/反硝化系统处理低C/N废水及种群结构分析［J］．环境科学，2018，39（3）：1342-1349.
[63] 于彩虹，陈飞，胡琳娜等．一株苯酚降解菌的筛选及降解动力学特性［J］．环境工程学报，2014（3）：1215-1220.
[64] 田英，乔新惠主编．生物化学实验与技术［M］．北京：科学出版社，2016.
[65] 杨志敏，谢彦杰主编．生物化学实验（第2版）［M］．北京：高等教育出版社，2019.
[66] 范玉国，李婉琳，杨升洪，等．生物传感器技术在水质监测中的应用［J］．环境与发展，2019，31（12）：76-79.
[67] Alkhadher S A A，Kadir A A，Zakaria M P，et al. Determination of linear alkylbenzenes（LABs）in mangrove ecosystems using the oyster *Crassostrea belcheri* as a biosensor［J］. Marine Pollution Bulletin，2020，154：111115. Marine Pollution Bulletin，2020，154. 111115.

[68] 吴丽娜，周绍强，周宇航．重金属离子的聚苯胺修饰印刷电极的脲酶生物传感器检测［J］. 印染，2017，43（11）：47-50.
[69] 魏欣蕾，游淳．体外多酶分子机器的现状和最新进展［J］. 生物工程学报，2019，35（10）：1870-1888.
[70] 喻彪，孙丽霞，周利琴，等．Hf-ZnO 酪氨酸酶生物传感器检测邻苯二酚［J］. 精细化工，https：//doi. org/10. 13550/j. jxhg. 20200093.
[71] 安艳霞，董艳梅，张剑，等．膳食纤维的功能特性及在食品行业中的应用与展望［J］. 粮食与饲料工业，2019（6）：30-33.
[72] 顾雯雯，胡亚婷，韩英，等．植物过氧化物酶同工酶的研究进展［J］. 安徽农业科学，2014，42（34）：12011-12013.
[73] 郝勇，吴文辉，商庆园．饲料中粗脂肪和粗纤维含量的近红外光谱快速分析［J］. 光谱学与光谱分析，2020，40（1）：215-220.
[74] 黄持都，胡小松，廖小军，等．叶绿素研究进展［J］. 中国食品添加剂，2007（3）：114-118.
[75] 简敏菲，王宁．生态学实验［M］. 北京：科学出版社．2012.
[76] 蒋选利，李振岐，康振生．过氧化物酶与植物抗病性研究进展［J］. 西北农林科技大学学报（自然科学版），2001（6）：124-129.
[77] 金凯．中国植被覆盖时空变化及其与气候和人类活动的关系［D］. 咸阳：西北农林科技大学，2019.
[78] 李玲．植物生理学模块实验指导［M］. 北京：科学出版社，2009.
[79] 娄安如，牛翠娟．基础生态学实验指导［M］. 北京：高等教育出版社，2005.
[80] 倪璐．近 30 年中国草地物候变化及其对气候因子的响应［D］. 兰州：甘肃农业大学，2019.
[81] 牛翠娟，娄安如，孙儒泳，等．基础生态学［M］. 第 3 版．北京：高等教育出版社．2015.
[82] 宋永昌．植被生态学［M］. 上海：华东师范大学出版社，2001.
[83] 孙海燕，杨梦凡，郝丹青，等．膳食纤维的研究现状［J］. 保鲜与加工，2019，19（6）：238-242.
[84] 王嘉佳，唐中华．可溶性糖对植物生长发育调控作用的研究进展［J］. 植物学研究，2014，3（3）：71-76.
[85] 吴明江，于萍．植物过氧化物酶的生理作用［J］. 生物学杂志，1994（6）：14-16.
[86] 乌云娜，张凤杰，王冰，等．普通生态学实验指导手册［M］. 大连：大连民族大学，2010.
[87] 徐佳．气候变化对我国植被影响的观测证据集成分析［D］. 杭州：浙江师范大学，2019.
[88] 颜启传．种子学［M］. 北京：中国农业出版社，2001.
[89] 杨持．生态学实验与实习［M］. 第 2 版．北京：高等教育出版社，2008.
[90] 杨持．生态学［M］. 第三版．北京：高等教育出版社，2014.
[91] 余振，孙鹏森，刘世荣．中国东部南北样带主要植被类型归一化植被指数对气候变化的响应及不同时间尺度的差异性［J］. 植物生态学报，2011，35（11）：1117-1126.
[92] 章家恩．普通生态学实验指导［M］. 北京：中国环境科学出版社，2012.
[93] 张英俊．草地与牧场管理学［M］. 北京：中国农业大学出版社，2009.
[94] 周长发，吕琳娜，屈彦福，等．基础生态学实验指导［M］. 北京：科学出版社，2017.
[95] Deevey E S J R. Life Tables for Natural Populations of Animals［J］. Quarterly Review of Biology，1947，22（4）：283-314.
[96] Karen G. Welinder. Superfamily of plant，fungal and bacterial peroxidases［J］. Current Opinion in Structural Biology，1992，2：388-393.
[97] Li Y，Liu C C，Zhang J H，et al. Variation of leaf chlorophyll content from tropical to cold-temperate forests：mechanisms for GPP optimization［J］. Ecological Indicators，2018，85：383-389.
[98] Li Y，He N P，Hou J H，et al. Factors influencing leaf chlorophyll content in natural forests at the biome scale［J］. Frontiers in Ecology and Evolution，2018，doi：10. 3389/fevo. 2018. 00064.
[99] 章非娟，徐竟成．环境工程实验［M］. 北京：高等教育出版社，2006.
[100] 韩照祥．环境工程实验技术［M］. 南京：南京大学出版社，2006.
[101] 陆光立．环境污染控制工程实验［M］. 上海：上海交通大学出版社，2004.
[102] 朱灵峰．环境工程实验理论与技术［M］. 郑州：黄河水利出版社，2006.
[103] 钟文辉．环境科学与工程实验［M］. 南京：南京师范大学出版社，2004.
[104] 郝吉明，段雷．大气污染控制工程实验［M］. 北京：高等教育出版社，2004.

［105］ 李燕城，吴俊奇．水处理实验技术［M］．北京：中国建筑工业出版社，2004.

［106］ 张可方．水处理实验技术［M］．广州：暨南大学出版社，2003.

［107］ 孙丽欣．水处理工程应用实验［M］．哈尔滨：哈尔滨工业大学出版社，2002.

［108］ 陈泽堂．水污染控制工程实验［M］．北京：化学工业出版社，2003.

［109］ 李军，王淑莹．水科学与工程实验技术［M］．北京：化学工业出版社，2002.

［110］ 高廷耀，顾国维．水污染控制工程［M］．北京：高等教育出版社，2003.

［111］ 梁柱，罗平，殷井云，等．Fenton复合调理剂对污泥脱水性能的影响研究［J］．环境科学与管理，2017，42（3）：88-92.

［112］ Yukai Zheng，Zhanbo Hu，Xiaojie Tu，et al. In-situ determination of the observed yield coefficient of aerobic activated sludge by headspace gas chromatography［J］. Journal of Chromatography A，2020，1610：460-560.

［113］ 蒋宝军，王飞虎，李忠和，等．微生物絮凝剂的特征及研究现状［J］．东北农业科学，2019，44（5）：107-110.

［114］ 江雪姣．富氧曝气系统指示微生物多样性研究［D］．马鞍山：安徽工业大学，2013.

［115］ 王永磊，刘威，田立平，等．气浮工艺中微纳米气泡应用特性与检测技术研究［J］．工业水处理，2020，40（4）：18-23.

［116］ 刘国华，陈瑾惠，王园园，等．改性污泥基吸附剂深度处理出水有机物的研究［J］．环境科学学报，2020.40（4）：1196-1203.

［117］ 蒋绍阶，朱敬平，孙銮平，等．新型同向流斜板沉淀技术的开发与应用［J］．中国给水排水，2016，32（7）：58-60.

［118］ 林肇信，郝吉明，马广大．大气污染控制工程实验［M］．北京：高等教育出版社，1991.

［119］ 黄学敏，张承中．大气污染控制工程实践教程［M］．北京：化学工业出版社，2003.

［120］ 李兆华，胡细全，康群．环境工程实验指导［M］．武汉：中国地质大学出版社，2010.

［121］ 王琼，尹奇德．环境工程实验［M］．第二版．武汉：华中科技大学出版社，2018.

［122］ 郝吉明，马广大，王书肖．大气污染控制工程［M］．第三版．北京：高等教育出版社，2010.

［123］ 王兵．环境工程综合实验教程［M］．北京：化学工业出版社，2011.

［124］ 雷中方，刘翔．环境工程学实验［M］．北京：化学工业出版社，2007.

［125］ 孙杰，陈绍华，叶恒朋等．环境工程专业实验：基础、综合与设计［M］．北京：科学出版社，2018.

［126］ 王娟．环境工程试验技术与应用［M］．北京：中国建材工业出版社，2016.

［127］ 卞文娟，刘德启．环境工程实验［M］．南京：南京大学出版社，2011.

［128］ 隋修武，李瑶，胡秀兵，等．激光粒度分析仪的关键技术及研究进展［J］．电子测量与仪器学报，2016，30（10）：1449-1459.

［129］ 高远飞，司朝霞，李涛，等．“激光粒度仪法测定粉体粒度”教学实验的探讨与改进［J］．山东化工，2018，47（20）：127-128＋130.

［130］ 陈奎续．超净电袋复合除尘技术的研究应用进展［J］．中国电力，2017，50（3）：22-27.

［131］ 曾晓芳．大型超净电袋复合除尘技术在土耳其的应用［J］．中国环保产业，2018（3）：26-29.

［132］ 江澜．超净电袋复合除尘技术研究及应用［J］．科技创新与应用，2017（19）：36＋38.

［133］ 朱法华，孟令媛，严俊波，等．超净电袋复合除尘技术及其在超低排放工程中的应用［J］．电力科技与环保，2017，33（1）：1-5.

［134］ 吴湾，王雪，朱廷钰．细颗粒物凝并技术机理的研究进展［J］．过程工程学报，2019，19（6）：1057-1065.

［135］ 颜滴，姜云超，朱健勇．细颗粒物凝并长大技术研究进展［J］．环境工程，2019，37（5）：178-183＋205.

［136］ 依成武，崔苗，秦谢勋，等．细颗粒物荷电凝并技术研究进展［J］．江苏大学学报（自然科学版），2019，40（2）：179-183.

［137］ 康宁．无限的原始能源 风能［M］．北京：北京工业大学出版，2015.

［138］ 苏少龙，曲晓龙，钟读乐，等．工业烟气脱硫工艺进展［J］．无机盐工业，2019，51（11）：13-15＋87.

［139］ 史新乐，刘硕磊，周静雪，等．功能化离子液体脱除烟气中SO_2的研究进展［J］．河北科技大学学报，2017，38（1）：46-51.

［140］ 陈欢哲，何海霞，万亚萌，等．燃煤烟气脱硫技术研究进展［J］．无机盐工业，2019，51（5）：6-11.

[141] 田忠平，房飞祥，孙大朋，等．基于筛分处理的生活垃圾分选工艺应用研究［J］．环境卫生工程，2018，26（02）：94-96.

[142] 张波，王莉，齐艳丽，等．我国混合生活垃圾分选特性研究［J］．环境卫生工程，2010，18（06）：11-13.

[143] 李兵，董志颖，赵由才，等．城市生活垃圾滚筒筛分选特性研究［J］．环境科学学报，2011，31（10）：2268-2274.

[144] 王金生，王雷．基于滚筒结构的生活、工业垃圾渣土物料筛分机械设备设计方法［J］．中国新技术新产品，2018（01）：115-116.

[145] 张俊超．立式好氧发酵罐在处理城市固体废弃物中的实践应用［J］．安徽农业科学，2015，43（3）：280-281.

[146] 王春雨，陈荣．罐式好氧发酵堆肥处理生活、餐厨垃圾及资源化利用的研究［J］．科技创新与应用，2017（21）：24-25.

[147] 黄琪琪．不同预发酵方式对餐厨垃圾厌氧发酵性能的影响［C］．中国环境科学学会．2016中国环境科学学会学术年会论文集（第三卷）．中国环境科学学会：中国环境科学学会．2016：668-673.

[148] 刘孟子，游少鸿，张军，等．生活垃圾与城市污泥共堆肥控制参数［J］．湖北农业科学，2013，52（23）：5726-5729＋5734.

[149] 买日江·热西提，卡德尔·艾山，艾斯坎尔．采用好氧发酵工艺处理厨余垃圾堆肥试验［J］．中国园艺文摘，2010，26（06）：39.

[150] 旦增，刘咏．垃圾准好氧填埋技术的研究进展［J］．云南环境科学，2006，25（02）：24-26.

[151] 陈家军，王浩，张娜，等．厨余垃圾填埋产气过程实验模拟研究［J］．中国沼气，2008（03）：22-25.

[152] 戴金金，牛承鑫，潘阳，等．基于厌氧膜生物反应器的剩余污泥-餐厨垃圾厌氧共消化性能［J/OL］．环境科学，2020，doi：10.13227/j.hjkx.202001036.

[153] 陈传积．污泥厌氧消化技术发展及预处理方式研究［J］．丝路视野，2018，（04）：153.

[154] 廖雨晴，KO Jaehac，袁土贵，等．污泥基生物炭对餐厨垃圾厌氧消化产甲烷及微生物群落结构的影响［J］．环境工程学报，2020，14（02）：523-534.

[155] 何永全，曾祖刚，黄安寿．餐厨垃圾和市政污泥联合高温厌氧消化产沼气研究［J］．四川环境，2018，37（03）：28-32.

[156] 施昱，王庆海，叶伟．EDEM数值模拟在垃圾处理机械滚筒筛中的应用［J］．制造业自动化，2015，37（17）：102-105.

[157] 毕启亮．基于ANSYS的垃圾滚筒筛结构优化设计［C］．天津市科学技术协会．“装备中国”2016年“滨海杯”高端装备工业设计大赛论文集．天津市科学技术协会：《机械设计》编辑部，2016：380-383.

[158] 施昱，王庆海，叶伟．基于EDEM软件数值模拟的滚筒筛优化设计［J］．环境工程学报，2016，10（09）：5197-5202.

[159] 李焕文，赖树锦．超高温好氧发酵处理技术在市政污水处理厂的应用［J］．化工管理，2019，（10）：54-55.

[160] 李阳．电子垃圾拆解区重金属对土壤的污染影响［J］．科学技术创新，2020，（07）：51-52.

[161] 陈思茹．电子垃圾拆解地污染现状与修复技术［J］．环境与发展，2018，30（06）：79＋81.

[162] 郑巧利，王鹏茂，张广何，等．餐厨垃圾厌氧消化过程中厌氧菌的分离培养［J］．山西建筑，2020，46（01）：147-148.